全国电子信息类职业教育系列教材

——信息产业部电子行业特有工种技能鉴定学习用书

——荣获华东地区大学出版社优秀教材奖

电子产品装配与调试

（第2版）

主　编　尹玉军　金　明

副主编　沈许龙

参　编　胡国兵　顾纪铭

东南大学出版社

·南京·

内 容 提 要

本书从最基本的元器件出发，系统地介绍了元器件名称、符号、作用、标值、参数、好坏判断、使用时的注意事项和采购指标；根据现行的电子工艺发展过程，介绍了传统的手工焊接、自动焊接和先进的贴片焊接以及表面安装技术；全面地讨论了电子整机装配与调试的常用工具、常用仪器、常用材料、印制板的制作、焊接的训练方法和调试的方法；也讨论了装配工艺的元器件处理、基本连接、整机装配、工艺文件的编制与填写，调试工艺的指标、步骤和技巧；还举例介绍了电子装配和调试的全过程以及质量管理的相关知识，内容详细、操作有趣，易学易懂。每章后附有大量的习题和实训内容，同时附录了《电子设备装接工国家职业标准》和江苏省信息产业厅电子行业江苏职业技能鉴定站无线电装接工理论考核试卷、操作考题。

本书的特点是实用、通俗、易懂，同时兼顾了电子特种行业技能鉴定，去除了烦琐的理论说教，用最直观的实例，最通俗的语言，说明操作的步骤、过程与技巧，能满足一般工程技术人员的需要。

本书可作为高职高专院校电子信息工程、无线电、通信设备制造、广播电视工程及通信工程等专业教材，也可以供电子与通信领域的工程技术人员培训、考级或自修参考。

图书在版编目(CIP)数据

电子产品装配与调试 / 尹玉军，金明主编. —2 版.
—南京：东南大学出版社，2015.12（2022.8 重印）
ISBN 978-7-5641-5937-5

Ⅰ. ①电… Ⅱ. ①尹…②金… Ⅲ. ①电子设备-装配(机械)②电子设备-调试方法 Ⅳ. ①TN805

中国版本图书馆 CIP 数据核字(2015)第 167780 号

东南大学出版社出版发行
（南京四牌楼 2 号 邮编 210096）
出版人：江建中
江苏省新华书店经销 江苏凤凰数码印务有限公司印刷
开本：787mm×1 092mm 1/16 印张：17.25 字数：428 千字
2005 年 8 月第 1 版 2022 年 8 月第 2 版第 7 次印刷
印数：19 601—19 800 册 定价：32.00 元

出 版 说 明

专业建设是职业院校的重要工作之一，无论是新专业的建设还是老专业的改造，都离不开市场的需求、离不开新技术的发展和应用，电子信息类专业更是首当其冲。

许多职业院校都将电子信息类专业作为重点专业，从目前的现状看，各地报考的人数多，全国开办的学校多，就业的机会相对其他专业也多。但从整体情况看，该类专业普遍存在着专业特色不鲜明的问题，在一定程度上制约了其深层次的发展。因此，从专业建设的角度看，电子信息类专业要以特色为突破口，以人才需求为导向，合理调整该类专业的课程设置和教学内容，使就业面广、充满活力的专业成为职业院校发展的骨干专业。

教材建设和专业建设是一项配套工程，为了进一步加强对电子信息类专业的建设，"全国职业教育电子信息类专业教材编委会"根据各校的教学实际需要，自 2003 年以来，分别在本溪、太原、宜昌、贵阳、徐州、扬州召开了 6 次职业教育电子信息类专业建设研讨会，以研讨课程改革和教材建设为主线，全面促进专业建设，陆续出版了《全国电子信息类职业教育系列教材》《全国职业教育计算机类系列教材》近 50 种，其中《电子设计自动化技术》《数字电视原理与应用》《网页设计与制作》被评为"十一五"国家级规划教材。

全国职业教育电子信息类专业教材编委会会员单位：

全国职业教育电子信息类专业教材编委会

2015 年 12 月

再版前言

随着我国电子工艺水平的提高，不可避免地需要大量的电子装配与调试的高级技术人员。本书的特色是“以实用为基础，以够用为前提”，“以技能训练为主导，以技能鉴定为背景”，系统地讲述了电子产品装配与调试，摒除了烦琐的理论说教，代之以简单明了的实际操作方法，力求做到言之有理、言之有据、言之有用；操作明确、操作规范、操作易学。本书的宗旨是，“以理论学习为基础，以技能培养为前提”，系统地培养学生的自学能力和动手操作能力，力求做到学生能学、会学、想学。

本书是介绍电子装配与调试的实训课教材，全书共分 8 章，分别讲述了常用无线电元器件、手工焊接工艺、自动焊接工艺、装配工艺基础、常用技术文件及整机装配工艺、常用调试仪器、调试技术、质量管理与产品认证等，并附录了《电子设备装接工国家职业标准》及无线电装接工操作考试样题。

由于各校情况不同，本课程教学时数可根据具体情况灵活安排，但一般情况下授课，建议教学参考时数为 64 学时左右。

本书由尹玉军、金明任主编，尹玉军负责全书的组织编写与统稿；沈许龙任副主编。沈许龙编写第 1 章，尹玉军编写第 2 章、第 8 章及附录，金明编写第 3 章、第 5 章，顾纪铭编写第 4 章，胡国兵编写第 6 章、第 7 章。

本书在编写过程中得到新联电讯仪器有限公司、南京钛能电器有限公司、江苏省信息产业厅技能鉴定所的大力支持，也得到了相关领导和同事的大力帮助，编者在此表示衷心感谢！

由于编者水平有限，书中难免有错误和不妥之处，望广大读者批评指正。

编　者

2015 年 12 月

目　　录

1　常用无线电元器件

【主要内容和学习要求】

(1) 掌握电阻器、电容器、电感器、继电器和半导体器件等常用元器件的外形特征、制造材料。

(2) 掌握电阻器、电容器、电感器、继电器和半导体器件等常用元器件的名称、符号、标称值和标注方法。

(3) 掌握电阻器、电容器、电感器、继电器和半导体器件等常用元器件的性能、用途、质量好坏的判断方法和使用方法。

(4) 掌握电阻器、电容器、电感器、继电器和半导体器件等常用元器件的使用注意事项。

(5) 掌握电阻器、电容器、电感器、继电器和半导体器件等常用元器件的采购指标。

常用无线电元器件包含电阻器、电容器、电感器及半导体二极管、三极管、集成电路、继电器、开关、连接件(接插件)等。掌握常用元器件的性能、用途、质量好坏的判断方法,对提高电子整机装配的质量将起到重要的作用。

1.1　电阻器

1.1.1　电阻器的作用和分类

电阻器是组成电路的基本元件之一。在电路中,电阻器用来稳定和调节电流、电压,作分流器和分压器,并可作消耗电路的负载电阻。电阻器用符号 R 或 r 表示。

(1) 电阻器按阻值是否可调节,分为固定式和可调式两大类。固定式电阻器是指电阻值不能调节的电阻器,它主要用于阻值固定而不需要变动的电路中,起到限流、分流、降压、分压、负载或匹配等作用。可变电阻器是指阻值在某个范围内可调节的电阻器,可变电阻器又称变阻器或电位器,主要用在阻值需要经常变动的电路中,用来调节电路中的电压、电流等,从而达到控制或调节电路等参数。

(2) 电阻器按制造材料可分碳膜电阻器、金属膜电阻器、线绕电阻器、水泥电阻器等。其中,碳膜电阻器和金属膜电阻器的阻值范围大,从几欧到几百兆欧不等,但功率不大,一般约在 1/8 W 到 2 W,最大的可到 10 W。线绕电阻器和水泥电阻器的阻值范围小,从十几欧到几十千欧不等,但功率较大,最大可到几百瓦。相同功率的电阻器的体积,碳膜电阻器和金属膜电阻器的体积比线绕电阻器和水泥电阻器的体积要小。

(3) 除了常规的电阻器外,还有特种电阻器,如热敏电阻器、压敏电阻器、光敏电阻器、气敏电阻器等敏感电阻器。

(4) 随着集成电路的发展,出现了一种专门适合于在计算机中使用的特殊电阻——排阻,它是由几个(4 个或 8 个)阻值相等、功率相同的电阻器集合在一起,每个电阻器的一个引脚在内部连接在一起，作为公共端引出。排阻的出现大大节省了空间，同时也提高了可靠性。

常用电阻器外形及其图形符号如图 1－1 所示。

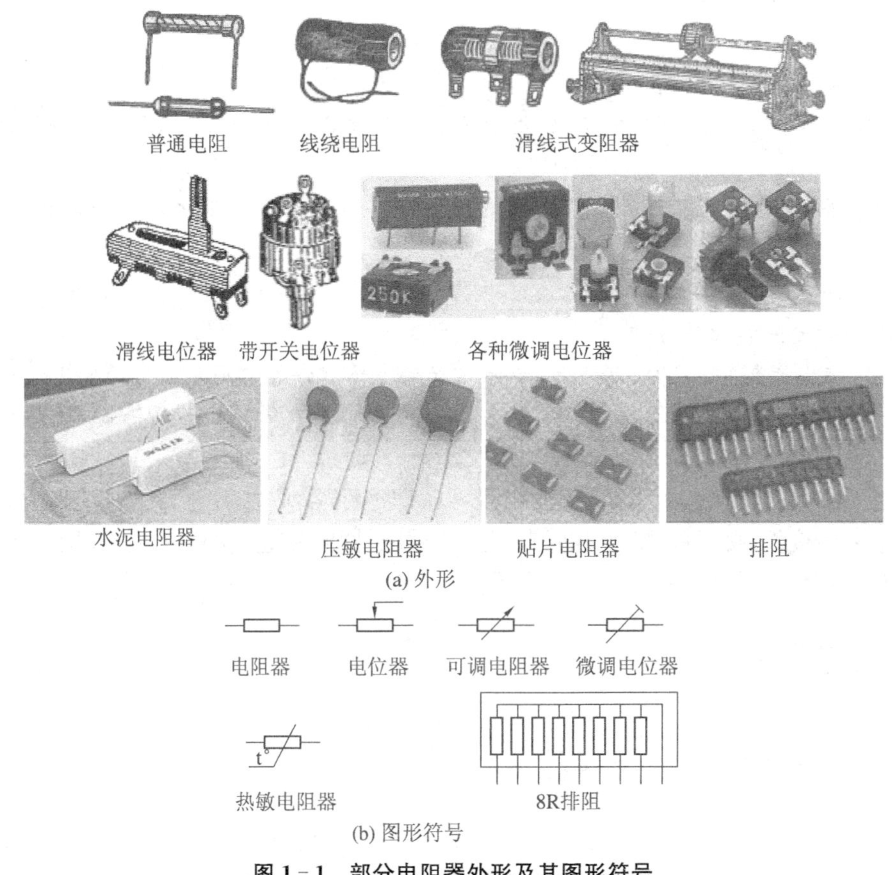

图 1－1　部分电阻器外形及其图形符号

1.1.2　电阻器的主要参数

电阻器的主要参数有：标称阻值和偏差、额定功率、最高工作温度、极限工作电压、稳定性、高频特性和温度特性等。一般只考虑标称阻值、偏差和额定功率。

1）标称阻值和偏差

标称阻值是指电阻器上面所标注的阻值，其数值范围应符合 GB 2471《电阻器标称阻值系列》的规定。电阻器的标称阻值应为表 1－1 所列数值的 10^n 倍，其中 n 为正整数、负数或 0。以 E_{24} 系列为例，电阻器的标称值可为 0.12 Ω，1.2 Ω，12 Ω，120 Ω，1.2 kΩ，12 kΩ，1.2 MΩ 等，其他各项依此类推。

偏差是指实际阻值与标称阻值的差值与标称值之比的百分数。通常为±5%（Ⅰ级）、±10%（Ⅱ级）、±20%（Ⅲ级）。此外，还有其他的阻值偏差与标志的规定，见表 1－2。

表 1-1　电阻器标称值系列

系列	偏差	电阻器的标称值
E_{24}	Ⅰ级(±5%)	1.0,1.1,1.2,1.3,1.5,1.6,1.8,2.0,2.2,2.4,2.7,3.0,3.3,3.6,3.9,4.3,4.7,5.1,5.6,6.2,6.8,7.5,8.2,9.1
E_{12}	Ⅱ级(±10%)	1.0,1.2,1.5,1.8,2.2,2.7,3.3,3.9,4.7,5.6,6.8,8.2
E_{6}	Ⅲ级(±20%)	1.0,1.5,2.2,3.3,4.7,6.8

2) 标称功率

电阻器的标称功率是指电阻器在室温条件下,连续承受直流或交流负荷时所允许的最大消耗功率。

3) 温度系数

温度系数是指温度每变化 1 ℃所引起的电阻值的相对变化。温度系数越小,阻值的稳定性越好。阻值随温度的升高而增大的为正温度系数,反之,为负温度系数。

表 1-2　阻值偏差标志

对称偏差标志符号				不对称偏差标志符号	
允许偏差/(%)	标志符号	允许偏差/(%)	标志符号	允许偏差/(%)	标志符号
±0.001	E	±0.5	D	+100 −10	R
±0.002	X	±1	F		
±0.005	Y	±2	G	+50 −20	S
±0.01	H	±5	J		
±0.02	U	±10	K	+80 −20	Z
±0.05	W	±20	M		
±0.1	B	±30	N	+无规定 −20	无标记
±0.2	C				

采购电阻器时,主要考虑电阻的材料、标称值和标称功率这三个参数。

1.1.3　电阻器、电位器型号的命名

电阻器、电位器的型号由四部分组成,分别代表产品的名称、材料、分类和序号,代号及其含义见表 1-3。

表 1-3 电阻器和电位器的型号命名方法

第一部分：名称		第二部分：材料		第三部分：特征分类			第四部分
符号	含义	符号	含义	符号	含义		
					电阻器	电位器	
R	电阻器 电位器	T	碳膜	1	普通	普通	对名称、材料特征相同，仅尺寸、性能指标略有差别，但不影响互换的产品给同一序号。若尺寸、性能指标差别已明显不能互换时，则在序号后面用大写字母作为区别代号给予区分。
		H	合成膜	2	普通	普通	
		S	有机实心	3	超高频		
		N	无机实心	4	高阻		
		J	金属膜	5	高温		
		Y	氧化膜	7	精密	精密	
		C	沉积膜	8	高压	特殊函数	
		I	玻璃釉	9	特殊	特殊	
		P	硼碳膜	G	高功率		
		U	硅碳膜	T	可调		
		X	线绕	W		微调	
		F	熔断	D		多圈	

如：普通金属膜电阻

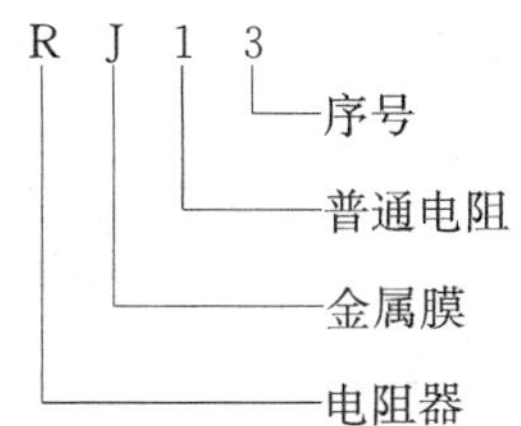

敏感元件也是由四部分组成。第一部分：主称，用 M 来表示，说明是敏感元件；第二部分：类别，用字母表示，见表 1-4；第三部分：用途或特征，用字母或数字表示，见表 1-4；第四部分：序号，用数字表示。

表 1-4 敏感元件的类别代号及意义

材 料		分 类					
代号	意义	代号	意 义				
			正温度系数	负温度系数	光敏电阻	压敏电阻	
F	负温度系数热敏	1	普通用	普通用	紫外光	W	稳压用
Z	正温度系数热敏	2		稳压用	紫外光	G	高压保护
G	光敏	3		微波测量用	硅杯	P	高频用
Y	压敏	4		旁热用	可见光	N	高能用
S	湿敏	5	测温用	测温用	可见光	K	高可靠性
C	磁敏	6	控温用	控温用	可见光	L	防雷用
L	力敏	7	消磁用		红外光	H	灭弧用
Q	气敏	8		线性型	红外光	Z	消噪用

如：普通旁热式负温度系数热敏电阻

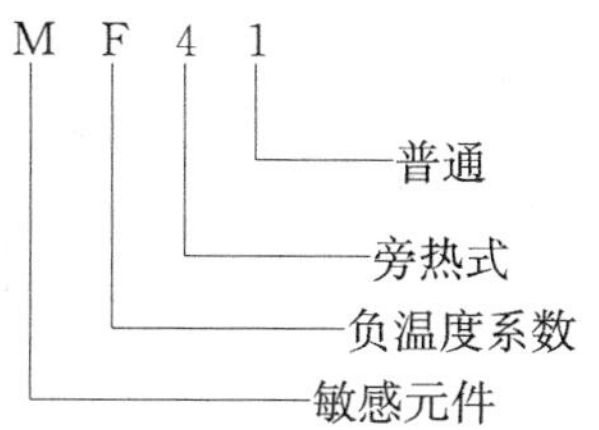

1.1.4 电阻器典型参数的标识方法

1）直标法

直标法是用阿拉伯数字和单位符号在电阻器表面直接标出阻值和允许偏差。如：5.1 kΩ。

2）文字符号法

文字符号法是用阿拉伯数字和字母有规律的组合来表示标称阻值，其偏差也用字母表示。如：2R7F(表示 2.7 Ω±1%)，4k7(表示 4.7 kΩ±10%)等。

3）色标法

色标法是利用不同颜色的色环在电阻器表面标出标称值和允许偏差，具体的规定见表 1－5 和例 1、例 2。

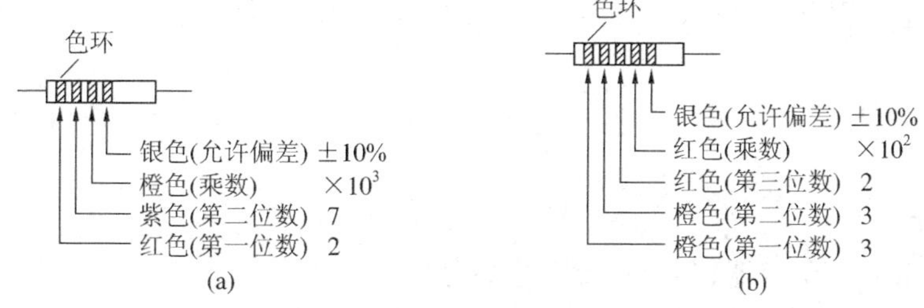

图 1－2 色标电阻示意图

例 1：两位有效数字的色标示例，见图 1－2(a)所示，该电阻的阻值为 27 000 Ω±10%。

例 2：三位有效数字的色标示例，见图 1－2(b)所示，该电阻的阻值为 33 200 Ω±10%。

表 1－5 电阻器标称值及允许偏差的色标

颜色	有效数字	乘数	允许偏差/(%)
棕	1	10^1	±1
红	2	10^2	±2
橙	3	10^3	—
黄	4	10^4	—
绿	5	10^5	±0.5
蓝	6	10^6	±0.25
紫	7	10^7	±0.1
灰	8	10^8	—

续表 1-5

颜色	有效数字	乘数	允许偏差/(%)
白	9	10^9	—
黑	0	10^0	—
金		10^{-1}	±5
银		10^{-2}	±10
无色		—	±20

4) 数码表示法

数码表示法是在电阻器上用三位数码表示标称值的标注方法。数码从左到右，第一、二位为有效数，第三位为乘数，即乘 10 的幂次方，单位为Ω，偏差用字母表示。如：标志为 104 J 的电阻器，其电阻值为 10×10^4 Ω±5%，即 100 kΩ。又如：标志为 222 k 的电阻器，其电阻值为 22×10^2 Ω±10%，即 2.2 kΩ。

1.1.5　电阻器好坏的判别

(1) 目测法　观察电阻体是否有烧焦及电阻器的引线帽是否脱落等现象。

(2) 表测法　用万用表欧姆挡直接测量其电阻值，看其阻值是否与标注的相同。

1.1.6　其他

1) 书写方法

为了识别和选用电阻器，还应熟悉它的书写方法。

例 1：RT-1/2-3.3 kΩ，则 RT 表示是碳膜电阻器，标称功率是 0.5 W，标称阻值是3.3 kΩ。

例 2：RJ-1/4-100 Ω，则 RJ 表示是金属膜电阻器，标称功率为 0.25 W，标称阻值为 100 Ω。

例 3：RX-2-47 Ω，则 RX 表示是线绕电阻器，标称功率为 2 W，标称阻值为 47 Ω。

2) 使用注意事项

使用时要注意所用电阻的材料、功率和误差。特别是线绕电阻和其他一些特殊电阻的使用，如熔断电阻等，不可使用其他电阻替换。

1.2　电容器

1.2.1　电容器的作用与类别

电容器是组成电路的基本元件之一，是一种储能元件，在电路中作隔直、旁路和耦合等用。电容器用文字符号 C 表示。

电容器按电容量是否可调节，可分为固定式和可变式两大类。可变式电容器有可变和半可变(包括微调电容器)两类。按是否有极性，可分为有极性电容器和无极性电容器两类。按其介质材料不同，可分为空气介质电容器、固体介质(云母、纸介、陶瓷、涤纶、聚苯乙烯等)电容器、电解电容器。

常见电容器外形和图形符号如图 1-3 所示。

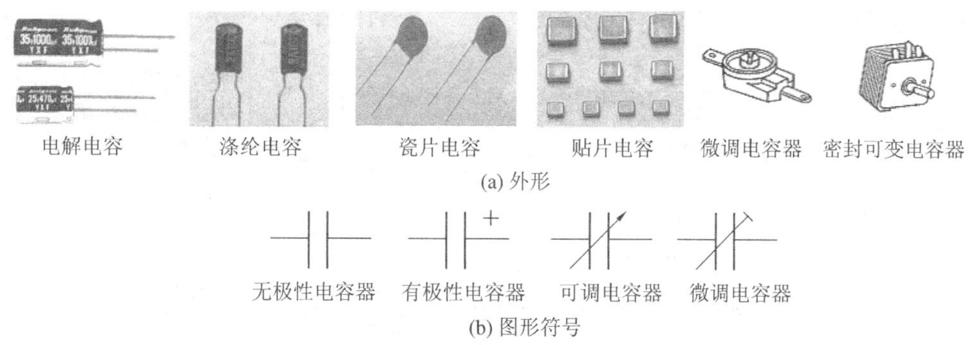

图 1-3 常见电容器外形及图形符号

1.2.2 电容器型号命名方法

电容器的型号由下列四部分组成：

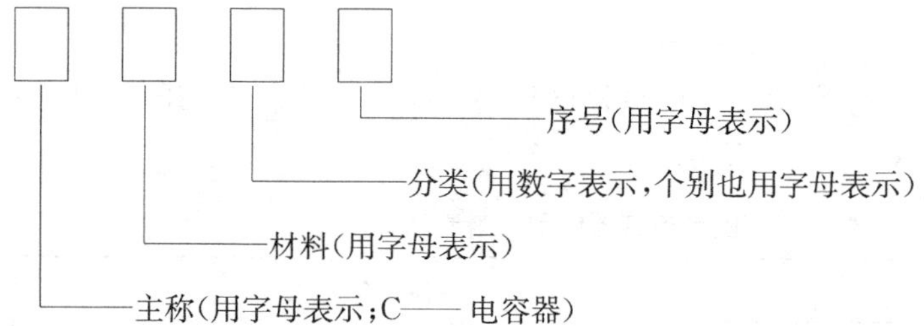

如：CCW1 型圆形微调瓷介电容器和 CT2 型管形低频瓷介电容器的命名如下：

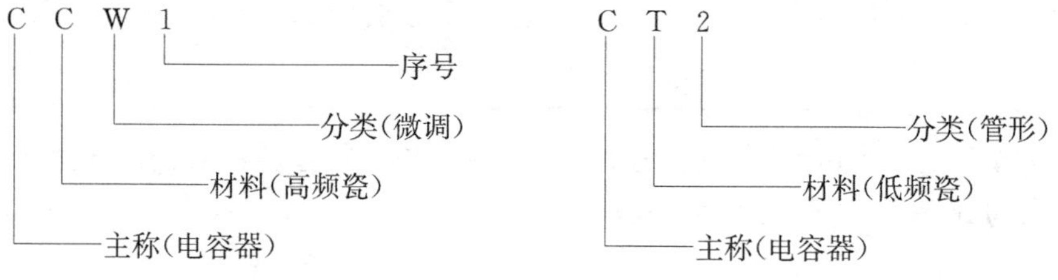

各部分所用字母或数字的意义见表 1-6。

表 1-6 电容器型号中数字和字母代码的意义

材料			
代号	意义	代号	意义
C	高频瓷	Q	漆膜
T	低频瓷	H	复合介质
I	玻璃釉	D	铝电解质
O	玻璃膜	A	钽电解质
Y	云母	N	铌电解质
V	云母纸	G	合金电解质
Z	纸介	L	涤纶等有机薄膜
J	金属化纸		
B	聚苯乙烯等有机膜	LS	聚碳酸酯有机薄膜
BF	聚四氟乙烯有机膜	E	其他材料电解质

分类				
数字代号	意义			
	瓷介	云母	有机	电解
1	圆片	非密封	非密封	箔式
2	管形	非密封	非密封	箔式
3	叠片	密封	密封	烧结粉液体
4	独石	密封	密封	烧结粉固体
5	穿心		穿心	
6	支柱			
7				无极性
8	高压	高压	高压	
9				

字母代号	意义
G	高功率
W	微调
说明：新型产品的分类根据发展情况予以补充	

1.2.3 电容器的主要参数

电容器的主要参数有：标称容量及允许误差、额定工作电压（又称耐压）、绝缘电阻及其损耗等。

1) 电容器的标称容量

标在电容器外壳上的电容量数值称为电容器的标称容量。它应符合 GB 2471《固定电容器标称容量系列》的规定，如表 1-7 所示。

表 1-7 固定电容器标称容量系列

系列	允许误差	电容器的标称值
E_{24}	±5%	1.0,1.1,1.2,1.3,1.5,1.6,1.8,2.0,2.2,2.4,2.7,3.0,3.3,3.6,3.9,4.3,4.7,5.1,5.6,6.2,6.8,7.5,8.2,9.1
E_{12}	±10%	1.0,1.2,1.5,1.8,2.2,2.7,3.3,3.9,4.7,5.6,6.8,8.2
E_{6}	±20%	1.0,1.5,2.2,2.3,4.7,6.8

电容容量的单位名称为法[拉]，其符号为 F。电容量单位符号、换算关系及名称如下：

mF（或简写为 m）$=10^{-3}$F，名称为毫法

μF（或简写为 μ）$=10^{-6}$F，名称为微法

nF（或简写为 n）$=10^{-9}$F，名称为纳法

pF（或简写为 p）$=10^{-12}$F，名称为皮法

2) 额定工作电压

额定工作电压是指电容器在电路中长期可靠地工作所允许加的最高直流电压。如果电容器工作在交流电路中，则交流电压的峰值不得超过额定工作电压。国家对电容器的额定工作电压系列做了规定。具体规格如下：（单位为 V）

1.6,4,6.3,10,25,32,40,50,63,100,125,160,250,300,400,450,500,630,1 000,1 600,2 000,2 500,3 000,4 000,5 000,8 000,10 000,15 000,20 000,25 000,30 000,35 000,40 000,45 000,50 000,60 000,80 000,100 000。

3) 绝缘电阻

绝缘电阻是指电容器两极之间的电阻,也称漏电阻,表明电容器漏电的大小。绝缘电阻的大小取决于电容器的介质性能。

购买电容器时,主要考虑电容器的类别(如电解、瓷片、涤纶等)和容量、耐压这几个参数。

1.2.4　电容器标识

1) 色标法

色标法是指用不同色点或色带在电容器外壳上表出电容量及允许偏差的标志方法。原则上与电阻器的色标法相同,单位为 pF。如:红红黑金,表示 220pF±5%。

2) 直标法

直标法是利用数字和文字符号在产品上直接标出电容器的标称容量及允许偏差、工作电压和制造日期等,有的电容器由于体积小,习惯上省略其单位,但应遵循如下规则:

(1) 凡不带小数点的整数,若无标志单位,则表示 pF,如 3300 表示 3 300 pF。

(2) 凡带小数点的数值,若无标志单位,则表示μF,如 0.47 表示 0.47 μF。

(3) 许多小型固定电容器,如瓷介电容器等,其耐压均在 100 V 以上,由于体积小可以不标注耐压。

3) 文字符号法

文字符号法是指将参数和技术性能用阿拉伯数字和字母有规律的组合标注在电容器上,如表 1-8 所示。

表 1-8　电容器文字符号及其组合示例

标称容量	文字符号	标称容量	文字符号	标称容量	文字符号
0.1 pF	p1	10 pF	10p	0.47 μF	470n
1 pF	1p	3 300 pF	3n3	4.7 μF	4μ7
4.7 pF	4p1	47 000 pF	47n	4 700 μF	4m7

4) 三位数码表示法

三位数码表示法是用三位数字表示容量的大小,单位为 pF。前两位表示有效数字,第三位表示补 0 的个数。但第三位为 9 时表示有效数字乘以 0.1。

如:102 表示 1 000 pF;101 表示 100 pF;479 表示 4.7 pF。

5) 电路中的标注

电容器在电路图中有三种标注方法:

(1) 不带小数点,也不带单位的电容,其单位为 pF,如 100,表示容量为 100 pF。

(2) 带小数点,也不带单位的电容,其单位为μF,如 0.01,表示容量为 0.01 μF。

(3) 不带小数点，但带有单位的电容，其单位为 μF，如 100 μF/50 V，表示容量为 100 μF，耐压值为 50 V。

1.2.5　电容器的简易测试

1) 检测 10 pF 以下的电容器

因 10 pF 以下的电容器容量太小，用万用表进行测量，只能定性地检查其是否有漏电、内部短路或击穿现象。测量时，可选用万用表 R×10k 挡，用两表笔分别任意接电容的两个引脚，阻值应为无穷大。若测出阻值(指针向右摆动)或阻值为 0，则说明电容漏电损坏或内部击穿。

2) 检测 10 pF～0.01 μF 的电容器

方法同 1，其区别是万用表测量电容器两端阻值很大，大于 20 MΩ，但不是无穷大。

3) 检测 0.01 μF 以上的电容器

先用两表笔任意触碰电容的两引脚，然后调换表笔再触碰一次，如果电容是好的，万用表指针会向右摆动一下，随即向左迅速返回无穷大位置。电容量越大，指针摆动幅度越大。如果反复调换表笔触碰电容两引脚，万用表指针始终不向右摆动，说明该电容的容量已低于 0.01 μF 或者已经失效。测量中，若指针向右摆动后不能再向左回到无穷大位置，说明电容漏电或内部已经击穿短路。

用 500 型万用表 R×10 k 挡实测的 0.01～1 μF 电容器的电容量与指针向右摆动位置对应电阻值如表 1 - 9 所示。

表 1 - 9　实测电容量与万用表指针向右摆动位置对应电阻值

电容量/μF	0.01	0.022	0.047	0.068	0.1	0.22	0.33	0.47	1
万用表指针向右摆动位置	20 MΩ	10 MΩ	4.5 MΩ	4 MΩ	3 MΩ	1.4 MΩ	850 kΩ	400 kΩ	45 kΩ

4) 电解电容器的检测

(1) 因为电解电容器的容量较大，所以测量时应对不同容量选用合适的量程。根据经验，一般情况下，1～47 μF 间的电容，可用 R×1k 挡测量，大于 47 μF 的电容可用 R×100 挡测量。

(2) 将万用表红表笔接负极，黑表笔接正极，在刚接触的瞬间，万用表指针即向右偏转较大幅度，接着逐渐向左回转，直到停在某一位置。此时的阻值便是电解电容的正向漏电阻。此值越大，说明漏电流越小，电容性能越好。然后将红、黑表笔对调，万用表指针将重复上述摆动现象，但此时所测的阻值为电解电容的反向漏电阻，此值小于正向漏电阻。即反向漏电流比正向漏电流要大。实际经验表明，电解电容的漏电阻一般在几百千欧以上，否则将不能正常使用。在测量时，若正向、反向均无充放电现象，即指针不动，则说明容量消失或内部断路；若所测阻值很小或为 0，则说明电容漏电大或已击穿损坏。

5) 估测电解电容器的电容量

使用万用表电阻挡，采用给电解电容进行正反向充放电的方法，根据指针向右摆动幅度的大小，可估测电解电容的电容量，表 1 - 10 所示是 500 型万用表测试数据，供参考。

表 1－10 实测电解电容器的电容量与万用表指针向右摆动位置对应电阻值

电容量/μF	万用表指针向右摆动位置	万用表电阻挡位	电容量/μF	万用表指针向右摆动位置	万用表电阻挡位
1	210 kΩ	R×1 k	100	2.2 kΩ	R×100
2.2	110 kΩ	R×1 k	220	750 Ω	R×100
3.3	55 kΩ	R×1 k	330	500 Ω	R×100
4.7	50 kΩ	R×1 k	470	120 Ω	R×100
6.8	34 kΩ	R×1 k	1 000	230 Ω	R×10
10	21 kΩ	R×1 k	2200	90 Ω	R×10
22	8.5 kΩ	R×1 k	3300	75 Ω	R×10
33	5 kΩ	R×1 k	4700	26 Ω	R×10
47	3.2 kΩ	R×1 k			

1.2.6 电容器使用注意事项

使用电容器时应注意以下几点：

(1) 电容器外形应完整，引线不应松动。

(2) 电解电容器的极性不能接反，否则会引起爆炸。引脚长的是正极，或者看外壳上标有“一”符号引脚是负极。但也有的电解电容无正负极。

(3) 电容器耐压值是指正向耐压值，使用时应符合要求。

(4) 温度对电解电容器的漏电流、容量及寿命都有影响，一般的电解电容器只能在50 ℃以下环境使用。

(5) 用于脉冲电路中的电容器，应选用频率特性和耐热稳定性能较好的电容器，一般为涤纶、云母、聚苯乙烯等电容器。

(6) 可变电容器的动片应接地，这样调节时不会干扰电路。

(7) 可变电容器使用日久，动片与定片之间会有灰尘，应定期清洁处理。

(8) 涤纶电容器的电容量相对稳定，但不能用于高频场合；而瓷片电容器可以用在高频场合。

1.3 电感器

电感器也叫电感线圈，是由导线绕制而成的或利用电磁感应原理制成的元件。常见的有两大类，一类是应用自感作用的自感线圈，另一类是应用互感作用的变压器。电感器在电路中起阻碍交流电流、变压、传送信号等作用。电感器用文字符号 L 表示。

1.3.1 电感器的类别

在无线电整机设备中电感器主要指各种线圈。线圈按用途分有高频扼流圈、低频扼流圈、调谐线圈、退耦线圈、提升线圈、稳频线圈等。常见的电感线圈的外形及图形符号如图1-4所示。

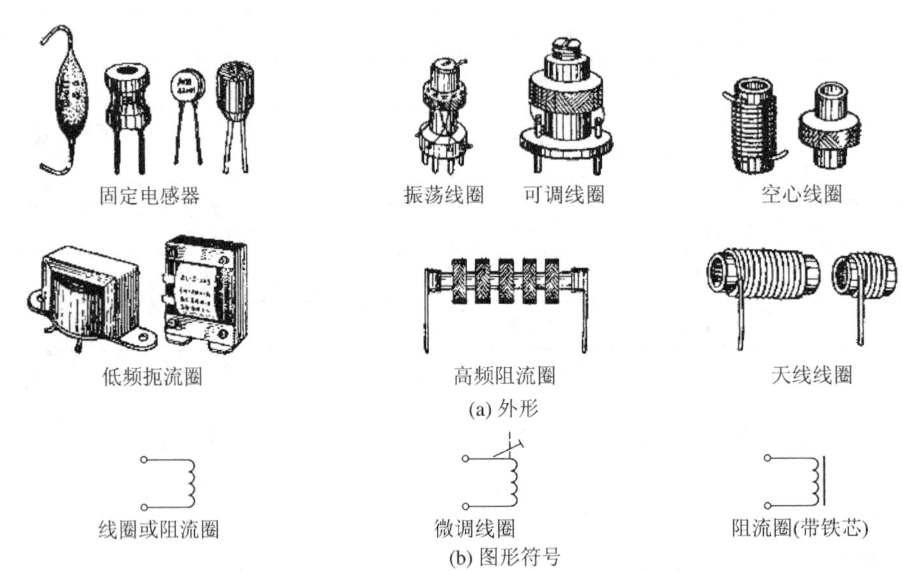

图1-4 常见电感器外形及图形符号

1.3.2 电感器的主要参数

(1) 标称电感量

电感量单位的名称为亨［利］，符号为H，实际标称电感量常用mH(毫亨)和μH(微亨)表示。其中，1 H=1 000 mH =1 000 000 μH。

(2) 品质因数

是指线圈的感抗与线圈总损耗电阻的比值，用字母Q表示，其计算公式为：

$$Q = 2\pi fL/R = \omega L/R$$

在谐振回路中，线圈的Q值越高，回路的损耗越小。

(3) 分布电容

分布电容是指线圈的线匝间形成的电容。它的存在降低了线圈的品质因数，通常要尽量减小分布电容。

(4) 额定电流

额定电流是指电感器正常工作时，允许通过的最大电流，如工作电流大于额定电流，电感器不但会产生较大的压降，同时还会因发热而改变参数，严重时会烧毁。

购买电感器时，主要考虑的是电感器的类型、电感量和额定电流。

1.3.3 小型固定电感器的标识

小型固定电感器的标识方法有直标法、色标法、数码表示法。

1) 直标法

直标法是指在小型固定电感器的外壳上直接用文字标出电感量、误差值、最大工作电流等。其中最大工作电流常用字母 A、B、C、D、E 等标注,字母与电流的对应关系如表 1－11 所示。

表 1－11 小型固定电感器的工作电流和字母关系

字母	A	B	C	D	E
最大工作电流/mA	50	150	300	700	1600

如某电感外壳上标有 3.9 mH、A、Ⅱ等字样,则表示其电感量为 3.9 mH,误差为Ⅱ级(±10%),最大工作电流为 A 挡(即 50 mA)。

2) 色标法

色标法是指在电感器的外壳上标有各种不同颜色的色环,用来标注其主要参数。其色环标注的意义、颜色和数字的对应关系与色环电阻标识法相同,单位为微亨(μH)。

例如:某电感器的色环标识分别为:

红红银黑　表示其电感量为 0.22±20% μH。

棕红红银　表示其电感量为 12×102±10% μH。

黄紫金银　表示其电感量为 4.7±10% μH。

3) 数码表示法

标称电感值采用三位数字表示,前两位数字表示电感值的有效数字,第三位数字表示补 0 的个数,小数点用 R 表示,单位为 μH。

例如:222 表示 2200 μH;102 表示 1 000 μH;151 表示 150 μH;101 表示 100 μH;120 表示 12 μH;100 表示 10 μH;1R8 表示 1.8 μH;R68 表示 0.68 μH。

1.3.4 电感器的简易测试

用万用表电阻挡测量电感器阻值的大小。若被测电感器的阻值为 0,说明电感器内部绕组有短路性故障,在测量时一定要将万用表调零,反复测试几次。

若被测电感器的阻值为无穷大,说明电感器的绕组或引脚与绕组的接点处有断路现象。

1.4 继电器

继电器是一种控制式自动电器,它具有控制系统(又称输入回路)和被控制系统(又称输出回路)。继电器是用来实现电路联结点的闭合或切断的控制器件,通常用于自动控制系统、遥控遥测系统、通信系统的控制设备或保护装置中,当作为被控制量的参数(如电压、电流、温度、压力等)达到预定值时继电器开始动作,使被控制电路接通或断开,从而实现所要求的控制和保护。

1.4.1 继电器的分类

继电器的种类很多，按动作原理或结构特征分，有电磁继电器、无触点固态继电器、热继电器、温度继电器、光电继电器、霍尔效应继电器等等。

(1) 电磁继电器　指由控制电流通过线圈产生的电磁吸引力驱动磁路中的可动部分来实现触点的开闭或转换的继电器。这种继电器最常用的有：直流继电器(控制电流为直流电流)、交流继电器(控制电流为交流电流)。

(2) 无触点固态继电器　是一种无触点全固体的电子器件，其开闭电路功能和输入、输出的绝缘程度与电磁继电器相当。

(3) 热继电器　利用热效应动作。

(4) 温度继电器　外界温度达到规定值时动作。

(5) 光电继电器　利用光电效应动作。

(6) 霍尔效应继电器　利用半导体的霍尔效应动作。

常见的继电器的外形及图形符号如图 1－5 所示。

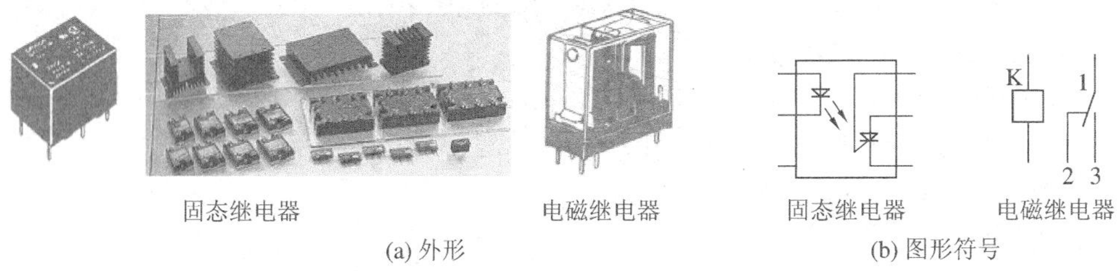

图 1－5　常见的继电器的外形及电路符号

1.4.2 有关继电器的名词及参数

(1) 释放状态　是指继电器线圈未得到激励时继电器所处的初始状态。

(2) 吸合状态　也称动作状态，是指在线圈中施加足够的激励量，使触点组完整地完成规定动作后所呈现的状态。

(3) 吸合电压(或吸合电流)正常值　是指继电器在 20 ℃时吸合电压(或电流)的最大允许值。

(4) 释放电压(或释放电流)正常值　是指继电器在 20 ℃时释放电压(或电流)的最小允许值。

(5) 额定电压(或额定电流)　是指继电器正常工作时所规定的线圈电压(或电流)的标称值。

(6) 触点额定负载　是指在规定的环境条件和动作寿命次数条件下，规定的触点开路电压最大值和闭路电流最大值之积，一般用伏安作为单位。

(7) 接触电阻　是指从引出端测得的一组闭合触点间的电阻值。

(8) 寿命 是指继电器在规定的环境条件和触点负载下,按产品技术标准要求能够正常动作的最少次数(即动作次数)。

(9) 吸合时间 是指从线圈加额定值激励时起到触点完成工作状态所需要的时间。

(10) 释放时间 是指线圈撤消激励到触点恢复到释放状态所需要的时间。

1.4.3 常用继电器型号

常用继电器型号命名组成如表 1-12 所示。

表 1-12 常用继电器型号命名组成

继电器名称	第一部分 主称	第二部分 外形符号	第三部分 短划线	第四部分 序号	第五部分 防护特征
切换微负载 直流≤5 W 交流≤15 VA	JW(继微)	W(微型, ≤100 mm) C(超小型, ≤25 mm) X(小型, ≤50 mm)	—		M(密封) F(封闭)
切换弱负载 直流≤5 W 交流≤120 VA	JR(继弱)				
切换中负载 直流≤150 W 交流≤500 VA	JZ(继中)				
切换大负载 直流>5 W 交流>15 VA	JQ(继强)				

1.4.4 固态继电器

固态继电器(Solid State Relay——SSR)是现代微电子技术与电力电子技术相结合发展起来的一种用固体元件组装而成的新颖的无触点开关器件,它可以实现用微弱的控制信号对几十安甚至几百安电流的负载进行无触点的通断控制,目前已得到广泛的应用。

1) 固态继电器的性能特点

(1) 固态继电器的输入端只要求很小的控制电流(几毫安),而输出端则采用大功率晶体管或双向晶闸管来接通或断开负载。

(2) 与 TTL、HTL、CMOS 等集成电路具有很好的兼容性。

(3) 由于 SSR 的通断是无机械接触部件,因此该器件具有可靠、开关速度快、寿命长、噪声低、干扰小等特点。

2) 使用 SSR 的注意事项

(1) SSR 的负载能力会随温度的升高而下降,因此,在使用温度较高的情况下,选用时必须留有一定余地。

(2) 当 SSR 断开和接通感性负载时,在其输出端必须加接压敏电阻加以保护,其额定电压的选择可以取电源电压有效值的 1.9 倍。

(3) 因为组成 SSR 的内部电子元件均具有一定漏电流，其值通常在 5～10 mA，所以在使用时，尤其是在开断小功率电机和变压器时，容易产生误动作。

(4) 使用 SSR 时，切记不要将负载两端短路，以免损坏器件。

(5) 对焊接式的 SSR，在焊接时温度不能大于 260 ℃，焊接时间不大于 10 s。

购买继电器时主要考虑触点组数、触点允许流过最大电流、控制电压的性质(交流还是直流)、电压的大小等。

1.5 半导体器件

在众多的半导体器件中，最常见的是半导体二极管、三极管和场效应管。

1.5.1 半导体分立元件的命名

半导体分立元件的命名方法如表 1-13 ～表 1-16 所示。

表 1-13　中国半导体器件型号命名法

<table>
<tr><th colspan="2">第一部分</th><th colspan="2">第二部分</th><th colspan="4">第三部分</th><th>第四部分</th></tr>
<tr><td colspan="2">用数字表示器件的电极数目</td><td colspan="2">用拼音字母表示器件的材料和极性</td><td colspan="4">用拼音字母表示器件的类型</td><td rowspan="4">用数字表示器件的序号</td></tr>
<tr><td>符号</td><td>意义</td><td>符号</td><td>意义</td><td>符号</td><td>意义</td><td>符号</td><td>意义</td></tr>
<tr><td>2</td><td>二极管</td><td>A
B
C
D</td><td>N 型，锗管
P 型，锗管
N 型，硅管
P 型，硅管</td><td rowspan="2">A
D
G
X
P</td><td rowspan="2">高频大功率管
低频大功率管
高频小功率管
低频小功率管
普通管</td><td rowspan="2">W
Z
U
CS
T
FG</td><td rowspan="2">稳压管
整流管
光敏管
场效应管
晶闸管
发光管</td></tr>
<tr><td>3</td><td>三极管</td><td>A
B
C
D</td><td>PNP 型，锗管
NPN 型，锗管
PNP 型，硅管
NPN 型，硅管</td></tr>
</table>

例如：3DG6 是 NPN 型高频小功率硅三极管；2AP9 是 N 型普通锗二极管。

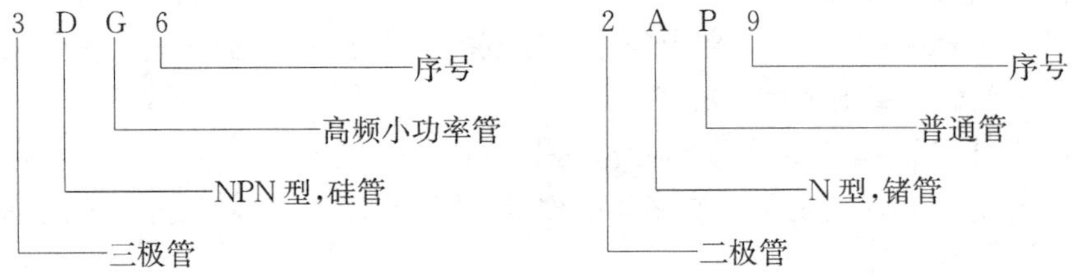

表 1－14　日本半导体器件型号命名法

第一部分		第二部分		第三部分		第四部分
用数字表示器件的电极数目		在日本注册标志		用字母表示器件材料和类型		在日本的登记号
符号	意义	符号	意义	符号	意义	
1 2	二极管 三极管	S	已在日本电子工业协会(JEIA)注册登记半导体器件	A B C D J K	PNP 高频管 PNP 低频管 NPN 高频管 NPN 低频管 P 沟道场效应管 N 沟道场效应管	多位数字

例如：

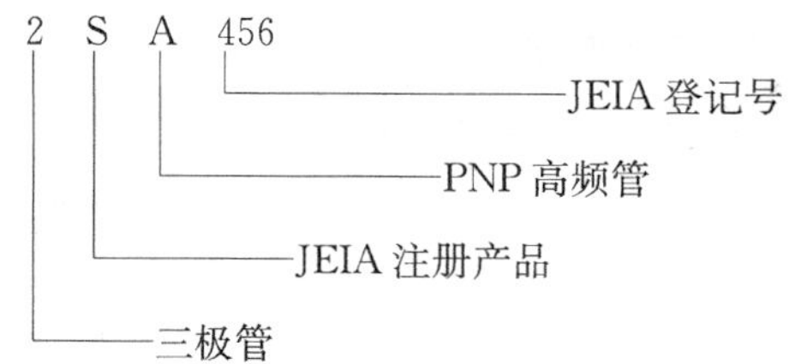

表 1－15　国际电子联合会(主要在欧洲)半导体器件型号命名法

第一部分		第二部分		第三部分		第四部分	
用字母表示器件的材料		用字母表示器件的类型和主要特性		用数字或字母加数字表示登记号		用字母对同一型号分挡	
符号	意义	符号	意义	符号	意义	符号	意义
A B C	锗材料 硅材料 砷化镓	A B C D F L P Q S T U Y Z	检波、开关、混频二极管 变容二极管 低频小功率三极管 低频大功率三极管 高频小功率三极管 高频大功率三极管 光敏器件 发光器件 小功率开关管 大功率晶闸管 大功率开关管 整流二极管 稳压二极管	三位数字	代表通用半导体器件的登记号	A B C D E	表示同一型号半导体器件按某一参数进行分挡的标志
				一个字母加二位数字	代表专用半导体器件的登记号		

例如：

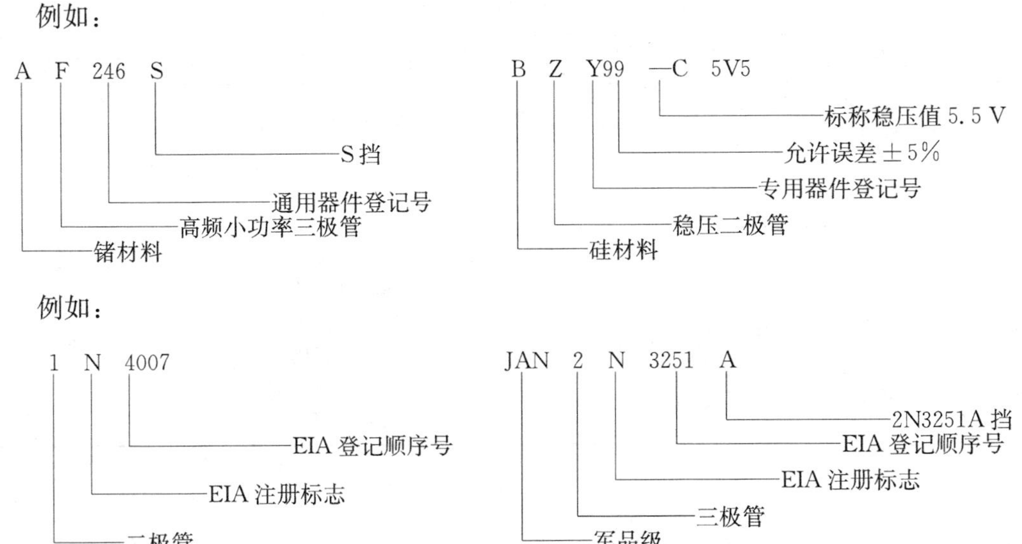

表 1-16　美国电子工业协会半导体器件型号命名法

第一部分		第二部分		第三部分		第四部分		第五部分	
用符号表示器件用途的类型		用数字表示 PN 结的个数		美国电子工业协会(EIA)注册标志		EIA 登记序号		用字母表示器件分挡	
符号	意义	符号	意义	符号	意义	符号	意义	符号	意义
JAN (无)	军品级 非军用品级	1 2 3	二极管 三极管 三个 PN 结器件	N	已在(EIA)注册	多位数字	在(EIA)登记的顺序号	A B C D	同一型号的不同挡别

1.5.2　半导体二极管

半导体二极管具有单向导电性、反向击穿特性、电容效应、光电效应等特性。它在电路中可以起到整流、开关、检波、稳压、钳位、光电转换和电光转换等作用。

1）半导体二极管的分类

按材料分，有锗材料二极管、硅材料二极管；按用途分，有整流二极管、开关二极管、检波二极管、稳压二极管、发光二极管、光敏二极管、变容二极管、硅堆(很多二极管串接在一起)等等。

2）半导体二极管的符号

二极管的外形与图形符号分别如图 1-6 和图 1-7 所示

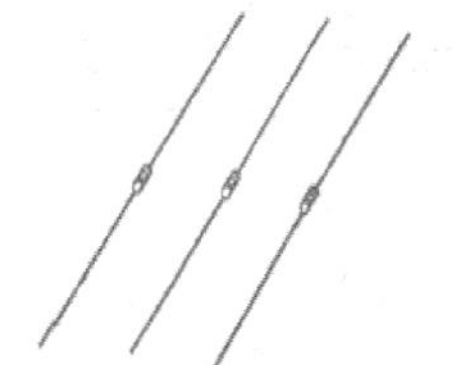 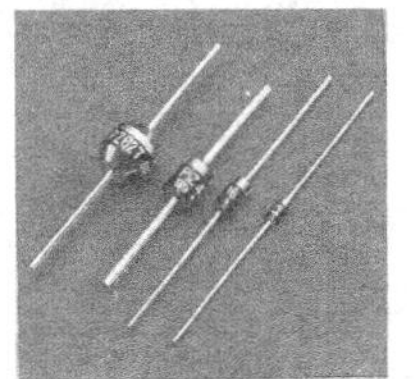 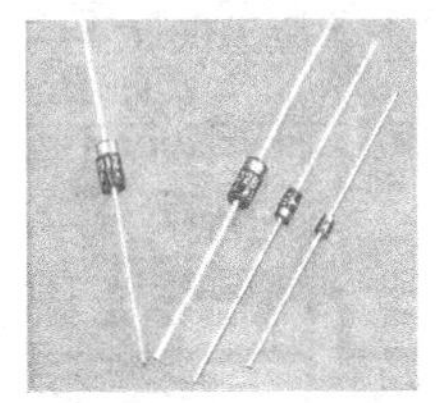 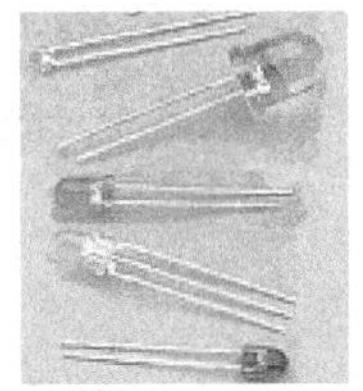

图 1-6　常见二极管外形

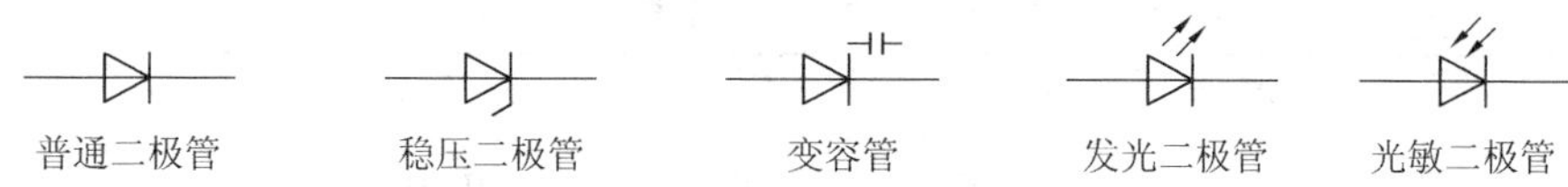

图 1-7 常见二极管的图形符号

3) 二极管的极性判别

判断二极管的极性，可以用目测，也可以用万用表测量。

(1) 目测法

普通二极管上标有一圈的引脚是二极管的阴极(负极)；发光二极管引脚长的那个脚是发光的阳极(正极)。如图 1-8 所示。

图 1-8 二极管极性判别

(2) 用指针万用表测量二极管

通常小功率锗二极管的正向电阻值为 300～500 Ω，硅二极管的正向电阻值约为 1 kΩ 或更大。锗二极管的反向电阻值为几十千欧，硅二极管的反向电阻值应在 500 kΩ 以上(大功率二极管的数值要小得多)。正反向电阻差值越大越好。

根据二极管的正反向电阻的不同就可以判断二极管的极性。将指针万用表打到 R×100 或 R×1 kΩ 挡(一般不用 R×1 或 R×10 kΩ 挡，因为 R×1 挡使用时电流太大，容易烧坏管子，而 R×10 kΩ 挡电压太高，使用时可能击穿管子)，用表笔分别与二极管的两极相连，测出两个阻值，测得阻值较小的一次，与黑表笔相连的一端是二极管的正极。如果测得反向电阻很小，说明二极管内部短路；如果测得正向电阻很大，则说明管子内部开路。

测量发光二极管时，万用表置于 R×1 kΩ 或 R×10 kΩ 挡，其正向电阻值小于 50 kΩ，反向电阻值大于 200 kΩ。

(3) 用数字万用表测量二极管

将数字万用表打到“二极管”挡，用表笔分别与二极管的两极相连，测出两个电压降值，测得电压降值为 0.5～0.7 V，与红表笔相连的一端是二极管的正极，与黑表笔相连的一端是二极管的负极；如果测得反向电压降值很大如“1”或“1.824”，则与红表笔相连的一端是二极管的负极，与黑表笔相连的一端是二极管的正极；如果测得反向电压降值很小，说明二极管内部短路；如果测得正向电压降都很大，则说明管子内部开路。

测量发光二极管时，数字万用表置于“二极管”挡，其正向电压降值可达 1 V 以上，反向电压降值为无穷大“1”。

4) 半导体二极管的主要参数

半导体二极管的主要参数符号及其意义见表 1-17～表 1-18 所示。

表 1－17 普通二极管的主要参数符号及其意义

符 号	名 称	意 义
V_F	正向电压降	二极管通过额定正向电流时的电压降
I_F	额定正向电流(平均值)	允许连续通过二极管的最大平均工作电流
I_R	反向饱和电流	在二极管反偏时，流过二极管的电流
U_{RM}	最高反向工作电压	二极管反向工作的最高电压，它一般等于击穿电压的三分之二

表 1－18 稳压二极管的主要参数符号及其意义

符 号	名 称	意 义
V_Z	稳定电压	当稳压管流过规定电流时，管子两端产生的电压降
I_{Fmax}	最大工作电流	稳压管允许流过的最大工作电流
I_{Fmin}	最小工作电流	为了确保稳定电压稳压管必须流过的最小工作电流

采购二极管时要看二极管的用途，选择相应的管子材料、功率和额定正向电流。

1.5.3 半导体三极管

半导体三极管在电路中对信号起放大、开关、倒相等作用。

1) 半导体三极管的分类

按导电类型分：有 NPN 型和 PNP 型三极管；按频率分：有高频三极管和低频三极管；按功率分：有小功率、中功率和大功率三极管；按电性能分：有开关三极管、高反压三极管、低噪声三极管，等等。三极管的符号、外形、对应的引脚如图 1－9 所示。

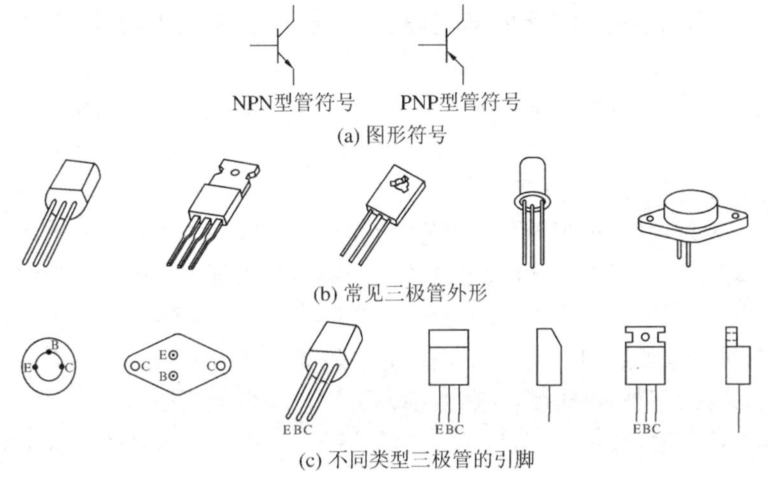

图 1－9 三极管符号、外形、引脚

2) 半导体三极管引脚的判别

(1) 目测法 目测三极管确定其引脚，对于不同封装形式三极管的引脚如图 1－9 所示。

(2) 表测法 用万用表测量确定其引脚。依据是：NPN 型三极管基极到发射极和集电极均为 PN 结的正向，而 PNP 型三极管基极到发射极和集电极均为 PN 结的反向。用指针万用表判断的方法如下：

① 判别三极管的基极

对于功率在 1 W 以下的中小功率管，可用万用表的 R×1 k 或 R×100 挡测量，对于功率在 1 W 以上的大功率管，可用万用表的 R×1 或 R×10 挡测量。

用黑表笔接触某一引脚，红表笔分别接触另两个引脚，如表头读数很小，则与黑表笔接触的引脚是基极，同时可知道此三极管为 NPN 型。若用红表笔接触某一引脚，而黑表笔分别接触另两个引脚，表头读数同样都很小时，则与红表笔接触的引脚是基极，同时可知道此三极管为 PNP 型。用上述方法既判定了三极管的基极，又判定了三极管的类型。

② 判别三极管的发射极和集电极

以 NPN 型三极管为例，确定基极后，假定其余的两个引脚中的一个是集电极，将黑表笔接触到此引脚上，红表笔接触到假定的发射极上。用手指把假定的集电极和已测出的基极捏起来（但不要将两个极相碰），看万用表指示值，并记录此阻值的读数，然后，再作相反假设，即把原来假定为集电极的引脚设为发射极，作同样的测试并记录此阻值的读数，比较两次读数的大小，若前者阻值小，说明前者的假设是对的。那么接触黑表笔的引脚就是集电极，另一个引脚是发射极（注意，测量时用手将基极和另一个引脚捏在一起的劲应该差不多大）。

若需判别的是 PNP 型三极管，仍用上述方法，只不过要把表笔极性对调一下。

(3) 可以用万用表的 h_{FE} 挡直接测量三极管的 β 值，一般三极管（小功率管）的 β 值最小也有 5～60，β 值大的超过 200。但要注意，在测量放大倍数前，要先校表。校表的方法是：将指针打到“ADJ”挡，短接两表笔，调节面板的电位，让指针指到“400”，表就校准了。

3) 半导体三极管的主要参数

半导体三极管的主要参数符号及意义如表 1-19 所示。

表 1-19 半导体三极管的主要参数符号及意义

符 号	意 义
I_{CBO}	发射极开路，集电极与基极间的反向电流
I_{CEO}	基极开路，集电极与发射极间的电流（即穿透电流）。一般 $I_{CEO}=(1+\beta)I_{CBO}$
V_{CES}	在共发射极电路中，三极管处于饱和状态时，C、E 之间的电压降
β	共发射极电流放大系数
f_T	特征频率。当三极管共发射极运用时，随着频率的增大，电流放大系数 β 下降为 1 时所对应的频率。它表征三极管具备电流放大能力的极限频率
V_{CBO}	发射极开路时集电极-基极之间的击穿电压
V_{CEO}	基极开路时集电极-发射极之间的击穿电压
I_{CM}	集电极最大允许电流。它是 β 值下降到最大值的 1/2 或 2/3 时的集电极电流
P_{CM}	集电极最大耗散功率。它是集电极允许耗散功率的最大值

1.5.4 场效应管

场效应是指半导体材料的导电能力随电场改变而变化的现象。

场效应管(FET)是当晶体管加上一个变化的输入信号时,信号电压的改变使加在器件上的电场改变,从而改变器件的导电能力,使器件的输出电流随电场改变而变化。与半导体三极管不同的是,它是电压控制器件,而半导体三极管是电流控制器件。

场效应管具有的特点是:① 输入阻抗高,在电路上便于直接耦合;② 结构简单、便于设计、容易实现大规模集成;③ 温度性能好、噪声系数低;④ 开关速度快、截止频率高;⑤ I、V 成平方律关系,是良好的线性器件,但放大倍数较低。

1) 场效应管分类

(1) 结型场效应管(JFET)

① N 沟道 JFET;

② P 沟道 JFET。

(2) 金属-氧化物-半导体场效应管(MOSFET)

① N 沟道增强型 MOSFET;

② P 沟道增强型 MOSFET;

③ N 沟道耗尽型 MOSFET;

④ P 沟道耗尽型 MOSFET。

2) 场效应管的符号

各种场效应管的图形符号如图 1-10 所示。

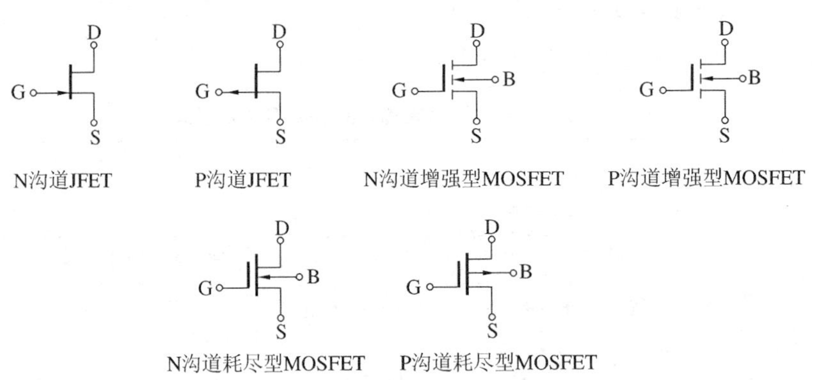

图 1-10 各种类型场效应管的图形符号

3) 场效应管常用参数符号及意义

场效应管常用参数符号及意义如表 1-20 所示。

表 1-20 场效应管常用参数符号及意义

参数名称	符号	意 义
夹断电压	V_P	在规定的漏源电压下,使漏源电流下降到规定值(即使沟道夹断)时的栅源电压 V_{GS}。此定义适用于 JFET 和耗尽型 MOSFET

续表 1-20

参数名称	符号	意 义
开启电压（阈值电压）	V_T	在规定的漏源电压下，使漏源电流 I_{DS} 达到规定值（即发生反型层）时的栅源电压 V_{GS}。此定义适用于增强型 MOSFET。
饱和漏极电流	I_{DSS}	栅源短路（$V_{GS}=0$）、漏源电压 V_{DS} 足够大时，漏源电流几乎不随漏源电压变化，所对应漏源电流为饱和漏极电流，此定义适用于耗尽型场效应管
跨导	g_m	漏源电压一定时，栅源电压变化量与由此而引起的漏源电流变化量之比，它表征栅源电压对漏源电流的控制能力 $g_m=\frac{\Delta I_D}{\Delta V_{GS}}\Big\vert_{V_{DS}=常数}$

4）场效应管好坏的判别

（1）对于耗尽型场效应管（JFET 和耗尽型 MOSFET），漏极（D）与源极（S）是通过沟道（N 沟道或 P 沟道）相连的（不是短路），因此可以用万用表的电阻挡测量漏源（D-S）间的阻值，若是零电阻或电阻为无穷大，则管子是坏的。

（2）对于 JFET，其栅极（G）与源极、漏极之间其实是一个 PN 结，所以只要用万用表测量它的正反向的阻值就很容易判断出它的好坏，但要注意沟道类型，若是 N 沟道的管子则栅极是 P 区，若是 P 沟道的管子则栅极是 N 区。

（3）对于绝缘栅 MOSFET，因为栅极源极、漏极都是绝缘的，所以只要用万用表判断一下是否开路就能判断管子的好坏。

（4）对于绝缘栅增强型 MOSFET，因为栅极（G）与源极、漏极之间都是绝缘的，源极与漏极之间相当于两个相向的 PN 结串接的，所以，三个极之间都是不通的。

（5）对于绝缘栅耗尽型 MOSFET，源极与漏极是通过沟道连接的，所以，用万用表的电阻挡测量源极与漏极之间的电阻值就能判断它的好坏，即既不是短路也不是开路，那是好的，否则管子是坏的。

（6）测量场效应管好坏最好的方法是用晶体管图示仪测量它的输出特性曲线。测量的方法大致与测量晶体三极管的方法相同，将场效应管的 S、G、D 极，分别插入 E、B、C 三个孔，将晶体管图示仪上的基极电流改为基极电压。对于 N 沟道的管子（相当于 NPN 三极管），C-E 间加正电压，B 极加负电压；对于 P 沟道的管子（相当于 PNP 三极管），C-E 间加负电压，B 极加正电压。

5）场效应管使用时的注意事项

使用场效应管时应注意以下几点：

（1）使用时器件工作参数不能超过其极限参数，以免器件被过高的电压或电流损坏。

（2）JFET 的源极、漏极可以互换使用。

（3）MOSFET 输入阻抗很高，容易造成因感应电荷泄漏不掉而使栅极击穿，造成永久损坏。因此，存放时应使各电极引线短接，同时，测量仪器、电烙铁、线路本身都需要良好接地。焊接时按源、漏、栅的次序焊接；焊下时次序相反。不过目前新型的 MOSFET 在器件内部的绝缘栅和源极之间接了一只齐纳二极管作为保护装置，这样不需要外部短接引线就能保护器件。

（4）要求输入阻抗高的场合，应采取防潮措施，否则输入阻抗因潮湿而下降。

(5) 在未关电源时不可以插拔器件。

(6) 相同沟道的 JFET 和耗尽型 MOSFET，在相同的电路中一般可以通用。

(7) JFET 的栅源电压 V_{GS}不允许为正值，否则会损坏管子。

1.5.5 光电耦合器

光电耦合器是一种利用电-光-电耦合原理传输信号的半导体器件，其输入、输出电路是相互电气隔离的。光电耦合器的各种类型的实物和符号如图 1－11 所示。

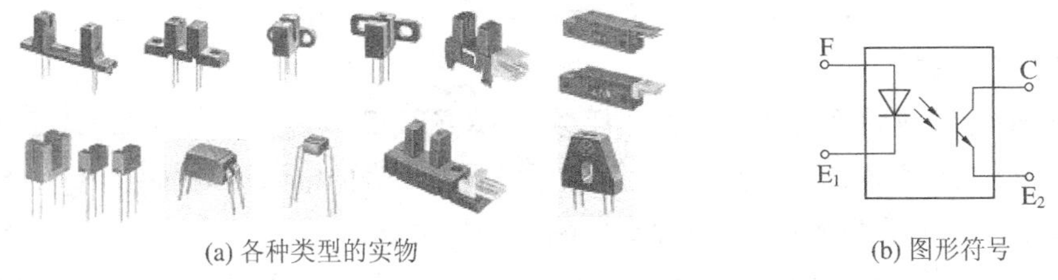

(a) 各种类型的实物　　(b) 图形符号

图 1－11　光电耦合器的形状与图形符号

光电耦合器的输入端（F－E_1）是一个发光二极管，正常工作时，两端的压降大约为 1.3 V，最大的工作电流小于 50 mA；光电耦合器的输出端（C－E_2）是一个光敏管（光敏二极管或光敏三极管）。当输入端（F－E_1）有电信号输入时，发光二极管发光，光敏管受光照后光敏管导通产生电流，输出端（C－E_2）就有电信号输出，实现了以光为媒介的电信号传输。这种电路使输入端与输出端无导电的直接联系，实现了输入端与输出端的隔离，具有很好的抗干扰性能，因此得到广泛的应用。

1.5.6 集成电路

集成电路是将组成电路的有源元件（三极管、二极管）、无源元件（电阻、电容等）及其互连的布线，通过半导体工艺或薄膜、厚膜工艺，制作在半导体或绝缘基片上，形成结构上紧密联系的具有一定功能的电路或系统。与分立元件相比，它具有体积小、功耗低、性能好、可靠性高、成本低等优点，应用十分广泛。

1) 集成电路分类

按结构形式和制造工艺的不同，集成电路可分为半导体集成电路、薄膜集成电路、厚膜集成电路和混合集成电路。其中半导体集成电路发展最快，品种最多，应用最广。半导体集成电路的分类如表 1－21 所示。

表 1－21　半导体集成电路分类

<table>
<tr><td rowspan="5">按功能分类</td><td rowspan="5">数字集成电路</td><td>门电路</td><td>与门、或门、非门、与非门、或非门、与或门、与或非门</td></tr>
<tr><td>触发器</td><td>R－S 触发器、J－K 触发器、D 触发器、锁定触发器等</td></tr>
<tr><td>存储器</td><td>随机存储器(RAM)、只读存储器(ROM)、移位寄存器等</td></tr>
<tr><td>功能器件</td><td>译码器、数据选择器、驱动器、数据开关、模/数(数/模)转换器及各种接口电路等</td></tr>
<tr><td>微处理器</td><td>中央处理器(CPU)</td></tr>
</table>

续表 1-21

	模拟集成电路	线性电路	各种运算放大器、音频放大器、高频放大器、宽频带放大器
		非线性电路	电压比较器、直流稳压电源、模拟乘法器等
按集成度分	小规模(SSI)	1～10 个等效门/片，10～100 个元件/片	
	中规模(MSI)	10～100 个等效门/片，10^2～10^3 个元件/片	
	大规模(LSI)	大于 10^2 个等效门/片，大于 10^3 个元件/片	
	超大规模(VLSI)	大于 10 万个元件/片	

2）集成电路的封装形式及引脚的识别

集成电路的封装形式有圆形金属封装、扁平陶瓷封装、双列直插式塑料封装。其中，模拟集成电路采用圆形金属封装的较多，数字集成电路采用双列直插式塑料封装的较多，而扁平陶瓷封装的一般用于功率器件。部分集成电路的封装形式见图 1-12 所示。

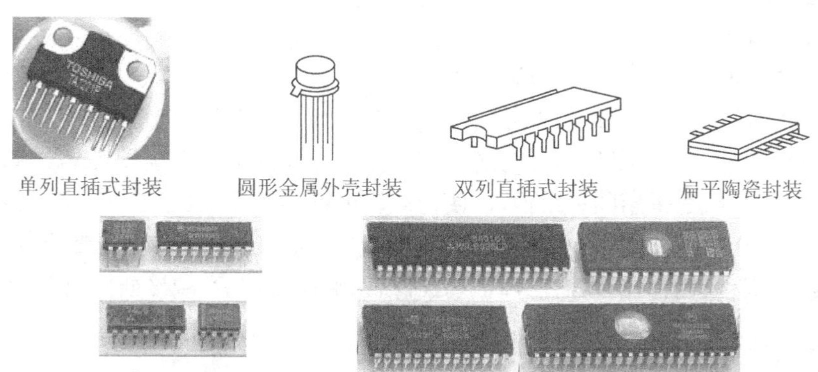

图 1-12　部分集成电路外形封装形式

集成电路的引脚数目随其功能的不同而不同，以双列直插式集成电路为例，有 8 脚、14 脚、16 脚、20 脚、24 脚、28 脚、40 脚等。部分集成电路的引脚识别方法见图 1-13 所示。

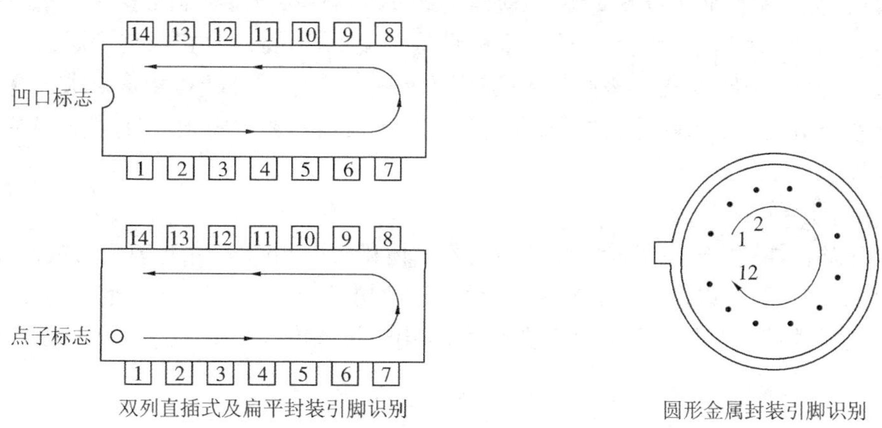

图 1-13　部分集成电路的引脚识别方法

1.5.7　机电元件

机电元件是利用机械力或电信号实现电路接通、断开或转接的元件。电子产品中常用的开关和接插件就属于机电元件。它的主要功能有：传输信号和输送电能；通过金属接触点的闭合或开启，使其所联系的电路接通或断开。

影响机电元件可靠性的主要因素是温度、潮热、盐雾、工业气体和机械震动等。高温影响弹性材料的机械性能，容易造成应力松驰，导致接触电阻增大，并使绝缘材料的性能变坏；潮热使接触点受到腐蚀并造成结构材料的绝缘电阻下降；盐雾使接触点和金属零件被腐蚀；工业气体二氧化硫或二氧化氢对接触点特别是银镀层有很大的腐蚀作用；震动易造成焊接点脱落，接触不稳定。选用机电元件时，除了应该根据产品技术条件规定的电气、机械、环境要求以外，还要考虑元件动作的次数、镀层的磨损等因素。

在对可靠性有较高要求的地方，为了有效地改善机电元件金属接触点的性能，可以使用固体薄膜保护剂。

1）常用接插件

习惯上，常按照接插件的工作频率和外形结构特征来分类。

按照接插件的工作频率分类，低频接插件通常是指适合在频率 100 MHz 以下工作的连接器。而适合在频率 100 MHz 以上工作的高频接插件，在结构上需要考虑高频电场的泄漏、反射等问题，一般都采用同轴结构，以便与同轴电缆连接，所以也称为同轴连接器。

按照外形结构特征分类，常见的有圆形接插件、矩形接插件、印制板接插件、同轴接插件、带状电缆接插件、插针式接插件、D 形接插件、条形接插件、音频接插件、直流电源接插件和接线柱与接线端子等。

(1) 圆形接插件

圆形接插件的插头具有圆筒状外形，插座焊接在印制电路板上或紧固在金属机箱上，插头与插座之间有插接和螺接两类连接方式，广泛用于系统内各种设备之间的电气连接。插接方式的圆形接插件用于插拔次数较多、连接点数少且电流不超过 1 A 的电路连接，常见的台式计算机键盘、鼠标插头(PS/2 端口)就属于这一种。螺接方式的圆形接插件俗称航空插头、插座，如图 1－14 所示。它有一个标准的螺旋锁紧机构，特点是接点多、插拔力较大、连通电流大、连接较方便、抗震性极好，容易实现防水密封及电磁屏蔽等特殊要求。这类连接器的接点数目从两个到多达近百个，额定电流可从 1 安培到数百安培，工作电压均在 300～500 V 之间。

(2) 矩形接插件

矩形接插件如图 1－15 所示。矩形接插件的体积较大，电流容量也较大，并且矩形排列能够充分利用空间，所以这种接插件被广泛用于印刷电路板上安培级电流信号的互相连接。有些矩形接插件带有金属外壳及锁紧装置，可以用于机外电缆之间和电路板与面板之间的电气连接。

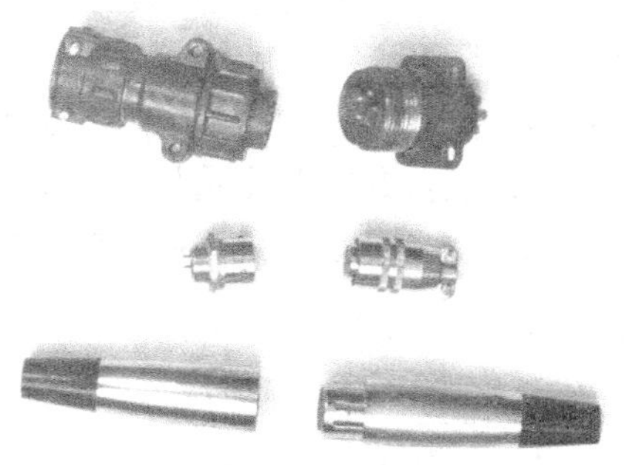

图 1-14 圆形接插件

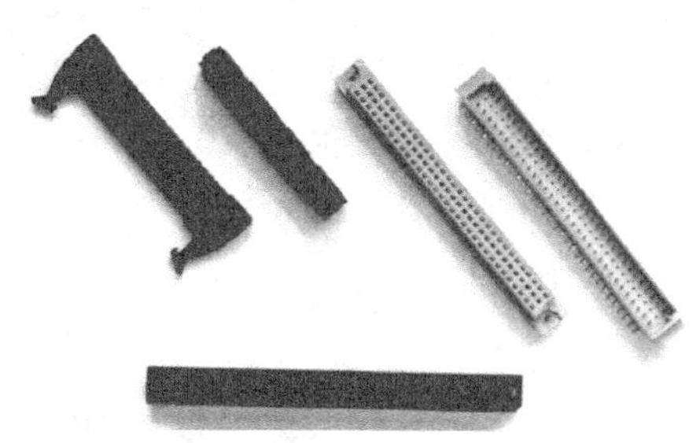

图 1-15 矩形接插件

(3) 印制板接插件

印制板接插件如图 1-16 所示，用于印制电路板之间的直接连接，外形是长条形，结构有直接型、绕接型、间接型等形式。插头由印制电路板（"子"板）边缘上镀金的排状铜箔条（俗称"金手指"）构成；插座根据设计要求订购，焊接在"母"板上。"子"电路板插入"母"电路板上的插座，就连接了两个电路。印制板插座的型号很多，主要规格有排数（单排、双排）、针数（引线数目，从 7 线到 200 线不等）、针间距（相邻接点簧片之间的距离）以及有无定位装置、有无锁定装置等。从台式计算机的主板上最容易见到符合不同的总线规范的印制板插座，用户选择的显卡、声卡等就是通过这种插座与主板实现连接。

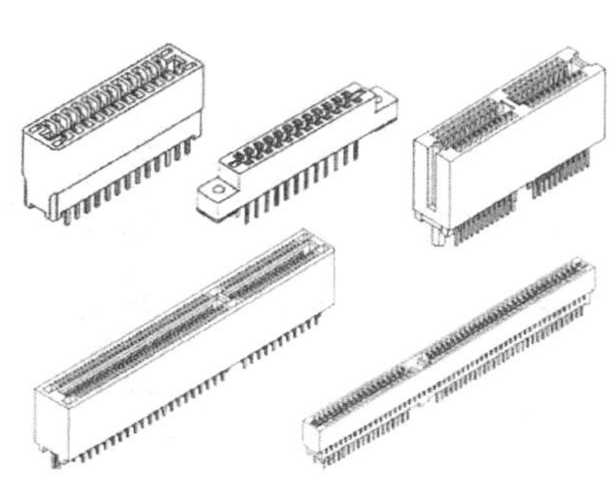

图 1-16 印制板接插件

(4) 同轴接插件

同轴接插件又叫做射频接插件或微波接插件，用于传输射频信号、数字信号的同轴电缆之间连接，工作频率可达到数千兆赫兹以上，如图 1-17 所示。Q9 型卡口式同轴接插件常用于示波器的探头电缆连接。

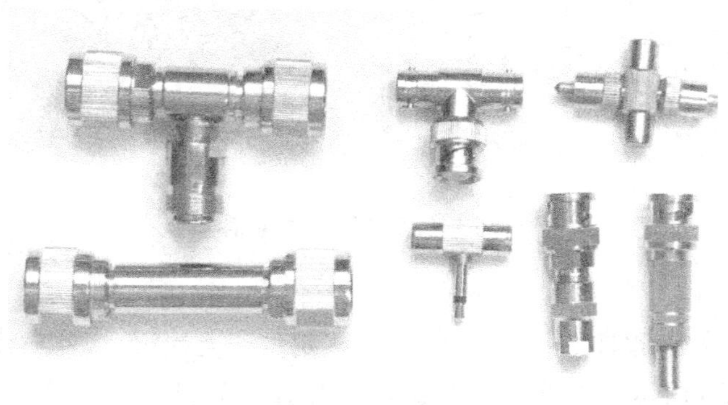

图 1-17 同轴接插件

(5) 带状电缆接插件

带状电缆是一种扁平电缆，从外观看像是几十根塑料导线并排粘合在一起。带状电缆占用空间小，轻巧柔韧，布线方便，不易混淆。带状电缆插头是电缆两端的连接器，它与电缆的连接不用焊接，而是靠压力使连接端内的刀口刺破电缆的绝缘层实现电气连接，工艺简单可靠，如图 1 - 18 所示。带状电缆接插件的插座部分直接装配焊接在印制电路板上。

带状电缆接插件用于低电压、小电流的场合，能够可靠地同时传输几路到几十路数字信号，但不适合用在高频电路中。在高密度的印制电路板之间已经越来越多地使用了带状电缆接插件，特别是在微型计算机中，主板与硬盘、软盘驱动器等外部设备之间的电气连接几乎全部使用这种接插件。

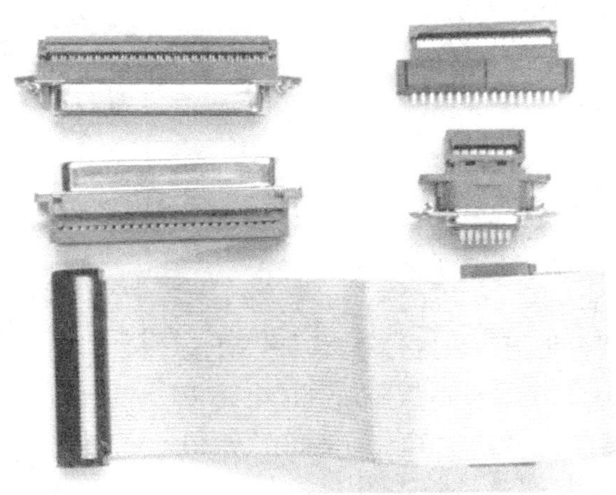

图 1 - 18　带状电缆接插件

(6) 插针式接插件

插针式接插件常见到两类，如图 1 - 19 所示。(a)图为民用消费电子产品常用的插针式接插件，插座可以装配焊接在印制电路板上，插头压接（或焊接）导线，连接印制板外部的电路部件。例如，电视机里可以使用这种接插件连接开关电源、偏转线圈和视放输出电路。(b)图所示接插件为数字电路常用，插头、插座分别装焊在两快印制电路板上，用来连接两者。这种接插件比标准的印制板体积小，连接更加灵活。

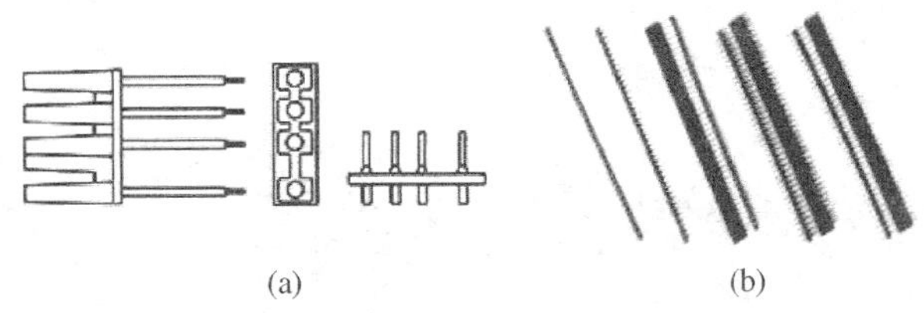

(a)　　(b)

图 1 - 19　插针式接插件

(7) D 形接插件

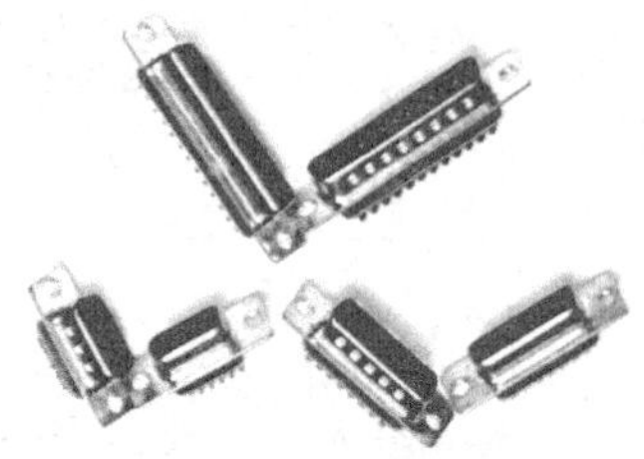

图 1 - 20　D 形接插件

这种接插件的端面很像字母 D，具有非对称定位和连接锁紧机构，如图 1 - 20 所示。常见的接点数有 9、15、25、37 等几种，连接可靠，定位准确，用于电器设备之间的连接。典型的应用有计算机的 RS - 232 串行数据接口和 LPT 并行数据接口（打印机接口）。

(8) 条形接插件

条形接插件如图 1-21 所示，广泛用于印制电路板与导线的连接。接插件的插针间距有 2.54 mm(额定电流 1.2 A)和 3.96 mm(额定电流 3 A)两种，工作电压 250 V，接触电阻约 0.01 Ω。插座焊接在电路板上，导线压接在插头上，压接质量对连接可靠性的影响很大。这种接插件保证插拔次数约 30 次。

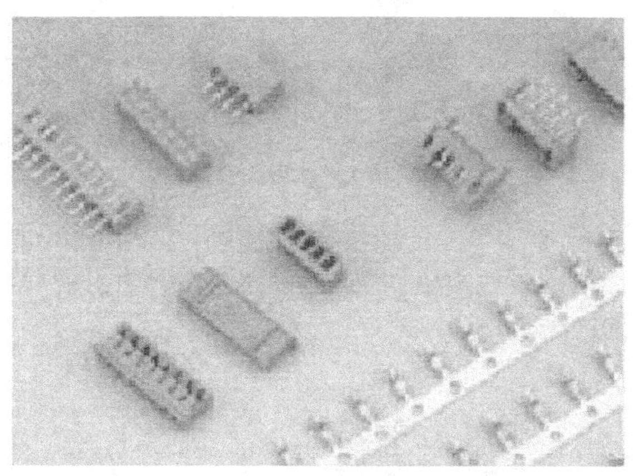

图 1-21 条形接插件

(9) 音视频接插件

这种接插件也称 AV 连接器，用于连接各种音响设备、摄录像设备、视频播放设备，传输音频、视频信号。音视频接插件有很多种类，常见有耳机/话筒插头座和莲花插头座。

耳机/话筒插头、插座比较小巧，用来连接便携式、袖珍型音响电子产品，如图 1-22(a)所示。插头直径 ϕ2.5 的用于微型收录机耳机，ϕ3.5 的用于计算机多媒体系统输入/输出音频信号，ϕ6.35 的用于台式音响设备，大多是话筒插头。这种接插件的额定电压 30 V，额定电流 30 mA，不宜用来连接电源。一般使用屏蔽线作为音频信号线与插头连接，可以传送单声道或双声道信号。

莲花插头、插座也叫同心连接器，它的尺寸要大一些，如图 1-22(b)所示。插座常被安装在声像设备的后面板上，插头用屏蔽线连接，传输音频和视频信号。选用视频屏蔽线要注意导线的传输阻抗与设备的传输阻抗相匹配。这种接插件的额定电压为 50 V(AC)，额定电流为 0.5 A。

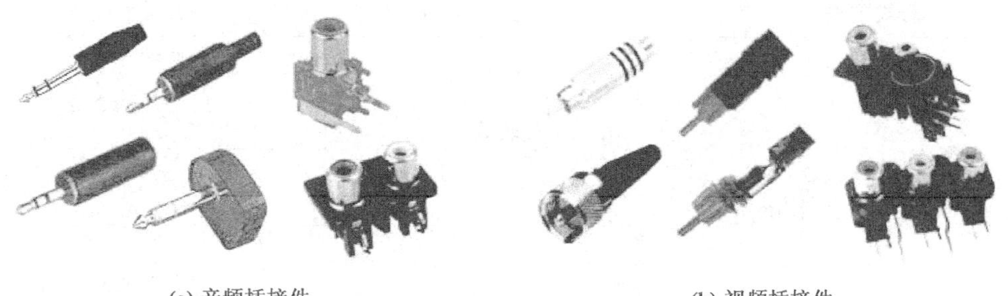

(a) 音频插接件　　(b) 视频插接件

图 1-22 音视频接插件

(10) 直流电源接插件

如图 1-23 所示，这种接插件用于连接小型电子产品的便携式直流电源，例如“随身听”

收录机(Walkman)的小电源和笔记本电脑的电源适配器(AC Adaptor)都是使用这类接插件连接。插头的额定电流一般在 2～5 A,尺寸有三种规格,外圆直径×内孔直径为 3.4 mm×1.3 mm、5.5 mm×2.1 mm、5.5 mm×2.5 mm。

图 1-23 直流电源接插件

(11) 接线柱与接线端子

如图 1-24(a)所示的接线柱常用作仪器面板的输入、输出端口,种类很多。接线端子常用于大型设备的内部接线,如图 1-24(b)所示。

(a) 接线柱

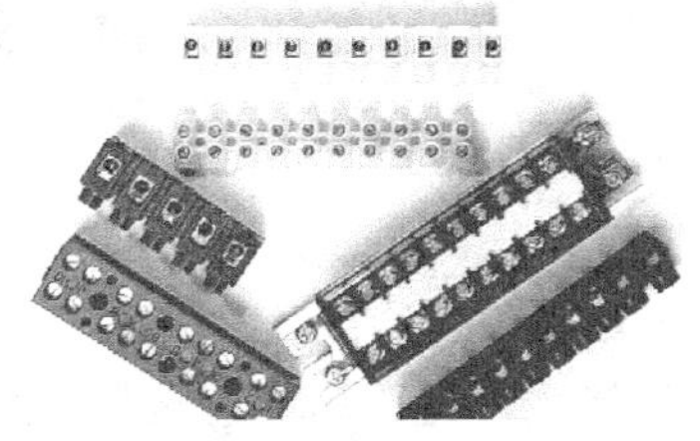

(b) 接线端子

图 1-24 接线柱与接线端子

2) 常用开关

(1) 常用开关的分类

传统的开关都是手动式机械结构,由于构造简单、操作方便、廉价可靠,使用十分广泛。随着新技术的发展,各种非机械结构的电子开关,例如气动开关、水银开关以及高频振荡式、感应电容式、霍尔效应式的接近开关等,正在不断出现。但它们已经不是传统意义上的开关,往往包括了比较复杂的电子控制单元。常见开关的分类如表 1-22 所示。

表 1-22 常见开关的分类

分类方法	动作方式或结构	开关种类
按机械动作方式或结构分类	旋转式	旋转片式
		凸轮开关
		刷形开关
		拨盘编码开关
		组合开关
	按动式	单按钮开关
		组合按钮开关
	扳钮式	钮子开关
		波形开关

续表 1－22

<table>
<tr><th>分类方法</th><th>动作方式或结构</th><th>开关种类</th></tr>
<tr><td rowspan="9">按机械动作方式或结构分类</td><td rowspan="3">双列直插式</td><td>拨动开关</td></tr>
<tr><td>滑动开关</td></tr>
<tr><td>钮柄开关</td></tr>
<tr><td rowspan="3">滑动式</td><td>拨动开关</td></tr>
<tr><td>推拉开关</td></tr>
<tr><td>杠杆开关</td></tr>
<tr><td rowspan="3">键盘式</td><td>琴键开关</td></tr>
<tr><td>触摸开关</td></tr>
<tr><td>薄膜开关</td></tr>
<tr><td rowspan="13">按使用方法分类</td><td rowspan="7">手动或机械控制</td><td>微动开关</td></tr>
<tr><td>电子开关</td></tr>
<tr><td>电源开关</td></tr>
<tr><td>波段开关</td></tr>
<tr><td>多位开关</td></tr>
<tr><td>转换开关</td></tr>
<tr><td>拨码开关</td></tr>
<tr><td rowspan="6">非电物理量控制</td><td>光电开关</td></tr>
<tr><td>磁控开关</td></tr>
<tr><td>压力开关</td></tr>
<tr><td>延时开关</td></tr>
<tr><td>温控开关</td></tr>
<tr><td>声控开关</td></tr>
<tr><td rowspan="3">按驱动方式分类</td><td colspan="2">手动</td></tr>
<tr><td colspan="2">机械控制</td></tr>
<tr><td colspan="2">声、光、磁、温度控制</td></tr>
</table>

(2) 常用开关的主要技术参数

① 额定电压:正常工作状态下所能承受的最大直流电压或交流电压有效值。

② 额定电流:正常工作状态下所允许通过的最大直流电流或交流电流有效值。

③ 接触电阻:一对接触点连通时的电阻,一般要求≤20 mΩ。

④ 绝缘电阻:不连通的各导电部分之间的电阻,一般要求≥100 MΩ。

⑤ 抗电强度(耐压):不连通的各导电部分之间所能承受的电压,一般开关要求≥100 V,电源开关要求≥500 V。

⑥ 工作寿命:在正常工作状态下使用的次数,一般开关为 5 000～10 000 次,高可靠开关可达到 5×10^4～5×10^5 次。

(3) 常用开关介绍

① 旋转式开关

a. 波段开关:波段开关如图 1－25(a)所示,分为大、中、小型三种。波段开关靠切入或咬合实现接触点的闭合,可有多刀位、多层型的组合,绝缘基体有纸质、瓷质或玻璃布环氧树脂板等几种。旋转波段开关的中轴带动它各层的接触点联动,同时接通或切断电路。波段开关的额定工作电流一般为 0.05～0.3 A,额定工作电压为 50～300 V。

(a) 波段开关

(b) 刷形开关

图 1－25 旋转式开关

b. 刷形开关：刷形开关如图 1－25(b)所示，靠多层簧片实现接点的摩擦接触，额定工作电流可达 1 A 以上，也可分为多刀、多层的不同规格。

② 按动式开关

a. 按钮开关：按钮开关分为大、小型，形状多为圆柱体或长方体，其结构主要有簧片式、组合式、带指示灯和不带指示灯几种。按下或松开按钮开关，电路则接通或断开，常用于控制电子设备中的电源或交流接触器。

b. 键盘开关：键盘开关如图 1－26 所示，多用于计算机(或计算器)中数字式电信号的快速通断。键盘有数码键、字母键、符号键及功能键，或是它们的组合。触点的接触形式有簧片式、导电橡胶式和电容式等多种。

图 1－26 键盘开关

c. 直键开关：直键开关俗称琴键开关，属于摩擦接触式开关，有单键的，也有多键的，如图 1－27 所示。每一键的触点个数均是偶数(即二刀、四刀、…、十二刀)；键位状态可以锁定，也可以是无锁的；可以是自锁的，也可以是互锁的(当某一键按下时，其它键就会弹开复位)。

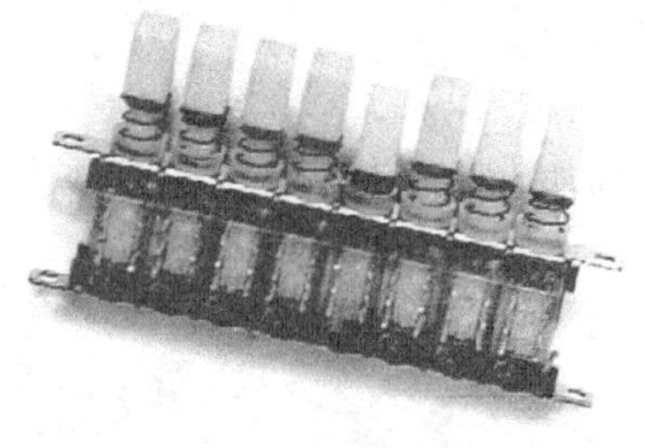

图 1－27 直键开关

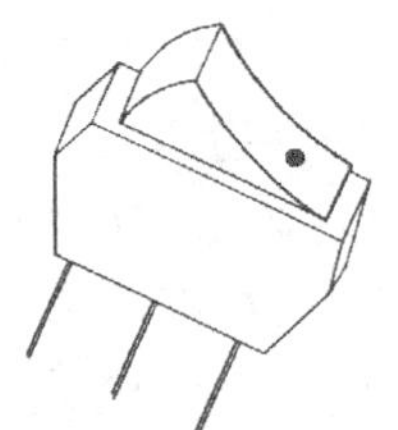

图 1－28 波形开关

d. 波形开关：波形开关俗称船形开关，其结构与钮子开关相同，只是把扳动方式的钮柄换成波形而按动换位，如图 1－28 所示。波形开关常用做设备的电源开关。其触点分为单刀双掷和双刀双掷几种，有些开关带有指示灯。

③ 拨动开关

a. 钮子开关:图 1－29 所示的钮子开关是电子设备中最常用的一种开关,有大、中、小型和超小型多种,触点有单刀、双刀及三刀几种,接通状态有单掷和双掷两种,额定工作电压一般为 250 V,额定工作电流为 0.5～5 A 范围中的多挡。

图 1－29　钮子开关　　图 1－30　拨动开关

b. 拨动开关:拨动开关如图 1－30 所示,一般是水平滑动式换位,切入咬合式接触,常用于计算器、收录机等民用电子产品中。

(4) 正确选用机电元件

能否正确地选用开关及接插件,对于电子产品可靠性的影响极大,下面是必须考虑的有关问题:

① 应该严格按照使用和维护所需要的电气、机械、环境要求来选择机电元件,不能勉强迁就,否则容易发生故障。例如,在大电流工作的场合,选用接插件的额定电流必须比实际工作电流大很多,否则,电流过载将会引起触点的温度升高,导致弹性元件失去弹性,或者开关的塑料结构融化变形,使开关的寿命大大降低;在高电压下,要特别注意绝缘材料和触点间隙的耐压程度;插拔次数多的接插件或开关频度高的开关,应注意其触点镀层的耐磨情况和弹性元件的屈服限度。

② 为了保证连通,一般应该把多余的接触点并联使用,并联的接触点数目越多,可靠性就越高。设计接触对时,应该尽可能增加并联的点数,保证可靠接触。

③ 要特别注意接触面的清洁。经验证明,接触点表面肮脏是机电元件的主要故障之一。在购买或领用新的开关及接插件后,应该保持清洁并且尽可能减少不必要的插拔或拨动,避免触点磨损;在装配焊接时,应该注意焊锡、焊剂或油污不要流到接触表面上;如果可能,应该定期清洗或修磨开关及接插件的接触对。

④ 在焊接开关和接插件的连线时,应避免加热时间过长,焊锡和焊剂使用过多,否则可能使塑料结构或接触点损伤变形,引起接触不良。

⑤ 接插件和开关的接线端要防止虚焊或连接不良,为避免接线端上的导线从根部折断,在焊接后应加装塑料热缩套管。

⑥ 要注意开关及接插件在高频环境中的工作情况。当工作频率超过 100 kHz 时,小型接插件或开关的各个触点上,往往同时分别有高、低电平的信号或快速脉冲信号通过,应该特别注意避免信号的相互串扰,必要时可以在接触对之间加接地线,起到屏蔽作用。高频同轴电缆与接插件连接时,电缆的屏蔽层要均匀梳平,内外导体焊接后都要修光,焊点不宜过大,不允许残留可能引起放电的毛刺。

⑦ 当信号电流小于几个微安时,由于开关内的接触点表面上有氧化膜或污染层,假如

接触电压不足以击穿膜层，将会呈现很大的接触电阻，所以应该选用密封型或压力较大的滑动接触式开关。

⑧ 多数接插件一般都设有定位装置以免插错方向，插接时应该特别注意；对于没有定位装置的接插件，更应该在安装时做好永久性的接插标志，避免使用者误操作。

⑨ 插拔力大的连接器，安装一定要牢固。对于这样的连接器，要保证机械安装强度足够高，避免在插拔过程中因用力使安装底板变形而影响接触的可靠性。

⑩ 电路通过电缆和接插件连通以后，不要为追求美观而绷紧电缆，应该保留一定的长度裕量，防止电缆在震动时受力拉断；选用没有锁定装置的多线连接器(例如微型计算机系统中的总线插座)，应在确定整机的机械结构时采取锁定措施，避免在运输、搬动过程中由于震动冲击引起接触面磨损或脱落。

习题 1

1. 什么是电阻器？常见的电阻器分哪几类？
2. 电阻器哪两个参数最主要？
3. 电阻器典型参数的标识方法有哪四种？
4. 指出下列各个电阻器上的标志所表示的标称值及误差：

   (1) 5.1 kΩ Ⅰ　(2) 9.1 Ω Ⅱ　(3) 6.8 kΩ Ⅲ　(4) 2.2 MΩ

   (5) 3G3K　(6) R47J　(7) 8R2K　(8) 333J

   (9) 472M　(10) 912K
5. 根据下列各色码标志，写出各电阻器标称值及允许偏差。

   (1) 橙橙橙金　(2) 红红绿银　(3) 红红棕银　(4) 绿棕红金

   (5) 棕黑橙银　(6) 棕黑红红棕　(7) 橙白黄银　(8) 黄紫棕银

   (9) 紫黄黄红棕　(10) 蓝灰橙银　(11) 紫黑黄红棕　(12) 棕黑黑银
6. 怎样判别电阻器的好坏？
7. 电容器在电路中起什么作用？
8. 电容器的主要参数为哪两个？
9. 指出下列电容器标志所表示的意义：

   (1) 10n　(2) 4n7　(3) 202　(4) 2R2

   (5) 339　(6) 0.22　(7) 473　(8) 3p3
10. 怎样用万用表判别电容器的好坏？
11. 怎样用万用表判别电解电容器的极性？
12. 电感器的主要参数有哪些？购买电感器时主要考虑哪两个参数？
13. 使用万用表怎样判别二极管的好坏？
14. 使用万用表怎样判别二极管的极性？
15. 按功能分，二极管大致可分为哪几类？
16. 半导体三极管在电路中，对信号起什么作用？
17. 半导体三极管按导电类型分有哪两大类？
18. 如何用万用表判别三极管的三个极？

19. 半导体三极管的主要参数为哪几个？

20. 常见的场效应管分哪六种类型？

21. 场效应管的主要参数有哪些？

22. 使用场效应管时应注意什么？

23. 什么是光电耦合器？画出光电耦合器的符号。

24. 光电耦合器的输入端是一个什么器件？正常工作时两端的压降大约是多大？工作电流一般不能超过多少？

25. 什么是集成电路？简述集成电路的分类。

26. 标出图 1-31(a)、(b)、(c)集成电路的引脚序号。

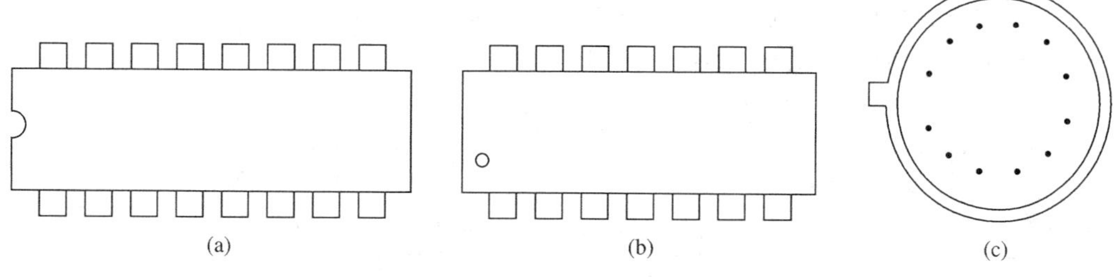

(a) (b) (c)

图 1-31 集成电路

27. 什么是继电器？继电器是怎样工作的？

28. 画出电磁继电器的符号。

29. 固态继电器有哪些特点？

30. 简述开关和接插元件的功能并简述影响开关可靠性的主要因素。

31. 简述接插件的分类，列举常用接插件的结构、特点及用途。

32. 列举机械开关的动作方式及类型。

33. 查阅资料：查找出一种万用表的内部电路，分析开关在各挡位时电路的功能。

34. 如何正确选用开关及接插件？

实训 1

一、电阻器阻值的判读和检测

1. 实训目的

(1) 各种常用电阻器的辨认；

(2) 按电阻器的外表判读标称阻值及允许偏差值；

(3) 用万用表测定电阻值是否与标称值相符。

2. 实训仪器与材料

(1) 指针式万用表与数字式万用表；

(2) 布满各种型号和标称值不同的电阻器线路板(练习板)一块，如图 1-32 所示。

3. 实训内容

(1) 电阻器型号的识别；

(2) 电阻器标称值的判读；

(3) 电阻器阻值的测量与好坏判断。

4. 实训步骤

(1) 应用学过的电阻器标称值及允许偏差值标志（即直标法、文字符号法、色标法和数码表示法）的知识判读练习板上各电阻的标称值和允许偏差，填入表 1-23 中。

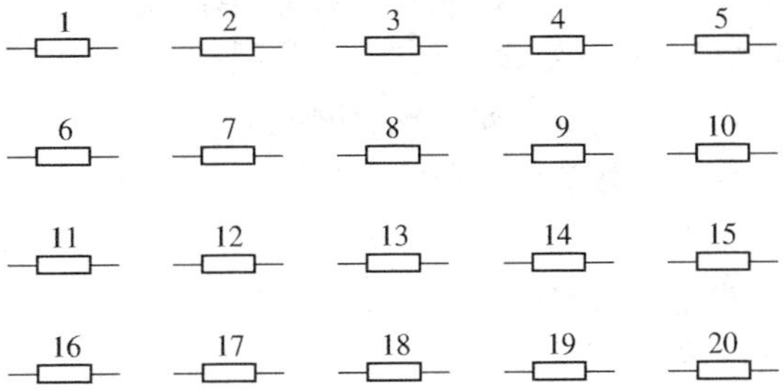

图 1-32　判读电阻器标称值和允许偏差值练习板示意图

(2) 用万用表（电阻挡）测量各电阻的阻值，填入表 1-23 中。

(3) 判断各电阻的好坏，填入表 1-23 中。

表 1-23

电阻器编号	电阻器外表标志内容	判读结果		万用表实测阻值	电阻好坏
		标称阻值	允许偏差		
1					
2					
3					
4					
5					
6					
7					
8					
9					
10					
11					
12					
13					
14					
15					
16					
17					
18					
19					
20					

二、电容器标称值判读及电容容量比较

1. 实训目的

(1) 各种常用电容器的辨认；

(2) 按电容器的外表判读标称阻值及允许偏差值；

(3) 用万用表检测、比较电容器容量大小及好坏的判别。

2. 实训仪器与材料

(1) 指针式万用表；

(2) 布满各种型号和标称值不同的电容器线路板(练习板)一块，如图 1 - 33 所示。

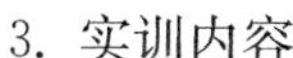

3. 实训内容

(1) 电容器型号的识别；

(2) 电容器标称容量的判读；

(3) 电容器容量大小的测量与好坏判断。

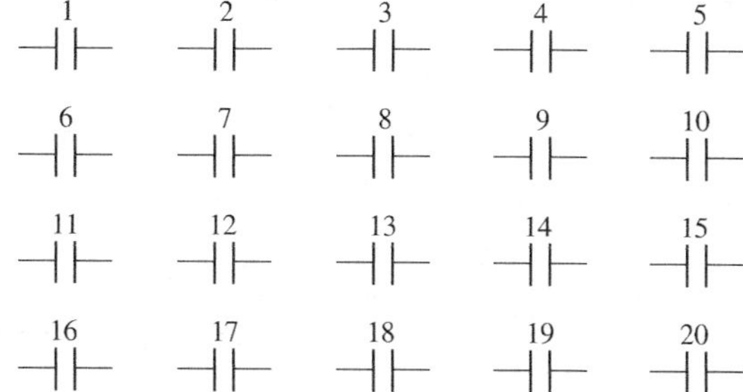

图 1 - 33 判读电容器标称电容量练习板示意图

4. 实训步骤

(1) 先根据练习板上各电容器的外表标志，按编号顺序分别读出电容量值及偏差的允许值，填入表 1 - 24 中。

(2) 从板上的电容器中选两个电容量在 0.01 μF 以上大电容量的电容器，用指针式万用表测试，比较这两个电容器的电容量大小，把结果填入表 1 - 24 中的备注空格内，只填“较大”、“较小”字样。

(3) 用指针式万用表分别检测编号为 6～20 的电容器，判别各电容器的好坏，填入表 1 - 24中。

表 1 - 24

电容器编号	电容器外表标志内容	判读值		电容器好坏	备注
		标称电容量	允许偏差		
1					
2					
3					
4					
5					
6					
7					
8					
9					
10					

续表 1－24

电容器编号	电容器外表标志内容	判读值		电容器好坏	备注
		标称电容量	允许偏差		
11					
12					
13					
14					
15					
16					
17					
18					
19					
20					

三、半导体二极管和三极管的简单测试

1. 实训目的

熟悉用万用表简单判别晶体二极管的极性和三极管的引脚，并判别其性能优劣的方法。

2. 实训仪器与材料

(1) 万用表；

(2) 布满各种类型的晶体二极管、三极管的电路板(练习板)一块，如图 1－34 所示。

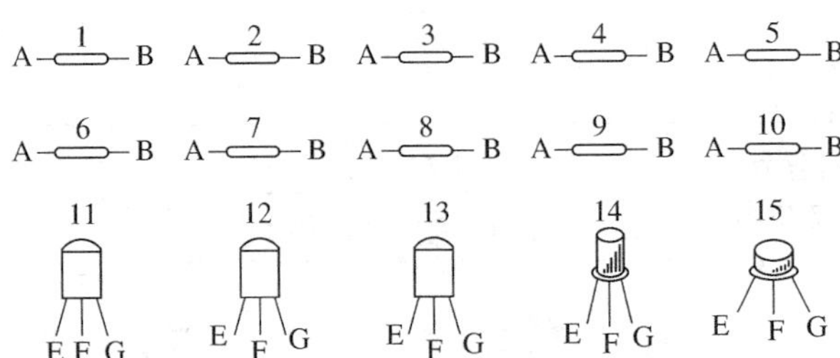

图 1－34　二极管和三极管测量练习板示意图

3. 实训步骤和内容

(1) 按板上晶体管编号顺序逐个从外表标志判断各引脚的名称，用万用表检测复查后填入表 1－25 中。

表 1－25

器件编号	引脚名称				
	A	B	E	F	G
1					
2					

续表 1-25

器件编号	引脚名称				
	A	B	E	F	G
3					
4					
5					
6					
7					
8					
9					
10					
11					
12					
13					
14					
15					

(2) 任选两个二极管，用万用表电阻挡(挡位要适当)估测比较单向导电性能(比较正、反向电阻值)，将测量的正、反向电阻值及结论填入表 1-26 中。

表 1-26

二极管编号	正向电阻值	反向电阻值	比较单向导电性结论

(3) 任选两个三极管，用万用表估测比较 β 值大小，将结论填入表 1-27 中。

表 1-27

三极管编号	比较 β 值的大小

2 手工焊接工艺

【主要内容和学习要求】

(1) 要熟悉常用工具的操作与使用，特别是电烙铁的清理、保养、选用、维修。

(2) 焊料是易熔金属，熔点低于被焊金属的熔点，作用是将被焊物形成合金。在一般电子产品中主要使用锡铅焊料。

(3) 助焊剂的功能是清除被焊件的氧化层和杂质，防止焊点和焊料在焊接过程中被氧化，帮助焊料流动，帮助把热量从烙铁头传递到焊料上和被焊件表面。助焊剂通常采用松香、松香酒精等。

(4) 焊接操作五步法：① 准备施焊；② 加热焊件；③ 熔化焊料；④ 移开焊锡；⑤ 移开烙铁。

(5) 在焊接操作时，掌握原则和要领对正确操作是必要的。对各种元器件、导线及印制电路板的焊接应注意各自的特点和要求。焊接后要对焊点通过目测、仪器、仪表进行检查，有时还需加电检查。

(6) 拆焊时，应使用吸锡器和专用拆焊电烙铁，也可用空心针头辅助法、编织线吸锡法等方法。

任何电子产品，从几个零件构成的整流器到成千上万个零部件构成的计算机系统，基本上都是由电子元件和器件按电路工作原理，用一定的工艺方法连接而成的。虽然连接方法有多种(例如焊接、铆接、绕接、压接、粘接等)，但使用最广泛的方法还是焊接。这主要是为了避免连接处松动和露在空气中的金属表面产生氧化层导致导电性能的不稳定，通常采用焊接工艺来处理金属导体的连接。

焊接就是把比被焊金属熔点低的焊料和被焊金属一同加热，在被焊金属不熔化的条件下，将熔化的焊料粘贴在被连接的金属表面，在它们的接触界面上形成合金层，达到被焊金属间的牢固连接。在焊接工艺中普遍采用的是锡焊。

2.1 手工焊接工具

根据焊接的形式，一般可分为手工焊接与自动焊接。手工焊接主要是采用电烙铁；而自动焊接主要有波峰焊和贴片机。

2.1.1 电烙铁

电烙铁的种类多种多样，按加热方式分，有直热式、调温式等；按烙铁发热能力分，有20 W、30 W、45 W 等。最常用的是直热式电烙铁，它又可分为内热式和外热式两种。

1) 直热式电烙铁

外热式电烙铁的结构如图 2-1(a)所示，由于烙铁头安装在烙铁芯的里面，故称为外热式电烙铁。

内热式电烙铁的结构如图 2-1(b)所示，由于烙铁芯安装在烙铁头里面，因而发热快，热的利用率高，因此称为内热式电烙铁。

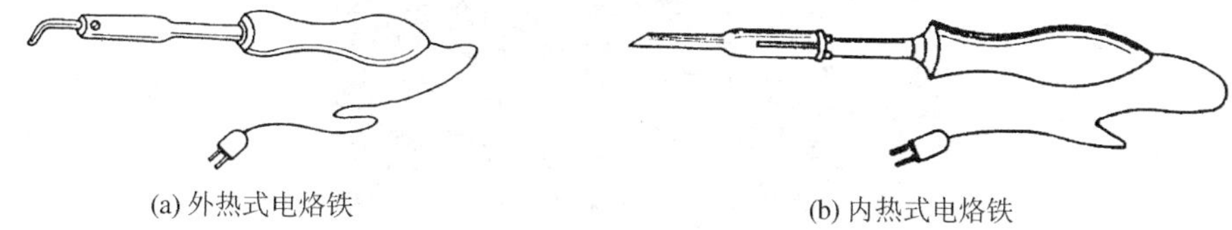

(a) 外热式电烙铁　(b) 内热式电烙铁

图 2-1　直热式电烙铁

直热式电烙铁主要包含两个部分：

(1) 发热元件

俗称烙铁芯子。它是将镍铬电阻丝缠在云母、陶瓷等耐热、绝缘材料上构成的。内热式电烙铁与外热式电烙铁主要区别在于外式电烙铁的发热元件在传热体的外部，而内热式电烙铁的发热元件在传热体的内部。显然，内热式电烙铁能量转换的效率高。

(2) 烙铁头

用来存储和传递热量的烙铁头，一般用紫铜制成。使用中因高温氧化和焊剂腐蚀会变得凹凸不平，需要经常清理和修整。

2) 恒温电烙铁

恒温电烙铁主要是由烙铁头、加热器、控温元件、永久磁铁和加热器控制开关组成，其内部结构如图 2-2(a)所示，原理示意图如图 2-2(b)所示。

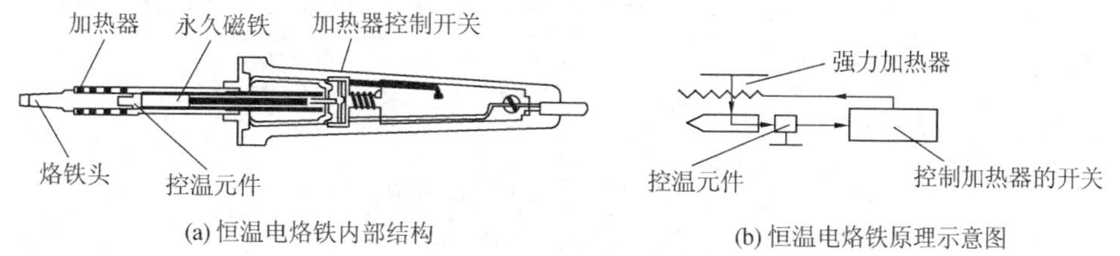

(a) 恒温电烙铁内部结构　(b) 恒温电烙铁原理示意图

图 2-2　恒温电烙铁

(1) 工作原理

由于恒温电烙铁头内装有带磁铁式的温度控制器，通过控制通电时间而实现恒温。即给电烙铁通电时，烙铁的温度上升，当达到预定的温度时，因强磁体传感器达到预定温度后而磁性消失，从而使磁芯触点断开，这时便停止向电烙铁供电；当温度低于强磁体传感器的预设温度时，强磁体便恢复磁性，吸动磁芯开关中的永久磁铁，使控制开关的触点接通；继续向电烙铁供电。如此循环往复，便达到了控制温度的目的。

(2) 适应焊接元件

主要是焊接怕高温的元件，如集成电路、晶体管、导线或某些软线。因为温度太高，或焊接时间过长，造成元器件的损坏，因而对电烙铁的温度要加以限制。

3) 防静电的调温烙铁

防静电的调温烙铁主要由烙铁头、加热器、调温旋钮及电源开关组成，其实物如图 2-3 所示。

图 2-3 防静电调温烙铁

(1) 适应焊接元件

主要是组件小、分布密集的贴片元件和易被静电击穿的 CMOS 元件。

(2) 注意事项

① 使用防静电调温电烙铁要确信已经接地,这样可以防止焊接工具上的静电损坏精密器件。

② 应该调整到合适的温度,不宜过低,也不宜过高;用烙铁做不同的工作,比如清除和焊接时,针对不同大小的焊接元器件,应该调整烙铁的温度。

③ 需及时清理烙铁头,防止因为氧化物和碳化物损害烙铁头而导致焊接不良,定时给烙铁上锡。

④ 烙铁不用时应将温度旋至最低或关闭电源,防止因为长时间的空烧损坏烙铁头。

4) 热风枪

热风枪的实物如图 2-4 所示,其特点是防静电,温度调节适中,不易损坏元器件。

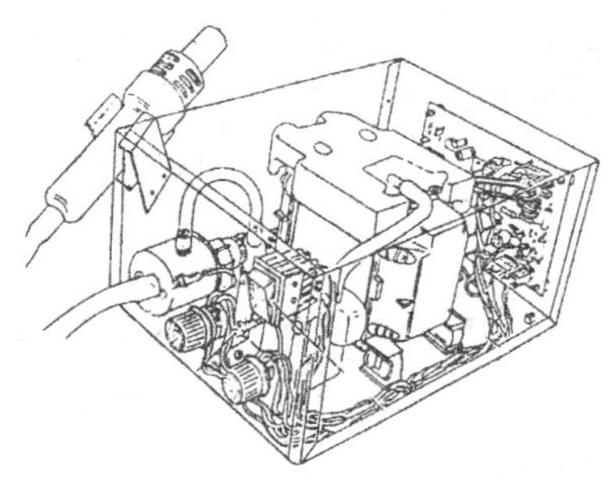

图 2-4 热风枪

(1) 适应焊接元件

主要用来焊接和拆卸集成电路(QFP 和 BGA 封装等)和片状元件。

(2) 注意事项

① 温度旋钮、风量旋钮选择适中,根据不同集成组件的特点,选择不同的温度,以免温度过高而损坏组件或风量过大而吹丢小的元器件。

② 注意吹焊的距离适中,距离太远,吹不下来元件,距离太近,会损坏元件。

③ 枪头不能集中一点吹,以免吹鼓、吹裂元件,按顺时针或逆时针方向均匀转动手柄。

④ 不能用热风枪吹显示屏和接插口的塑料件。

⑤ 不能用热风枪吹灌胶集成电路,以免损坏集成电路或印制电路板线。

⑥ 吹焊组件要熟练准确，以免多次吹焊而损坏组件。

⑦ 吹焊完毕时，要及时关闭热风枪，以免持续高温而降低手柄的使用寿命。

2.1.2 焊接辅助工具

1）吸锡器

吸锡器是一种主要拆焊工具，其内部结构如图 2－5 所示。

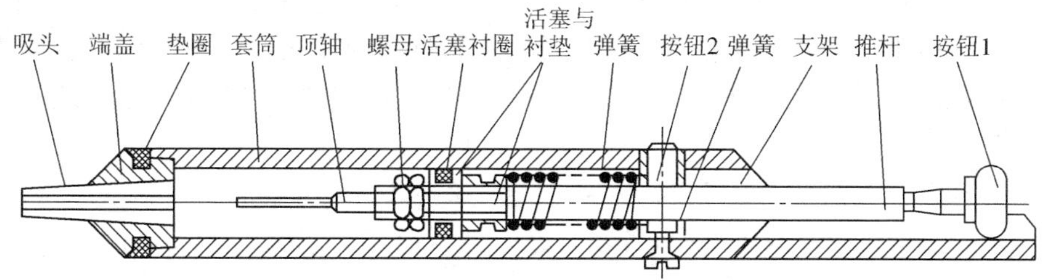

图 2－5 吸锡器

吸锡器的使用方法是：先将按钮 1 按下，活塞推到底并被按钮 2 卡住，排出吸枪中的空气，用电烙铁给焊点加热，等锡熔化后，将吸锡器的吸头对准其焊点，按下按钮 2，活塞便自动弹出，焊锡即被吸进气筒内。另外，吸锡器的选择，要根据元器件引线的粗细进行选用。每次使用完毕后，要推动活塞三、四次，以清除吸管内残留的焊锡，使吸头与吸管畅通，以便下次使用。

2）空心针

空心针形状如注射用针，有大小不同的各种型号，主要作用是在拆焊时使用。当烙铁加热焊点时，迅速将空心针插入引脚，使焊盘与引脚分离，很容易将元件拆下。

2.1.3 电烙铁的维护与维修

1）电烙铁的维护

（1）外表维护

电烙铁在使用时，要放置在特制的烙铁架上，以免烧坏烙铁的电源线或其他物品，经常要检查电源线及插头是否完好，如有铜导线裸露，要用绝缘胶布包好；要检查电烙铁的螺丝是否紧固，若有松动的部件，应及时修复。

（2）烙铁头维护

烙铁头要经常趁热上锡，如果发现烙铁头上有氧化物，在有余热时用破布等物将氧化层或污物擦除，并涂上助焊剂（例如松香），随后立即通电，使烙铁头镀一层焊锡。进行焊接时，应采用松香或弱酸性助焊剂。对新的电烙铁或长期未用的电烙铁，首先要去除烙铁头表面氧化层，再用锉刀把烙铁头锉掉一层氧化铜，趁热上锡。注意使用过程中电烙铁不宜长时间空热，以免烙铁头再次被氧化“烧死”。

（3）整体维护

由于烙铁的加热器是由很细的电阻丝绕制在陶瓷材料上而制成的，易碎易断，所以在使用过程中要轻拿轻放，决不可因烙铁头上粘锡太多，随意敲打。

2）电烙铁的维修

电烙铁在使用过程中，经常会出现“电烙铁通电后不热”故障。首先应用万用表 R×10 的欧姆挡测量电烙铁插头的两端，如果万用表的表针指示接近 0，说明有短路故障。故障点多为插头内短路，或者是防止电源引线转动的压线螺丝脱落，致使接在烙铁芯引线柱上的电源线断开而发生短路。当发现短路故障时，应及时处理，不能再次通电，以免烧坏保险丝；如果表针不动，说明有断路故障。当插头本身没有断路故障时，可卸下胶木柄，再用万用表测量烙铁芯的两根引线，如果表针仍不动，说明烙铁芯损坏，应更换新的烙铁芯。如果测量烙铁芯两根引线电阻值为几千欧左右，说明烙铁芯是好的，故障出现在电源引线及插头上，多数故障为引线断路，插头中的接点断开。可进一步用万用表的 R×1 挡测量引线的电阻值，便可发现问题。

更换烙铁芯的方法是：将固定烙铁芯引线螺丝松开，将引线卸下，把烙铁芯从连接杆中取出，然后将新的同规格烙铁芯插入连接杆，将引线固定在固定螺丝上，并注意将烙铁芯多余引线头剪掉，以防止两根引线短路。

另外也有“烙铁头带电”的故障。一般是由于电源线从烙铁芯接线螺丝上脱落后，又碰到了接地线的螺丝上，从而造成烙铁头带电。也可能是电源线错接在接地线的接线柱上，这种故障最容易造成触电事故，并损坏元器件，为此，要随时检查压线螺丝是否松动或丢失。如有丢失、损坏应及时配好或更换（压线螺丝的作用是防止电源引线在使用过程中由于拉伸、扭转而造成的引线头脱落）。

2.2　焊料与助焊剂

焊料与助焊剂的好坏，是保证焊接质量的重要环节。焊料是连接两个被焊物的媒介，它的好坏关系焊点的可靠性和牢固性，助焊剂则是清洁焊接点的一种专用材料，是保证焊点可靠生成的催化剂。

2.2.1　焊料

焊料是一种熔点比被焊金属低，在被焊金属不熔化的条件下能润湿被焊金属表面，并在接触界面处形成合金层的物质。

1）焊料的概述

焊料按其组成成分可分为锡铅焊料、银焊料和铜焊料；按照使用的环境温度可分为高温焊料（在高温环境下使用的焊料）和低温焊料（在低温环境下使用的焊料）；按熔点可分为硬焊料（熔点在 450 ℃以上）和软焊料（熔点在 450 ℃以下）。通常的焊料是金属焊料和锡铅合金焊料。

焊料常用的形状有圆状、带状、球状和丝状。

在手工焊接中，常用的焊料俗称为焊锡丝。一般选用熔点低（183 ℃）和机械强度大（含锡 61%时，抗拉强度为 4.7 kg/mm^2）的锡铅合金材料。因为纯金属焊料暴露在大气中时，焊料极易氧化，这样将产生虚焊，影响焊接质量。为此，应在锡铅焊料中加入少量的活性金属，形成覆盖层保护焊料，不再继续氧化，从而提高焊接质量。

常用的焊锡丝通常采用直径的大小命名，一般有 4 mm、3 mm、2.5 mm、2 mm、1.5 mm 等 5 种。在其内部夹有固体焊剂松香，在焊接时一般不需再加助焊剂。

2) 焊料的特性与适用范围

根据不同的焊接产品，需选用不同的焊料，因为焊料的好坏是保证焊接性能的前提。为能使焊接质量得到保障，根据被焊物的不同，选用不同的焊料是很重要的。在电子产品的装配中，一般都选用锡铅系列焊料，也称焊锡。

焊锡主要是由两种或两种以上金属按照不同的比例组成的，因此它的性能就会随着锡铅的比例不同而不同。在市场上出售的焊锡，由于生产厂家的不同，其配制比例有很大的差别，表 2-1 列出了几种焊料参数和适用范围。

表 2-1 几种焊料参数和适用范围

名 称	牌号	含锡量/%	熔点/℃	抗拉强度/(kg · mm^{-2})	适用范围
39 锡铅焊料	HISnPb39	59～61	183	4.3	耐热性能较差的元器件、电气制品
50 锡铅焊料	HISnPb50	49～51	210	4.7	散热片、计算机、黄铜制品
58-2 锡铅焊料	HISnPb58-2	39～41	235	3.8	无线电元器件、导线、工业及物理仪器
68-2 锡铅焊料	HISnPb68-2	29～31	256	3.3	电缆护套、铅管等

3) 焊料的选用规则

由于焊料的型号较多，在选用焊料时，一定要根据被焊元器件的要求选用，因为焊料的好坏，关系到焊接的质量。

通常选用的规则有以下几点：

(1) 与被焊接金属具有很强的亲和力

被焊接金属在适当的温度和焊剂的作用下，与焊料能形成良好的合金。一般地，铜、镍和银等在焊接时能与焊料中的锡生成锡铜、锡镍与锡银合金。金在焊接中能与焊料铅生成铅金合金。也有的金属能与焊料中的锡铅两种金属同时生成合金，所以焊料要根据被焊金属来选取。

(2) 与被焊接金属的熔点相匹配

不同的金属具有不同的熔点，选取的焊料要比被焊金属的熔点低。焊料的熔点要与焊接温度相适应。如果焊接温度超过被焊接器件、印制电路板焊盘或接点等所能承受的温度，则会损坏被焊材料；如果焊接温度低于被焊金属，则焊料与被焊接金属材料不能形成良好的合金。在选择焊料时，被焊接金属的熔点是很重要的依据。

(3) 与被焊接点的机械性能有关

焊接点的机械性能如抗拉强度、冲击韧性、抗剪强度等，都决定了所装设备的可靠性。而焊接点的机械性能与焊料中锡和铅的含量有一定的关系，一般的电子元器件本身重量较轻，对焊点强度要求不是很高，但对某些要求机械强度大的，则应选用含锡量较高(如 61%)

的共晶锡焊料，形成的焊接点，其机械性能就比较高。

(4) 与焊点的导电性能有关

一般焊接点对导电性能要求不严。由于焊料的导电率远低于金、银、铜、铁等其他金属，因此应注意如果有大电流流经焊接部位时由于焊接点的电阻增大而电路电压下降及发热的问题时，应选用含锡量较大的焊料，其导电性能较好，影响相对较小。

2.2.2 助焊剂

因为金属表面同空气接触后都会生成一层氧化膜，温度越高，氧化越厉害。这层氧化膜，在焊接时会阻碍焊锡的浸润，影响焊接点合金的形成。在没有去掉金属表面的氧化膜时，即使勉强焊接，也是很容易出现虚焊、假焊现象。

助焊剂就是用于清除氧化膜的一种专用材料，具有增强焊料与金属表面的活性、增强浸润能力，另外能覆盖在焊料表面，能有效地抑制焊料和被焊金属继续被氧化。所以在焊接过程中，一定要使用助焊剂，它是保证焊接过程顺利进行和获得良好导电性、具有足够的机械强度和清洁美观的高质量焊点必不可少的辅助材料。

1) 助焊剂的功能

在进行焊接时，为使被焊物与焊料焊接牢靠，就必须要求金属表面无氧化物和杂质，只有这样才能保证焊锡与被焊物的金属表面固体结晶组织之间发生合金反应，即原子状态的相互扩散。因此在焊接开始之前，必须采取各种有效措施将氧化物和杂质除去。

(1) 去除氧化物与杂质

用助焊剂去除氧化物与杂质，具有不损坏被焊物及效率高的特点。

(2) 防止氧化

由于焊接时必须把被焊金属加热到使焊料润湿并产生扩散的温度，而随着温度的升高，金属表面的氧化就会加速，助焊剂此时就在整个金属表面上形成一层薄膜，包住金属使其同空气隔绝，从而起到了加热过程中防止氧化的作用。

(3) 促使焊料流动

助焊剂可减少焊料表面张力、促使焊料流动的功能，使焊料附着力增强，使焊接质量得到提高。

(4) 提高焊接速度

由于助焊剂的熔点比焊料和被焊物的熔点都低，先熔化，并填满间隙和润湿焊点，使烙铁的热量通过它很快地传递到被焊物上，使焊接的速度加快。

2) 助焊剂的分类与适用焊材

助焊剂可分为无机系列、有机系列和树脂系列。

(1) 无机系列助焊剂

这种类型的助焊剂其主要成分是氯化锌或氯化铵及它们的混合物。这种助焊剂最大的优点是助焊作用强，但具有强烈的腐蚀性。焊接后要清洗，否则会造成被焊物的损坏。这种焊剂用有机油乳化后，制成一种膏状物质，俗称焊油，市场上出售的各种焊油多数属于这一类。

适用焊材：金属制品、贴片元器件焊接。

(2) 有机系列助焊剂

有机系列助焊剂主要是由有机酸卤化物组成的。这种助焊剂的特点是助焊性能好，可焊性高。不足之处是有一定的腐蚀性，且热稳定性差，即一经加热，便迅速分解，然后留下无活性残留物。

适用焊材：铅、黄铜、青铜及带镍层的金属制品、开关、接插件等塑料件的焊接。

(3) 树脂活性系列助焊剂

这种焊剂系列中最常用的是松香或在松香焊剂中加入活性剂，如松香酒精焊剂，它是用无水乙醇加 25%～30%的纯松香配制成乙醇溶液，这种焊剂的优点是无腐蚀性、高绝缘性能、长期的稳定性和耐湿性。焊接后清洗容易，并形成膜层覆盖焊点，使焊点不被氧化腐蚀。

当然也可选用纯松香，但纯松香焊剂活性较弱，只有当被焊的金属表面较清洁、无氧化层时，才可选用。

适用焊材：铂、铜、金、银等金属焊点、电子元器件的焊接。

2.3 元器件的筛选与成型

2.3.1 元器件的筛选

任何一个电子产品，如果只有先进的设计，而缺乏高品质的元器件，缺乏先进的生产方式和工艺，或缺乏一流技术水平的生产工人和工程技术人员等，都可能使产品的质量下降。因此，在产品的焊接过程中，必须严格按工艺要求办事，决不能马虎。

元器件的筛选是焊接的一道极其重要的工序，也是整机装配的一道极其重要的工序。

元器件的筛选主要包括以下几个方面：

(1) 要有可靠的筛选操作人员，对元器件的筛选具有较高的操作技能和业务水平。

(2) 对元器件和材料供货单位，必须严格把关。

(3) 对所存放元器件的仓库，要有良好的通风设备，保证有一定的温度和干燥度，不允许同化学药品一起存放。

(4) 必须有专职人员负责保管，定期抽查、测试。

(5) 对普通元器件的筛选，主要是查对元器件的型号、规格和进行外观检查。

(6) 关键元器件和材料应在一定温度条件下进行性能参数测试，对不符合要求的元器件，要坚决剔除，对怀疑的元器件，要进行检测，确保质量良好的条件下，才可使用。

2.3.2 元器件引线成型

元器件引线成型工艺，有利于元器件的焊接，特别在自动焊接时可以防止元器件脱落、虚焊，减少焊点修整，也能提高元器件的散热性。

元器件引线成型是针对小型器件而言，大型器件不可能悬浮跨接，单独立放，必须用支架、卡子等固定在安装位置上。

1) 两引脚元器件成型

两引脚元器件可用跨接、立、卧等方法焊接，并要求受震动时不能移动元器件的位置。

引线折弯成型要根据焊点之间的距离，做成需要的形状。

两引脚的元器件主要是指电阻、电容、电感、二极管等元件，在成型时可采用立式或者卧式，如图 2-6 所示，(a)、(b)、(c)为卧式形状，(d)、(e)、(f)为立式形状。引线折弯处距离根部至少要有 2 mm，弯曲半径不小于引线直径的两倍，以减小机械应力，防止引线折断或被拔出。图 2-6 中的(a)、(f)可直接贴到印制电路板上。(b)、(d)要求与印制电路板有 2～5 mm 的距离，用于双面印制电路板或发热器件。(c)、(e)引线较长，有绕环，多用于焊接时怕热的器件，如熔断电阻。

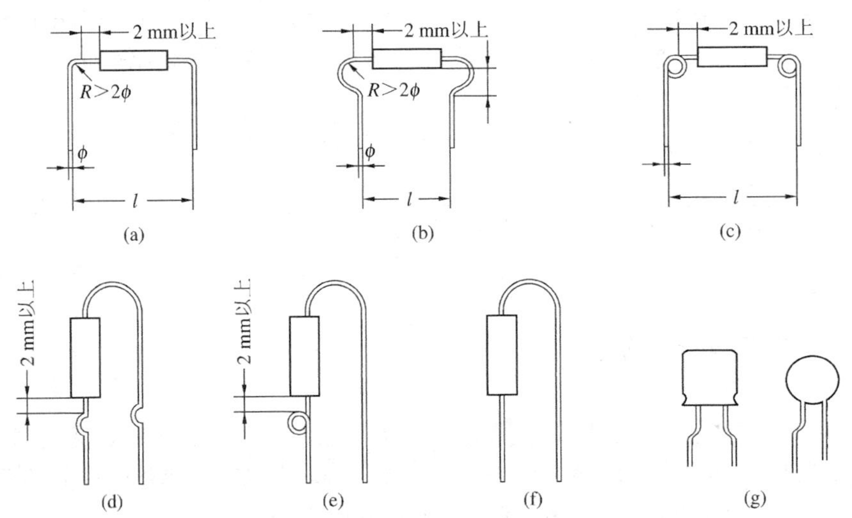

图 2-6　两引脚元器件引脚成型

2) 三引脚、多引脚元器件成型

这类元器件引脚的成型，要根据焊接的要求来进行。一般地，这类器件大都是三极管、CMOS 管、可控硅或集成电路，其特点是一般受热易损坏，需留有较长的引脚。

对于小功率管可采用正装、倒装、卧装或横装等方式，其成型形状如图 2-7 所示。

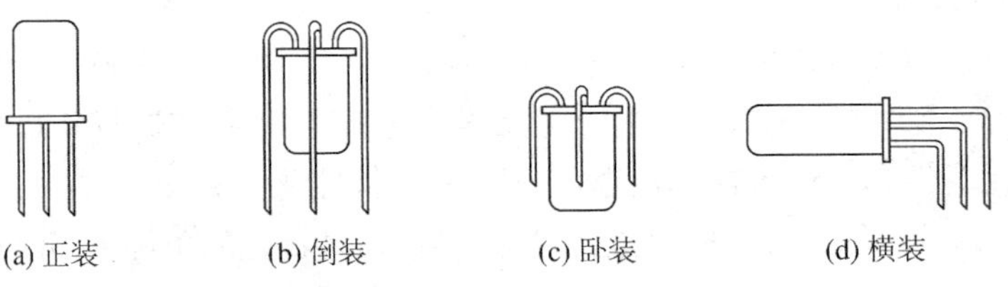

图 2-7　三引脚元件的成型

对于多引脚(如集成电路)元器件，引脚成型如图 2-8 所示。

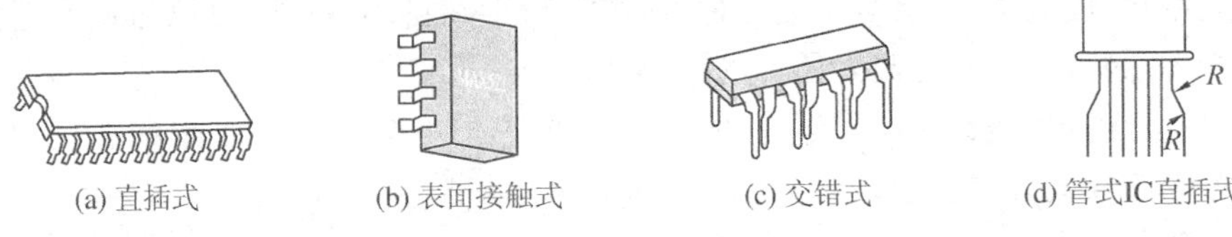

图 2-8　多引脚的成型

2.4　手工焊接

尽管在现代化的生产中早已采用了波峰焊、再流焊、倒装焊、贴片焊等，但手工焊接永远也不可能被替代，仍然有着广泛的应用。它不仅是小批量生产和维修必不可少的焊接方法，也是机械化、自动化生产的补充方法。

2.4.1　电烙铁的选用

在手工焊接中，到底选用什么电烙铁，完全根据所需焊接的工件和焊料来决定。如表 2－2，列出了电烙铁的参数与焊接工件的对应关系。

表 2－2　电烙铁的参数与焊接工件关系

电烙铁种类	烙铁头温度/℃	焊接工件
20 W 外热式	250～400	集成电路、玻璃壳二极管
25 W 外热式	300～400	一般印制电路板、导线的焊接
35～50 W 内热式、外热式	350～450	焊片、大电阻、功率管、热敏元件、同轴电缆
100 W 内热式、外热式	400～550	散热片、8 W 以上的电阻、2 A 以上导线、接线柱
50 W 防静电调温烙铁	100～550	贴片元件、CMOS 管

在焊接中，如果不明了电烙铁与被焊工件之间的关系，盲目选用电烙铁，不但不能保证焊接的质量，反而会损坏元器件或印制电路板。如焊接温度过低，焊料熔化较慢，焊剂不能挥发，焊点不光滑、不牢固，这样势必造成焊接强度及外观质量的不合格，甚至焊料不能熔化而使焊接无法进行，或者造成元器件损坏。如焊接大功率管，使用的电烙铁功率较小，烙铁不能很快供上足够的热，因焊点达不到焊接温度而不得不延长烙铁停留时间，这样热量将传到整个三极管上并使管芯温度上升而损坏。如果焊接温度较高，则使过多的热量传送到被焊工件上面，造成元器件的损坏，致使印制电路板的铜箔脱落。如用较大功率的烙铁焊接较小的元器件，则很快使焊点局部达到焊接温度而不能全部达到焊接温度，势必要延长焊接时间而易损坏元器件。另外，选用电烙铁还要考虑烙铁头的形状、粗细是否与所焊工件相匹配，焊料的熔点是否与电烙铁的温度相匹配等。

注意事项

(1) 电烙铁有两种加热方式：内热式与外热式。由于加热方式不同，相同瓦数电烙铁的实际功率相差很大，一个 20 W 内热式电烙铁的实际功率，就相当于 25～45 W 外热式电烙铁的实际功率。选用电烙铁时首先要注意电烙铁的加热方式。相同加热方式的电烙铁，一般是功率越大，温度越高。

(2) 烙铁头的温度除与电烙铁的功率有直接关系外，与电源电压的变化也有一定的关系。当电源电压波动较大时，烙铁头顶端的温度也随着变化，为了保证焊接质量，在供电网电压变化比较大的地方使用电烙铁时，应加装稳压电源或调压器，也可采用恒温电烙铁。

(3) 对不知所用的电烙铁为多大功率时，便可测量其内阻值，通过公式计算出功率。外热式电烙铁烙铁芯的功率规格不同，其内阻也不同。25 W 电烙铁的阻值约为 2 kΩ，45 W 电烙铁的阻值约为 1 kΩ，75 W 电烙铁的阻值约为 0.6 kΩ，100 W 电烙铁的阻值约为0.5 kΩ。

必须注意：一般烙铁有三个接线柱，其中一个是接金属外壳的，接线时不能接错，最简单的办法是用万用表测外壳与接线柱之间的电阻。

2.4.2　电烙铁使用前的准备

1）烙铁头的修整和镀锡

在使用新烙铁前应先给烙铁头镀上一层焊锡。具体的方法是：首先用锉刀把烙铁头按需要锉成一定的形状，然后接上电源，当烙铁头温度升至能熔锡时，将松香涂在烙铁头上，等松香冒烟后再涂上一层焊锡，如此反复进行二至三次，使烙铁头挂上一层锡便可使用了。

如果电烙铁头进行了电镀，一般不需要修锉或打磨。因为电镀层能保护烙铁头不腐蚀。如果没有进行电镀的烙铁头经使用一段时间后，表面会出现凹凸不平，如果氧化层较严重时，需要细锉修平，立即镀锡，然后在松香中来回摩擦，直到整个烙铁修整面均匀镀上一层锡为止。

2）烙铁头长度的调整

当我们选用了内热式电烙铁后，功率大小也就决定了，已基本满足焊接温度的需要，但是仍不能完全适应印制电路板中所装元器件的需求。如焊接集成电路与晶体管时，烙铁头的温度就不能太高，且时间不能过长，此时可将烙铁头插在烙铁芯上的长度进行适当调整，进而控制烙铁头的温度。

2.4.3　焊点的质量要求

焊点的质量，应达到电接触性能良好、机械强度牢固和清洁美观，焊锡不能过多或过少，不能有搭焊、拉刺等现象，其中最关键的一点就是避免虚焊、假焊。因为假焊会使电路完全不通，而虚焊易使焊点成为有接触电阻的连接状态，从而使电路在工作时噪声增加，产生不稳定状态。其中有些虚焊点在电路开始工作的一段较长时间内，保持接触良好，电路工作正常，但在温度、湿度和振动等环境条件下工作一段时间后，接触表面逐步被氧化，接触电阻渐渐变大，最后导致电路工作不正常。当我们要对这种问题进行检查时，是十分困难的，往往要花费许多时间，降低工作效率。所以大家在进行手工焊接时，一定要了解清楚焊接的质量要求。

1）电气性能良好

高质量的焊点应使焊料和金属工件表面形成牢固的合金层，才能保证良好的导电性能。简单地将焊料堆附在金属工件表面而形成虚焊，是焊接工作中的大忌。

2）具有一定的机械强度

焊点的作用是连接两个或两个以上的元器件，并使电气接触良好。电子设备有时要工作在振动环境中，为使焊件不松动、不脱落，焊点必须具有一定的机械强度。锡铅焊料中的锡和铅的强度都比较低，有时在焊接较大和较重的元器件时，为了增加强度，可根据需要增加焊接面积，或将元器件引线、导线先进行网绕、绞合、钩接在接点上再进行焊接。

3）焊点上的焊料要合适

焊点上的焊料过少，不仅降低机械强度，而且由于表面氧化层逐渐加深，会导致焊点“早期”失效；焊点上的焊料过多，既增加成本，又容易造成焊点桥连（短路），还会掩饰焊接缺陷，所以焊点上的焊料要适量。印制电路板焊接时，焊料布满焊盘呈裙状展开时为最适宜。

4）焊点表面应光亮且均匀

良好的焊点表面应光亮且色泽均匀。这主要是因为助焊剂中未完全挥发的树脂成分形成的薄膜覆盖在焊点表面，能防止焊点表面的氧化。如果使用了消光剂，则对焊接点的光泽不作要求。

5）焊点不应有毛刺、空隙

焊点表面存在毛刺、空隙，不仅不美观，还会给电子产品带来危害，尤其在高压电路部分，会产生尖端放电而损坏电子设备。

6）焊点表面必须清洁

焊点表面的污垢，如果不及时清除，酸性物质会腐蚀元器件引线、焊点及印制电路板，吸潮会造成漏电甚至短路燃烧。

以上是对焊点的质量要求，可用它作为检验焊点的标准。合格的焊点与焊料、焊剂及焊接工具、焊接工艺、焊点的清洗都与焊点的好坏有着直接的关系。

2.4.4 焊接的要领

掌握焊接的要领，是焊接的基本条件。对于初学者，一方面要不断地向有经验的工程技术人员学习，另一方面要在实际中不断摸索焊接技巧，只有这样，才能不断地提高自己的焊接水平。

1）设计好焊点

合理的焊点形状，对保证锡焊的质量至关重要，印制电路板的焊点应为圆锥形，而导线之间的焊接，则应将导线交织在一起，焊成长条形，如图 2－9 所示的焊点，能保证焊点足够的强度。

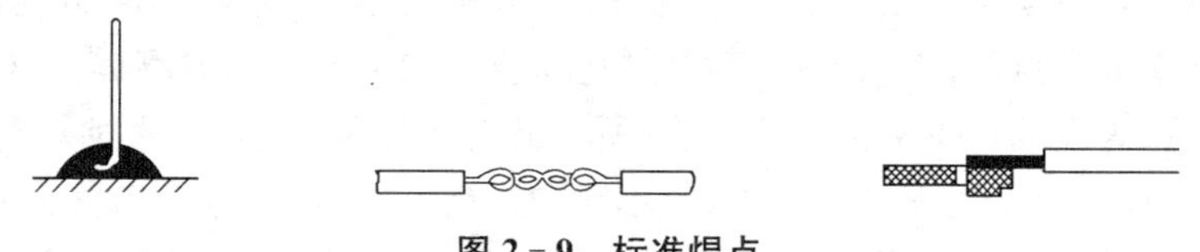

图 2－9 标准焊点

2）掌握好焊接的时间

焊接的时间是随烙铁功率的大小和烙铁头的形状变化而变化的，也与被焊工件的大小有关。焊接时间一般规定约 2～5 s，既不可太长，也不可太短。真正准确地把握时间，必须靠自己不断在实际中去摸索。但初学者往往把握不住，有时担心焊接不牢，时间很长，造成印制电路板焊盘脱落、塑料变形、元器件性能变化甚至失效、焊点性能变差；有时又怕烫坏元件，烙铁头轻点几下，表面上已焊好，实际上却是虚焊、假焊，造成导电性能不良。

3）掌握好焊接的温度

在焊接时，为使被焊件达到适当的温度，并使固体焊料迅速熔化润湿，就要有足够的热量和温度。如果温度过低，焊锡流动性差，很容易凝固，形成虚焊；如果锡焊温度过高，焊锡流淌，焊点不易存锡，印制电路板上的焊盘脱落。特别值得注意的是，当使用天然松香助焊剂时，锡焊温度过高，很容易氧化脱羧产生炭化，因而造成虚焊。

温度高低合适的简易判断标准是：用烙铁头去碰触松香，当发出"吡"的声音时，说明温度合适。

焊点的标准是：被焊件完全被焊料所润湿(焊料的扩散范围达到要求后)。通常情况下，烙铁头与焊点的接触时间长短，是以焊点光亮、圆滑为宜。如果焊点不亮并形成粗糙面，说明温度不够、时间太短，此时需要增加焊接温度；如果焊点上的焊锡成球不再流动，说明焊接温度太高或焊接时间太长，因而要降低焊接温度。

4) 焊剂的用量要合适

使用焊剂时，必须根据被焊件的面积大小和表面状态适量使用。具体地说，焊料包着引线灌满焊盘，如图 2-10 所示。焊量的多少会影响焊接质量，过量的焊锡增加了焊接时间，相应地降低了焊接速度。更为严重的是，在高密度的电路中，很容易造成不易觉察的短路。当然焊锡也不能过少，焊锡过少不能牢固地结合，降低了焊点强度，特别是在印制电路板上焊导线时，焊锡不足往往造成导线脱落。

图 2-10　焊锡量标准参考图

5) 焊接时不可施力

用烙铁头对焊点施力是有害的，烙铁头把热量传给焊点主要靠增加接触面积，用烙铁头对焊点施力对加热是无用的，很多情况下会造成对焊件的损伤，例如电位器、开关、接插件的焊接点往往都是固定在塑料构件上，施力的结果容易造成元件变形、失效。

6) 掌握好焊点的形成火候

焊点的形成过程是：将烙铁头的搪锡面紧贴焊点，焊锡全部熔化，并因表面张力紧缩而使表面光滑后，轻轻转动烙铁头带去多余的焊锡，从斜上方 45°角的方向迅速脱开，便留下了一个光亮、圆滑的焊点；若烙铁不挂锡，烙铁应从垂直向上的方向撤离焊点，如图 2-11 所示。焊点形成后，焊盘的焊锡不会立即凝固，所以此时不能移动焊件，否则焊锡会凝成砂粒状，使被焊件附着不牢，造成虚焊。另外，也不能向焊锡吹气散热，应让它自然冷却凝固。若烙铁脱开后，焊点带上锡峰，说明焊接时间过长，是焊剂气化引起的，这时应重新焊接。

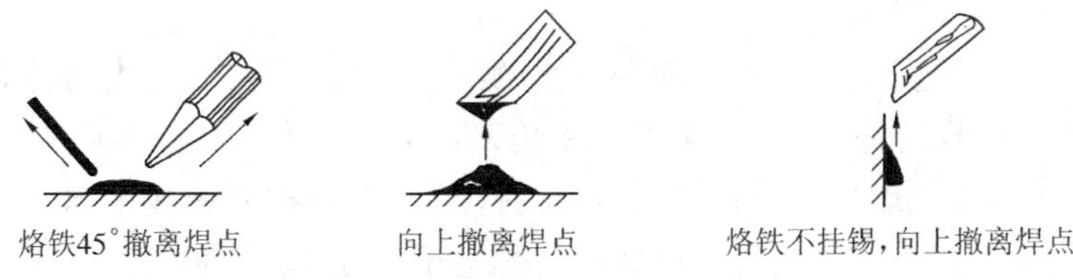

图 2-11　烙铁撤离焊点的方向

7) 焊接后的处理

当焊接结束后，焊点的周围会留有一些残留的焊料和助焊剂，焊料易使电路短路，助焊剂有腐蚀性，若不及时清除，会腐蚀元器件或印制电路板，或破坏电路的绝缘性能。同时还应检查电路是否有漏焊、虚焊、假焊或焊接不良的焊点，并可以用镊子将有怀疑的元件拉一拉，摇一摇，看有无松动的元件。

2.4.5 焊接的步骤

1) 焊接的姿势

在焊接时，助焊剂加热挥发，对人体有害，因此必须在加有排气扇的环境中进行，同时人的面部至少应离开烙铁 40 cm 左右。

(1) 烙铁的握法

电烙铁的握法，一般有三种方式，如图 2－12 所示。不用时应放在烙铁架上，烙铁架放置在操作者右前方 40 cm 左右，放置要稳妥，远离塑料件等物品，以免发生意外。

图 2－12 烙铁的握法

(2) 焊锡丝的拿法

在手工焊接中，一般是右手握烙铁，左手拿焊锡丝，如图 2－13 所示，要求两手相互协调工作。

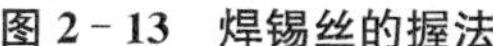

图 2－13 焊锡丝的握法

2) 焊接的方法

焊接的方法主要有两种，一种是带锡焊接法，即用加热的烙铁头，粘带上适当的焊锡，去进行焊接。另一种方法是点锡焊接法，这种方法是将烙铁头放在焊接位置上，另一手捏着焊锡丝用它的一端去接触焊点处的烙铁头，来进行焊接。这种方法必须是双手相互配合，才能保证焊接的质量。

(1) 带锡焊接法

带锡焊接的方法，不是标准的焊法，但我们在维修过程中有时也采用此种方法，尽管存在湿润不足、结合不易形成，但只要操作得法，还是可以在焊料缺乏的情况下作为应急焊接。其步骤可分为三步，如图 2－14 所示。

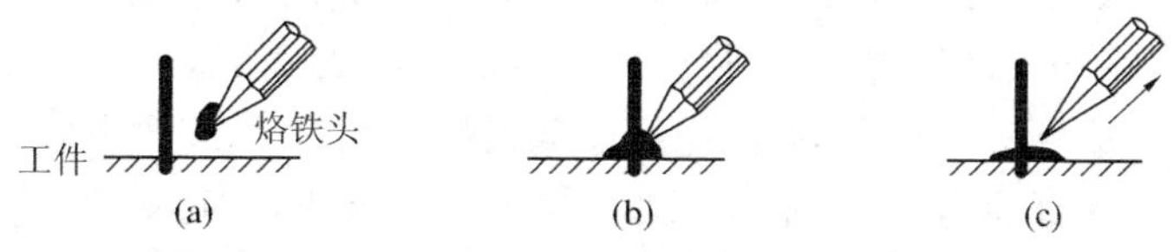

图 2－14 带锡焊接法步骤

① 烙铁头带锡：将焊锡熔化在烙铁头上，如图 2－14(a)所示。

② 放上烙铁头：将烙铁头放在需要焊接的工件上，如图 2－14(b)所示。

③ 移开烙铁头：当焊锡完全润湿焊点后移开烙铁，移开的方向大致为 45°的方向，如图 2－14(c)所示。

(2) 点锡焊接法

点锡焊接法又称为五步焊接法，一般初学者都必须从此法开始训练，如图 2－15 所示。

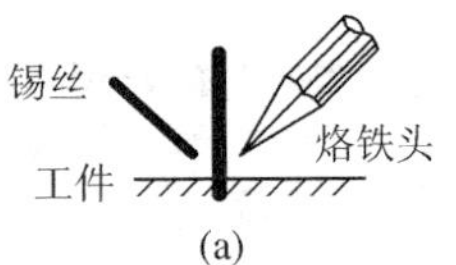

(a)
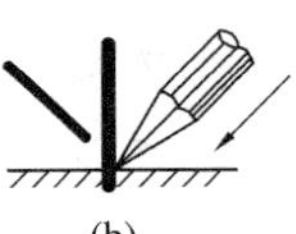
(b)
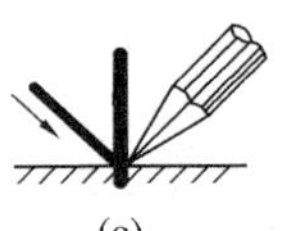
(c)
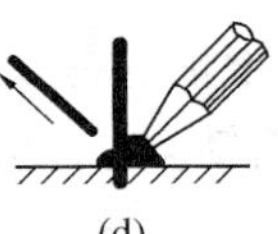
(d)
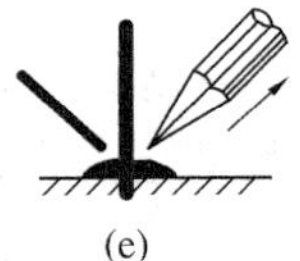
(e)

图 2－15 五步焊接法步骤

① 准备施焊：准备好焊锡丝和烙铁，此时要特别强调的是烙铁头部要保持干净，即可以沾上焊锡(俗称吃锡)。左手拿焊丝，右手拿烙铁对准焊接部位，如图 2－15(a)所示。

② 加热焊件：将烙铁头接触焊接点，注意首先要保持烙铁加热焊件各部分，例如元器件引线和印制电路板焊盘都要使之受热，其次要让烙铁头的扁平部分接触热容量较大的焊件，烙铁头的侧面或边缘部分接触热容量较小的焊件，以保持均匀受热，如图 2－15(b)所示。

③ 熔化焊料：当焊件加热到能熔化焊料的温度后将焊丝置于焊点，焊料开始熔化并润湿焊点，熔化焊料要适量，如图 2－15(c)所示。

④ 移开焊锡：当熔化一定量焊锡后将焊丝移开，如图 2－15(d)所示。

⑤ 移开烙铁：当焊锡完全润湿焊点后移开烙铁，注意移开烙铁的方向应该大致为 45°的方向，如图 2－15(e)所示。

上述五步间并没有严格的区分，要熟练掌握焊接的方法，必须经过大量的实践，特别是准确掌握各步骤所需的时间，对保证焊接质量至关重要。

2.4.6 几种常用工件的焊接

1) 印制电路板的焊接

(1) 焊前处理

首先应检查印制电路板是否符合要求，表面处理是否合格，有无污染、变质和断裂。图形、孔位及孔径是否符合图纸等；元器件的品种、规格及外封装是否与图纸吻合，元器件引线有无氧化、锈蚀。然后对印制电路板、元器件去氧化层与上锡。由于元器件、印制电路板长期存放，其元器件引线和印制电路板的焊盘的表面吸附有灰尘、杂质或者在被氧化，形成了氧化层。因此元器件在装入印制电路板前，需要对引线脚进行浸锡处理，以保证不虚焊。

去氧化层的方法是：用小刀或锋利的工具，沿着引线方向，距离器件引线根部 2～4 mm 处向外刮，一边刮，一边转动工件引线，将引线上的氧化物彻底刮净为止。刮引线脚时要注意，不能把工件引线上原有的镀层刮掉，见到原金属的本色即可，同时也要注意，不能用力过猛，以防将元器件的引线刮断或折断。将刮净的元器件引线及时蘸上助焊剂，放入锡锅浸锡，或者用电烙铁上锡。不管用哪种方法，上锡的时间都不能过长，以免元器件因过热而损坏。尤其是半导体器件，如晶体管在浸锡时用镊子夹持引线脚上端，以帮助散热。

有些元器件，在操作时，还应注意保护，如焊接 CMOS 管，要带防静电手腕，使用的工具如改锥、钳子，不能划伤印制电路板铜箔等。

(2) 印制电路板焊接

印制电路板的装焊在整个电子产品制造中处于核心地位，其质量的好坏直接影响到整机产品质量。

焊接印制电路板，除遵循锡焊要领外，还要注意单面板的元器件应装在印制电路板的反面(即无铜箔面)，引线穿过洞孔与焊盘连接。

焊接时需特别注意：

① 电烙铁：一般选用内热式(20～35 W)或恒温式，烙铁头的温度以 300 ℃为宜；烙铁头的形状应根据印制电路板焊盘大小选择凿形或锥形，目前印制电路板发展趋势是小型密集化，一般常用小型圆锥形烙铁头。

② 焊锡丝：一般选用含锡量为 39%～41%的 58－2 锡铅焊料。

③ 加热方法：加热时应尽量使烙铁头同时接触印制电路板上铜箔和元器件引线。对较大的焊盘焊接时可移动烙铁头，即烙铁绕焊盘转动，以免长时间加热，造成局部过热。

④ 双面板的焊接：两层以上的电路板的孔都要进行金属化处理。焊接时可采用单面板的焊接方式，不仅要让焊料湿润焊盘，使孔充分湿润，焊料从孔的一侧流到另一侧，当然也可以两面焊接，但要充分加热，排尽孔中的气体，以免产生气泡，造成虚焊，如图 2－16 所示。

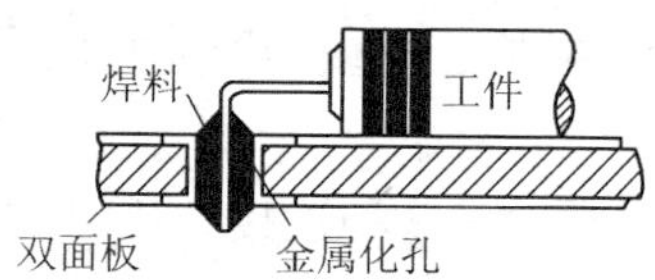

图 2－16　双面板的焊接示意图

⑤ 耐热性差的元器件应使用工具辅助散热。

(3) 焊后处理

① 剪去多余引线，注意不要对焊点施加剪切力以外的其他力。

② 检查印制电路板上所有元器件引线焊点，修补缺陷。

③ 清洁印制电路板。

2) 导线焊接

导线焊接在电子产品装配中占有重要的位置。因此，应熟练掌握导线焊接的几种方法。

(1) 导线焊前处理

在电子装配中，常用连接导线主要有三类：单股导线、多股导线、屏蔽线。

① 剥绝缘层：手工剥线时可用普通工具或专用工具，在大规模工业生产中采用专用机械。根据焊接的需要，用剥线钳或普通扁口钳剥出导线末端绝缘层 2～4 cm。屏蔽线的剥头工艺如图 2－17 所示。用剥线钳剥头时，要选用合适的孔号；用普通扁口钳剥头时，要边旋转边剪，用力要均匀，力度要不重不轻，否则易损坏屏蔽线。在分离屏蔽线时，用镊子顺绕线方向慢慢剥开，不可用剪刀剪开。

注意：单股线不应损伤导线；多股线及屏蔽线不能断线。对多股线剥去绝缘层时注意将线顺线芯的原来旋转方向拧成螺旋状。

② 镀锡：导线的焊接，关键是镀锡。尤其对多股导线，如果没有进行镀锡处理，焊接容易散开，像扫帚一样，焊点大，不美观，特别容易形成搭焊，造成元器件之间短路。镀锡方法同元器件引脚一样，但要注意多股线挂锡时要边上锡边旋转，旋转方向同拧绞方向一致。

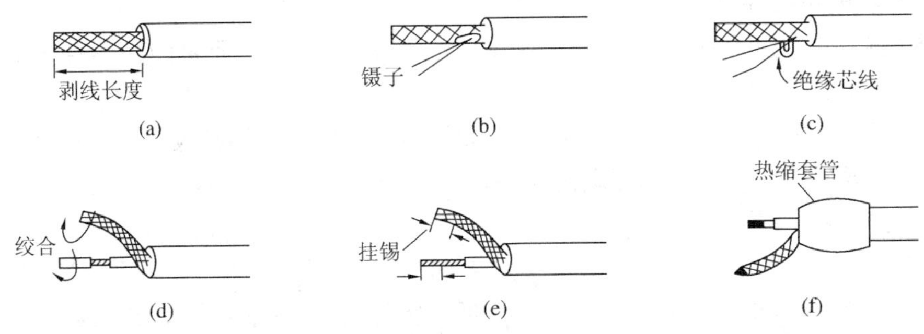

图 2－17　屏蔽线剥头工艺

(2) 焊接的方法

① 导线与印制电路板的焊接：同元器件与印制电路板的焊接一样。

② 导线与焊片的焊接：根据焊片的大小、形状、连接方式，一般有三种基本焊法。

a. 绕焊　焊接前将经过上锡的导线端头在接线端子上缠一圈，用镊子拉紧，缠牢后进行焊接，如图 2－18(a)所示。注意导线一定要紧贴端子表面，绝缘层不接触端子，绝缘层一般距端子 1～3 mm 为宜，这种连接可靠性最好。

b. 钩焊　将导线端子弯成钩形，钩在接线端子上并用钳子夹紧后施焊，如图 2－18(b)所示。

c. 搭焊　搭焊如图 2－18(c)所示。这种连接方法最方便，但强度可靠性最差，仅用于临时连接或不便于缠、钩的地方以及某些接插件上。

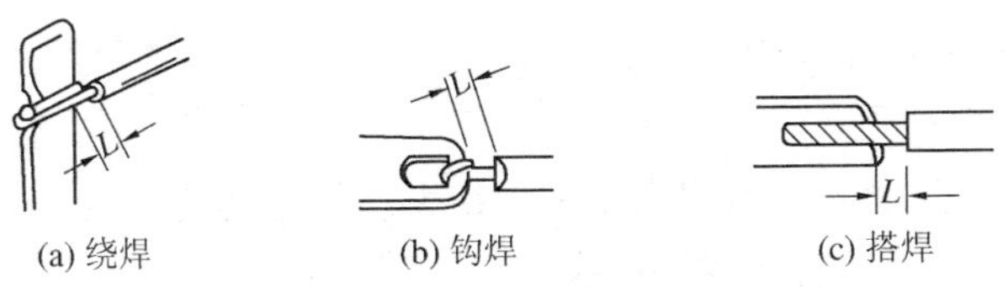

图 2－18　导线与焊片间的焊接

(3) 导线与导线的焊接

导线与导线的连接方式如图 2－19 所示。

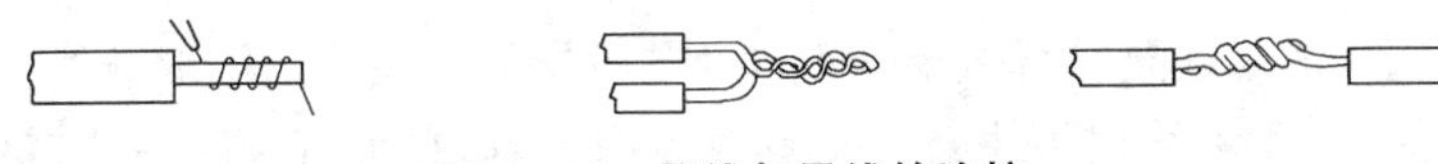

图 2－19　导线与导线的连接

焊接步骤：

① 去掉一定长度的绝缘皮；

② 根据需要采用绕接方式；

③ 加热导线，然后施焊，一般采用绕焊；

④ 趁热套上套管，冷却后套管固定在接头处。

3）有机注塑元件的焊接

现在，大量的各种有机材料广泛地应用在电子元器件、零部件的制造中。这些材料包括有机玻璃、聚氯乙烯、聚乙烯、酚醛树脂等。通过注塑工艺，它们可以被制成各种形状复杂、结构精密的开关和接插件等，成本低、精度高、使用方便，但最大弱点是不能承受高温。在对这类元件的电气接点施焊时，如果不注意控制加热时间，极容易造成有机材料的热塑性变形，导致零件失效或降低性能，造成故障隐患。图 2－20 所示是钮子开关结构示意图以及由于焊接技术不当造成失效的例子，图中所示的失效原因为：

图(a)为施焊时侧向加力，造成接线片变形，导致开关不通。

图(b)为焊接时垂直施力，使接线片 1 垂直位移，造成闭合时接线片 2 不能导通。

图(c)为焊接时加焊剂过多，沿接线片浸润到接点上，造成接点绝缘或接触电阻过大。

图(d)为镀锡时间过长，造成开关下部塑壳软化，接线片因自重移位，簧片无法接通。

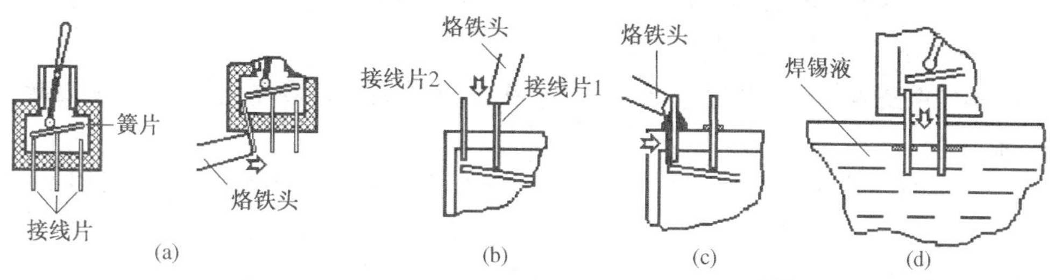

图 2－20　钮子开关结构以及焊接不当导致失效的示意图

正确的焊接方法应当是：

(1) 在元件预处理时尽量清理好接点，一次镀锡成功，特别是将元件放在锡锅中浸镀时，更要掌握好浸入深度及时间。

(2) 焊接时，烙铁头要修整得尖一些，以便在焊接时不碰到相邻接点。

(3) 非必要时，尽量不使用助焊剂；必需添加时，要尽可能少用助焊剂，以防止浸入机电元件的接触点。

(4) 烙铁头在任何方向上均不要对接线片施加压力，避免接线片变形。

(5) 在保证润湿的情况下，焊接时间越短越好。实际操作中，在焊件可焊性良好的时候，只需要用挂上锡的烙铁头轻轻一点即可。焊接后，不要在塑壳冷却前对焊点进行牢固性试验。

4）簧片类元件的焊接

这类元件如继电器、波段开关等，其特点是在制造时给接触簧片施加了预应力，使之产生适当弹力，保证电接触的性能。安装焊接过程中，不能对簧片施加过大的外力和热量，以免破坏接触点的弹力，造成元件失效。所以，簧片类元件的焊接要领是：可焊性预处理；加热时间要短；不可对焊点任何方向加力；焊锡用量宜少而不宜多。

5）MOSFET 及集成电路的焊接

MOSFET，特别是绝缘栅型场效应器件，由于输入阻抗很高，如果不按规定程序操作，很可能使内部电路击穿而失效。

双极型集成电路不像 MOS 集成电路那样娇气，但由于内部集成度高，通常管子的隔离层都很薄，一旦受到过量的热也容易损坏。所以，无论哪种电路都不能承受高于 200℃的温度，焊接时必须非常小心。

(1) 引线如果采用镀金处理或已经镀锡的，可以直接焊接。不要用刀刮引线，最多只需要用酒精擦洗或用绘图橡皮擦干净就可以了。

(2) 对于 CMOS 电路，如果事先已将各引线短路，焊前不要拿掉短路线，对使用的电烙铁，最好采用防静电措施。

(3) 在保证浸润的前提下，尽可能缩短焊接时间，一般不要超过 2 秒钟。

(4) 注意保证电烙铁良好接地。必要时，还要采取人体接地的措施(佩戴防静电腕带、穿防静电工作鞋)。

(5) 使用低熔点的焊料，熔点一般不要高于 180℃。

(6) 工作台上如果铺有橡胶、塑料等易于积累静电的材料，则器件及印制板等不宜放在台面上，以免静电损伤。工作台最好铺上防静电胶垫。

(7) 使用电烙铁，内热式的功率不超过 20 W，外热式的功率不超过 30 W，且烙铁头应该尖一些，防止焊接一个端点时碰到相邻端点。

(8) 集成电路若不使用插座直接焊到印制板上，安全焊接的顺序是：地端→输出端→电源端→输入端。

不过，现代的元器件在设计、生产的过程中，都认真地考虑了静电及其他损坏因素，只要按照规定操作，一般不会损坏。在使用时也不必如临大敌、过分担心。

6) 平板件和导线的焊接

如图 2-21 所示，在金属板上焊接导线，其关键是往板上镀锡。一般金属板的表面积大，吸热多而散热快，要用功率较大的烙铁。根据板的厚度和面积的不同，选用 50 W到 300 W 的烙铁为宜。若板的厚度在 0.3 mm 以下时，也可以用 20 W 烙铁，只是要适当增加焊接时间。

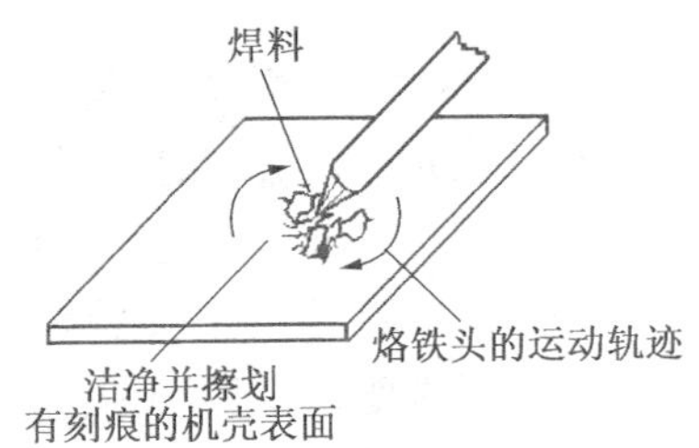

图 2-21　金属板表面的焊接

对于紫铜、黄铜、镀锌板等材料，只要表面清洁干净，使用少量的焊剂，就可以镀上锡。如果要使焊点更可靠，可以先在焊区用力划出一些刀痕再镀锡。

因为铝板表面在焊接时很容易生成氧化层，且不能被焊锡浸润，采用一般方法很难镀上焊锡。但事实上，铝及其合金本身却是很容易“吃锡”的，镀锡的关键是破坏铝的氧化层。可先用刀刮干净待焊面并立即加上少量焊剂，然后用烙铁头适当用力在板上作圆周运动，同时将一部分焊锡熔化在待焊区。这样，靠烙铁头破坏氧化层并不断地将锡镀到铝板上去。铝板镀上锡后，焊接就比较容易了。当然，也可以使用酸性助焊剂(如焊油)，只是焊接后要及时清洗干净。

2.4.7　几种特殊工件的焊接

1) 铸塑元件的焊接

由有机材料制造的电子元件，例如各种开关、继电器、延迟线、接插件等，它们最大的特点就是不能承受高温，当对铸塑在有机材料中的导体施焊时，如不注意控制加热温度、时间，极容易造成塑件变形，导致元件失效或降低性能，造成隐患。

(1) 元件预处理,要求一次镀锡成功,镀锡时加助焊剂要少,防止进入电接触点。尤其将元件在锡锅中浸镀时,更要掌握好浸入深度及时间。

(2) 元件成型后,装入电路板中要平稳,不能歪斜。

(3) 焊接时烙铁头要修整好,尖一些,焊接时间要短,要一次成型,在保证润湿的条件下越短越好,决不允许采用小于规定功率的烙铁反复焊接。

(4) 焊接时焊料要适中,施锡方式要正确。

(5) 烙铁头在任何方向均不要对接线片施加压力。

(6) 焊后要检查,但在塑壳未冷前不要摇动,也不要做牢固性试验。

2) CMOS 集成电路焊接

CMOS 集成电路,如双极型 CMOS 集成电路由于内部集成度高,通常管子隔离层均很薄,一旦受到过量的热也容易损坏,特别是绝缘栅型,由于输入阻抗很高,稍不慎即可使内部击穿而失效。无论哪一种集成电路均不能承受高于 200 ℃的温度,因此焊接时必须非常小心,否则就会损坏。

正确的焊接过程是:

(1) 焊前处理

① 防静电,操作前,手必须经过金属外壳对地放静电,并带防静电手腕,工作台上如果铺有橡皮、塑料等易于积累静电的材料,CMOS 集成电路芯片及印制电路板不宜放在台面上。

② 如果事先已将各引线短路,焊前必须拿掉短路线。

③ 一般 CMOS 集成电路的引线是镀金的,如果有氧化层,只需酒精擦洗或用绘图橡皮擦干净就行了,不允许用利器刮,以免损坏引脚的镀金层。

(2) 焊接过程

① 使用烙铁最好是恒温 230 ℃的烙铁,也可用 20 W 内热式,接地线应保证接触良好,若用外热式 30 W 烙铁,最好烙铁断电,用余热焊接。

② 安全焊接顺序为:地端—输出端—电源端—输入端。

③ 烙铁头应修整窄一些,施焊一个焊点时不碰到其他焊点。

④ 焊接时间在保证润湿的前提下,尽可能短,一般不超过 3 s。

3) 元器件内有焊点的元件的焊接

这类元件如陶瓷滤波、中周等元件,它们的共同特点是内部具有焊点,加热时间过长,就会造成元件内部接点开焊。焊接前一定要处理好焊点,施焊时强调一个“快”字,采用辅助散热手段可避免损坏。

4) 贴片元件的焊接

(1) 焊接前的准备

① 去氧化层与上锡:由于贴片元件体积很小,且容易损坏,所以在焊接前去氧化层和上锡就变得比普通元件的处理更加严格、更加仔细。

② 核对型号与引脚:对于贴片元件的标注,一般都不清楚。所以在焊接前需认真检查核对,以免焊错。

(2) 元件的焊接

贴片元件的焊接,与普通元件焊接的五步法不同,一般采用带锡焊接。

① 准备施焊：让烙铁头部沾上焊锡(俗称吃锡)，如图 2－22(a)所示。

② 加热焊件：将元件用小镊子夹住置于焊点处，加热。注意要保持烙铁加热焊点各部分，烙铁头的侧面或边缘部分接触元件的焊脚，以保持均匀受热，如图 2－22(b)所示。

③ 熔化焊料：继续加热到能熔化焊件原来附有的焊料后，焊料开始熔化并润湿焊点，熔化焊料要适量，如图 2－22(c)所示。

④ 交叉焊接：对于两个或两个以上的焊点，应交替焊接。焊接镊子不可用力挤压，让焊点自然沉降，如果焊得高低不平，可用镊子扶正，重新焊接。

⑤ 移开烙铁：当焊锡完全润湿焊点后移开烙铁，注意移开烙铁的方向应该大致为 45°的方向，如图 2－22(d)所示。

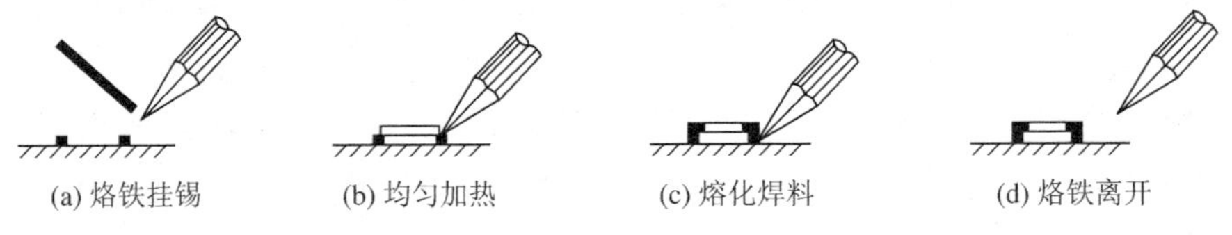

图 2－22　贴片焊接示意图

5) 球栅阵列(BGA)封装芯片的焊接

(1) BGA 封装芯片植锡操作

① 清洗：首先将 IC 表面加上适量的助焊膏，用电烙铁将 IC 上的残留焊锡去除，然后用天那水清洗干净。

② 固定：可以使用专用的固定芯片的卡座，也可以简单地采用双面胶将芯片粘在桌子上来固定，还可点粘合剂进行固定。

③ 上锡：选择稍干的锡浆，用平口刀挑适量锡浆到植锡板上，用力往下刮，边刮边压，使锡浆均匀地填充植锡板的小孔中，上锡过程中要注意压紧植锡板，不要让植锡板和芯片之间出现空隙，以免影响上锡效果。

④ 吹焊：将热风枪的风嘴去掉，将风量调大、温度调至 350 ℃左右，摇晃风嘴对着植锡板缓缓均匀加热，使锡浆慢慢熔化。当看见植锡板的个别小孔中已有锡球生成时，说明温度已经到位，这时应当抬高热风枪的风嘴，避免温度继续上升。过高的温度会使锡浆剧烈沸腾，造成植锡失败，严重的还会使 IC 过热损坏。

⑤ 调整：如果吹焊完毕后发现有些锡球大小不均匀，甚至有个别脚没植上锡，可先用裁纸刀沿着植锡板的表面将过大的锡球露出部分削平，再用刮刀将锡球过小和缺脚的小孔中上满锡浆，然后用热风枪再吹一次。

(2) BGA 封装芯片的定位

由于 BGA 封装芯片的引脚在芯片的下方，在焊接过程中不能直接看到，所以在焊接时要注意 BGA 封装芯片的定位，定位的方式包括圆线走位法、贴纸定位法和目测定位法等，定位过程中要注意 IC 的边沿应对齐所画的线。

(3) BGA 封装芯片的焊接

BGA 封装芯片定好位后，就可以焊接了。与植锡球时一样，把热风枪的风嘴去掉，调节至合适的风量和温度，让风嘴的中央对准芯片的中央位置，缓慢加热。当看到 IC 往下一沉且四周有助焊剂溢出时，说明锡球已和印制电路板上的焊点熔合在一起，这时可以轻轻晃动热风枪使 IC 受热均匀充分，由于表面张力的作用，BGA 封装芯片与印制电路板的焊点之间会自动对准定位，具体操作方法是用镊子轻轻推动 BGA 封装芯片，如果芯片可以自动复位则说明芯片已经对准位置。注意在加热过程中切勿用力按住 BGA 封装芯片，否则会使焊锡外溢，极易造成脱脚和短路。

(4) BGA 封装芯片焊接注意事项

① 风枪吹焊植锡球时，温度不宜过高，风量也不宜过大，否则锡球会被吹在一起，造成植锡失败，温度经验值为不超过 300 ℃。

② 刮抹锡膏要均匀。

③ 每次植锡完毕后，要用清洗液将植锡板清理干净，以便下次使用。

④ 锡膏不用时要密封，以免干燥后无法使用。

⑤ 需备防静电吸锡笔或吸锡带，在拆卸集成电路或 BGA 封装 IC 时，将残留在上面的焊料处理干净。

2.5 焊接质量的检查

焊接结束后，并不是万事大吉了，还要对焊点进行检查，确认是否达到了焊接的要求，如果不进行检查，势必会存在许多隐患，所以对焊接质量的检查是十分重要的。具体检查可从外观和电路工作方面入手。

1) 外观检查

主要是通过目测进行检查，有时需要用手摸摸，看是否有松动、焊接不牢。有时还需要借助放大镜，仔细观察是否存在下列现象，如果有，则需要修复。

(1) 搭焊

搭焊是指焊锡相邻两个或几个焊点连接在一起的现象，如图 2-23(a)所示。明显的搭焊较易发现，但细小的搭焊用目测较难发现，只有通过电性能的检测才能暴露出来。造成的原因是：焊料过多，或者焊接温度过高。危害是：焊接后的元器件不能正常工作，甚至烧坏元器件，严重的危及产品安全和人身安全。

(2) 焊锡过多

焊锡堆积过多，焊点的外形轮廓不清，如同丸子状，根本看不出导线的形状。这种焊接缺陷如图 2-23(b)所示。造成的原因是：焊料过多，或者是元器件引线不能润湿，以及焊料的温度不合适。危害是：容易短路，可能包藏焊点缺陷，器件间打火。

(3) 毛刺

焊料形成一个或多个毛刺，毛刺超过了允许的引出长度，将造成绝缘距离变小，尤其是对高压电路，将造成打火现象，如图 2-23(c)所示，如同石钟乳形。造成的原因是：焊料过多、焊接时间过长，使焊锡粘性增加，当烙铁离开焊点时就容易产生毛刺现象。危害是：容易形成搭焊、器件间高压打火。

(4) 松香过多

焊缝中夹有松香，表面豆腐渣形状，如图 2-23(d)所示。造成的原因是：因焊盘氧化、脏污、预处理不良等，在焊接时加焊剂太多。危害是：强度不够，导电不良，外观不佳。

(5) 浮焊

浮焊是指焊点未能将两工件完全焊接成功，焊点没有正常焊点的光泽和圆滑，而是呈现白色细粒状，表面凸凹不平，如图 2-23(e)所示。造成的原因是：围焊盘氧化、脏污、预处理不良等。当焊料不足、焊接时间太短，以及焊料中杂质过多都可能引起。危害是：导电性能不良、机械强度弱，一旦受到振动或敲击，焊料便会自动脱落。

(6) 虚焊(假焊)

虚焊是指焊接时，焊点内部没有将两工件形成真正的合金，有的引线还可以上下移动，如图 2-23(f)所示。造成的原因是：焊盘、元器件引线有氧化；焊接过程中热量不足，焊料的润湿不良；焊料太少。危害是：这种焊点虽然能短时间维持导通，但随着时间的推延，最后变为不导通，造成电路故障。

(7) 空洞与气泡

引线的根部有喷火状的隆起，外部或内部有空洞，如图 2-23(g)、(h)所示。造成的原因是：焊盘、元器件引线氧化处理不彻底；焊盘的穿线孔太大，而器件引脚太小；焊接过程中温度不足，或焊料太少。危害是：导电不良、强度低，长时间容易脱焊。

(8) 铜箔翘起、焊盘脱落

铜箔从印制电路板上翘起，甚至脱落，如图 2-23(i)所示。造成的原因是：焊接温度过高、焊接时间过长；也可能是反复拆除和焊接引起的。

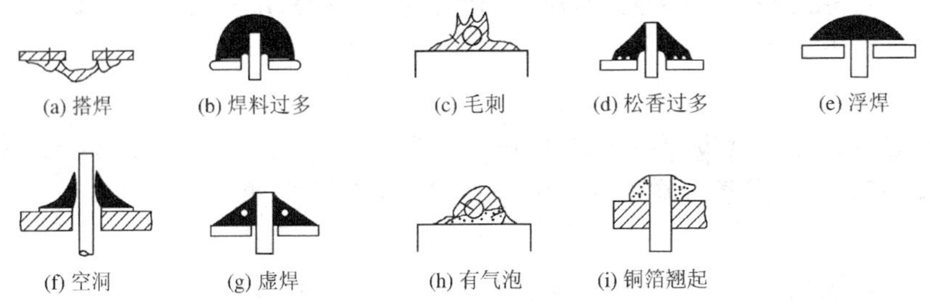

图 2-23 不合格焊点类型

2) 用电阻挡检查

在目测检查的过程中，有时对一些焊点之间的搭焊、虚焊，不是一眼就能看出来的，需借助万用表电阻挡的测量来进行判断。对于搭焊，测量不相连的两个焊点，看是否短路；对于虚焊，测量引脚与焊盘之间，看是否开路，或元件相连的两个焊点，是否与相应的电阻值相符(因焊点之间可能接了电阻、半导体器件或其他元器件，本身之间有电阻值，需仔细判断)。

3) 加电检查

对于一些要求比较高的电路焊接，不光是通过目测检查，有时还需要加电检查，如焊接面狭小、元件体积小等。但在加电前必须在外观检查及连线无误后才可进行工作，否则可能引起新的故障，有时甚至会损坏仪器设备，造成安全事故的危险。加电检查，主要通过测量电压、电流等方式进行，也可以通过仪器、仪表进行。

2.6 拆焊

拆焊，是指在电子产品的生产过程中，因为装错、损坏、调试或维修而将原焊上的元器件拆下来的过程，有时也叫解焊。它的操作难度大，技术要求高，所以在实际操作中，要反复练习，掌握操作要领，才能做到不损坏元器件、不损坏印制电路板焊盘。

1）拆焊的基本要求

（1）不损坏元器件、导线和结构件，特别是焊盘与印制导线。

（2）对已判断损坏的元器件可将引线剪断再拆除，这样可减少其他器件损坏。

（3）在拆焊过程中，应尽量避免拆动其他元器件或变动其他元器件的位置，如确实需要，应做好复原工作。

2）拆焊工具

（1）烙铁。

（2）镊子。

（3）基板工具：可用来切、划、钩、拧和通孔，借助电烙铁恢复焊孔。

（4）吸锡器、吸锡绳：用以吸取焊点或焊孔中的焊锡。

3）拆焊的步骤

（1）选用合适的电烙铁

选用的电烙铁应比相应的焊接烙铁功率略大，因为拆焊所需要的加热时间要稍长、温度要稍高。所以要严格控制温度和加热时间，以免将元器件烫坏或使焊盘翘起、断裂。宜采取间隔加热法来进行拆焊。

（2）加热拆焊点

将烙铁平稳地靠近拆焊点，保护各部分均匀加热，如图 2-24(a)所示。

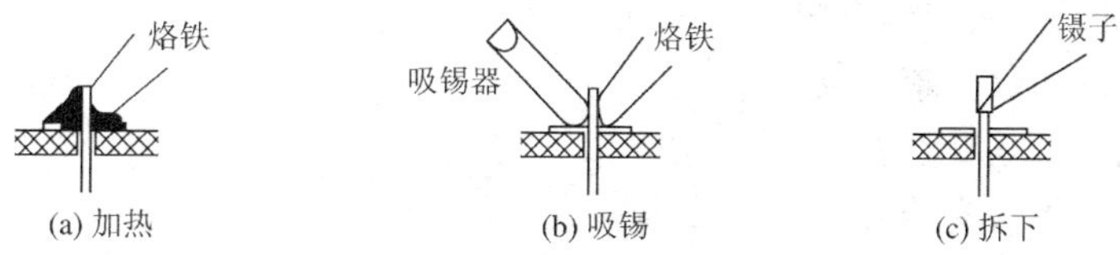

图 2-24 拆焊示意图

（3）吸去焊料

当焊料熔化后，用吸锡工具吸去焊料，如图 2-24(b)所示。要注意的是，即使还有少量锡连接，在拆卸时也易损坏元件。

（4）拆下元件

一般可直接用镊子将元器件拔下，如图 2-24(c)所示。但要注意，在高温状态下，元器件的封装强度都会下降，尤其是塑封器件、陶瓷器件、玻璃端子等，如果用力拉、摇、扭，都会损坏元器件和焊盘。

上述过程并不是一成不变的，在没有吸锡工具的情况下，则可以将印制电路板或可移动的部件倒过来，用电烙铁加热至焊料熔化后，不移开烙铁的条件下，用镊子或其他工具，也可以将元器件拆下。

4）几种元器件的拆焊方法

（1）阻容元件拆焊

如采用卧式安装，两个焊接点较远，可采用电烙铁分点加热，逐点拔出。

（2）晶体管拆焊

由于焊接点距离较近，可用电烙铁同时交替加热几个焊接点，待焊锡熔化后一次拔出。

（3）集成电路拆焊

因为集成电路的引脚多，既不能采用分点拆焊，也不能采用交替加热拆焊，一般可采用吸锡器吸尽焊料，或用空心针在加热的条件下，迅速插入引脚中，使印制电路板的焊盘与引脚分离。在没有辅助工具的条件下，也可以用焊锡将集成电路的一排或两排引脚加满焊锡，同时加热，用集成电路起拔器起下，一般情况下不要使用，因为这样拆焊，易损坏集成电路。

总之，在拆焊时，尽量不要损坏元器件与焊盘，在元器件损坏的情况下，可先剪断引脚，再拆焊点上的线头。

习题 2

1. 如何正确选用和使用电烙铁？
2. 电烙铁常见的故障有哪些？怎样维修？
3. 防静电的调温烙铁和热风枪在使用时应注意哪些事项？
4. 常用的焊锡有哪些？分别适应哪些焊接？
5. 新烙铁一般要经过怎样处理才能使用？什么叫挂锡？
6. 如何根据焊接材料选用电烙铁？
7. 助焊剂是什么？它具有哪些功能？
8. 试述焊接操作的正确姿势。
9. 元器件的筛选主要包括哪几个方面？
10. 焊接点的质量要求如何？
11. 焊接的要领是什么？
12. 简述手工焊接有哪几个基本步骤。
13. 带锡焊接法和点锡焊接法各有哪些步骤？
14. 焊接操作的五步法是什么？焊接时间如何控制？
15. 印制电路板焊接和导线焊接是怎样进行的？
16. CMOS 集成电路焊接要注意哪些事项？
17. 什么叫虚焊？产生虚焊的原因是什么？有何危害？如何避免？
18. 外观上如何判断焊点质量？
19. 拆焊的方法有哪些？如何选择？
20. 什么样的焊点是不合格的？
21. 拆焊是怎样进行的？
22. 简述焊接件拆卸时常采用什么方法吸除焊锡。

实训 2

一、带锡焊接法

1. 实训目的

了解电烙铁使用前的处理，掌握焊接的正确姿势，学会带锡焊接方法。

2. 实训仪器与材料

(1) 25 W 直热式电烙铁、剪线钳、镊子、电工刀等工具。

(2) 焊锡丝、松香等助焊剂。

(3) 多种线径的漆包线。

(4) 印制电路板。

3. 实训步骤

(1) 认识电烙铁的结构。

(2) 电烙铁的烙铁头镀锡和调整烙铁头长度。

(3) 剪下长约 5 cm 漆包线 100 根,用电工刀刮去漆包线两端约 5 mm 的漆,然后在锡锅中挂锡。

(4) 观察老师的焊接姿势及焊接过程。

(5) 根据带锡焊接方法的要点,依次完成焊接的三个步骤。

4. 注意事项

(1) 正确的坐姿、规范的握烙铁方法和标准送锡方式。

(2) 掌握好每一步的时间,以免焊点不合格。

(3) 注意操作要领。

二、点锡焊接法

1. 实训目的

加强焊接的规范性,学会点锡焊接方法。

2. 实训仪器与材料

(1) 25 W 直热式电烙铁、剪线钳、镊子、电工刀等工具。

(2) 焊锡丝、松香等助焊剂。

(3) 多种线径的漆包线。

(4) 印制电路板。

3. 实训步骤

(1) 剪下长约 5 cm 漆包线 100 根,用电工刀刮去漆包线两端约 5 mm 的漆,然后在锡锅中挂锡。

(2) 观察老师的焊接姿势及焊接过程。

(3) 根据带锡焊接方法的要点,依次完成焊接的五个步骤。

(4) 反复练习。

4. 注意事项

(1) 正确的坐姿、规范的握烙铁方法和标准送锡方式。

(2) 掌握好每一步的时间,特别是第 4 步的时间要把握好,否则焊点不合格。

(3) 注意操作要领。

三、元器件的焊接

1. 实训目的

掌握印制电路板进行元器件焊接的方法。

2. 实训仪器与材料

(1) 25 W 直热式电烙铁、剪线钳、镊子、电工刀等工具。

(2) 焊锡丝、松香等助焊剂。

(3) 漆包线、电阻器、电容器、电感器、二极管、三极管和集成电路若干。

(4) 印制电路板。

3. 实训步骤

(1) 剪下长约 5 cm 漆包线 5 根,用电工刀刮去漆包线两端约 5 mm 的漆。

(2) 认真检查印制电路板上的每一个焊盘,如果已氧化,则需清除氧化层。

(3) 元器件在印制电路板上的焊接一般有 2 种焊接方法,一种是贴板焊接(短引线),另一种是悬挂焊接(长引线)。在此,将元器件分为两部分,一部分作贴板焊接,另一部分作悬挂焊接。

(4) 元器件的引脚成型,除了去氧化层、上锡和清洗外,还需根据贴板焊接和悬挂焊接的要求分别给元器件的引脚进行弯曲加工,以便元器件保持最佳的机械性能。一般地,贴板焊接的元器件,两端引脚的长度约 2 mm,如图 2-25(a)所示;悬挂焊接的元器件,引脚的最短长度距离电路板不得小于 5 mm,如图 2-25(b)所示。

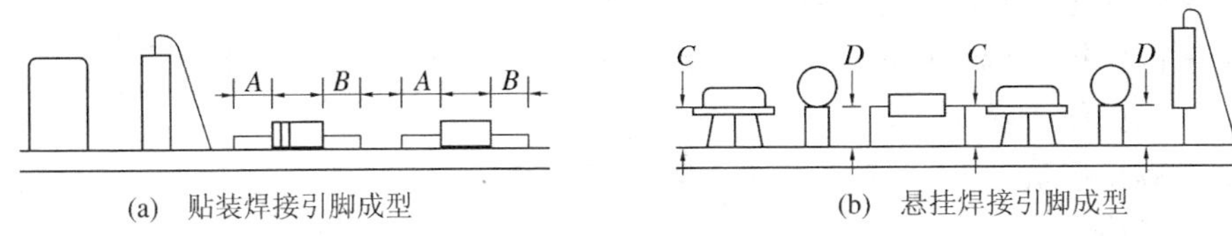

(a) 贴装焊接引脚成型　　(b) 悬挂焊接引脚成型

图 2-25　元器件引脚成型示意图

(5) 给元器件引脚在锡锅中挂锡。

(6) 根据焊接的方法,先做漆包线的焊接,后做贴装焊接,再做悬挂焊接。做悬挂焊接前,需在各元器件引脚外露部分套上耐热的黄腊套管。要求每个焊点都焊完好,尽量一次成型,如果焊点不合格,需要修复。

(7) 焊接结束后,要认真检查每一个焊点。

(8) 焊接完毕,应用清洗溶剂清洗多余的助焊剂。

4. 注意事项

(1) 正确的坐姿、规范的握烙铁方法和标准送锡方式。

(2) 注意操作要领,特别是贴装焊接和悬挂焊接的元器件引脚的弯曲长度。

(3) 掌握好每一步的时间,反复训练。

四、搭焊、钩焊和绕焊训练

1. 实训目的

掌握导线与接线柱之间的绕接、钩接和搭接的方法。

2. 实训仪器与材料

(1) 30 W 直热式电烙铁、剪线钳、镊子、电工刀等工具。

(2) 焊锡丝、松香等助焊剂。

(3) 导线和带接线柱的印制电路板。

3. 实训步骤

(1) 将导线与接线柱的表面清洁干净。

(2) 将导线与接线柱的表面上锡。

(3) 按图 2-26 所示的形式,反复练习导线与接线柱之间的搭接、钩接和绕接焊接。

(4) 焊接时可采用单股线和多股线交替进行。

(5) 焊接完成后应做清洁处理。

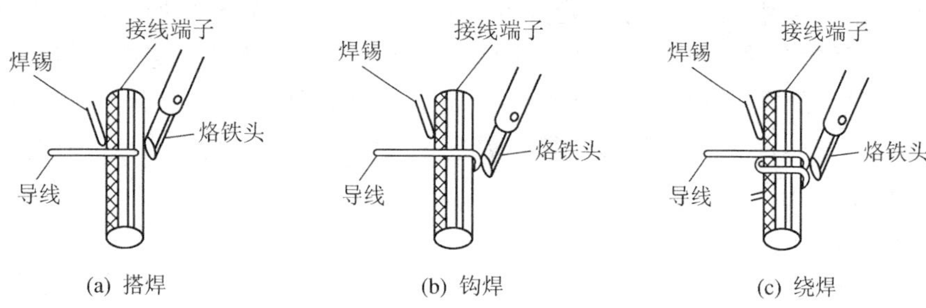

图 2-26 特殊焊接示意图

4. 注意事项

(1) 多股线焊接前应拧线。

(2) 搭接、钩接和绕接的线头要紧贴接线柱表面。

(3) 根据接线柱的大小,选用不同功率的烙铁,以免热量不够,造成焊点不合格。

五、手工贴片焊接

1. 实训目的

掌握贴片元件手工焊接的方法,提高贴片焊接的技能。

2. 实训仪器与材料

(1) 35 W 调温电烙铁、带放大镜的台灯、镊子、吸锡器和基板工具等。

(2) ϕ0.5 mm 焊锡丝、焊胶、松香等助焊剂。

(3) 贴片焊装印制电路板 1 块,如图 2-27 所示。片式电阻、电容、电感、二极管、三极管和集成电路若干。

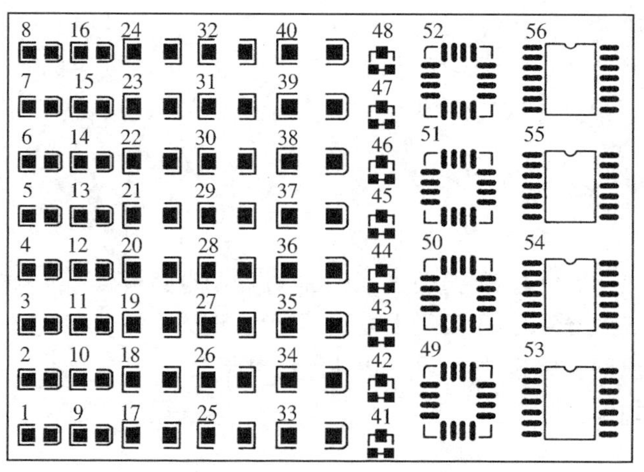

图 2-27 手工贴片印制板

3. 实训步骤

(1) 涂助焊剂。先加热焊盘,涂一层助焊剂,或上一层薄而平的焊锡。

(2) 贴片。用焊胶将需焊接的元件固定在焊盘上,对于引脚少的电阻、电容之类的元件也可用镊子固定进行焊接，对四边扁平封装的细间距集成电路也可用真空吸笔等手工贴片装置固定焊接。

（3）手工焊接。用左手拿镊子固定元件，右手烙铁加热，烙铁上带有焊锡，接触焊盘与元件引脚，焊接后横向移开烙铁。对于四边扁平封装的细间距集成电路的焊接，可采用“拖焊”技术，即用粘合剂固定集成电路，注意要在带灯放大镜下仔细检查各脚是否对准了焊盘，然后边加焊锡边拖动烙铁，进行整体焊接。焊接完成后要仔细检查，如有虚焊的需补焊，如有搭焊的要仔细分开。

4. 注意事项

（1）电烙铁的温度一般在 350 ℃为宜。

（2）助焊剂需选用高浓度助焊剂，以便焊料能完全润湿。

（3）每次焊接都需在带灯放大镜下检查。

（4）集成电路焊接时要防静电损坏元件。

六、拆焊训练

1. 实训目的

掌握从印制电路板上拆卸元器件的方法。

2. 实训仪器与材料

（1）25 W 直热式电烙铁、剪线钳、镊子、吸锡器和基板工具等。

（2）松香等助焊剂。

（3）带各种元器件的印制电路板。

3. 实训步骤

（1）分点拆焊法

对两个焊点之间的距离较大时，可先用吸锡器吸除两个端点的焊锡，将器件拔出。如果焊接点上的引线是折弯的引线，吸去焊接点上的焊锡后，用烙铁头撬直引线后再拆除器件。

（2）集中拆焊法

对焊点之间的距离较小的元器件，如晶体三极管以及直立安装的阻容元件可采用电烙铁同时交替加热几个焊点，待焊锡熔化后一次拔出元器件。此法要求操作时注意力集中，加热迅速，动作快。

（3）反复练习

4. 注意事项

（1）不可在加热不到位时，强扭硬拔，以免损坏印制电路板。

（2）注意在加热元器件时，不要用手去拔，以免烫伤。

（3）严格控制温度和加热时间，以免烫坏印制电路板。

七、贴片拆焊训练

1. 实训目的

掌握从印制电路板上拆卸贴片元器件的方法。

2. 实训仪器与材料

25 W 双头电烙铁、带放大镜的台灯、镊子、吸锡器、吸锡带和起拔器等工具和有机溶剂。

3. 实训步骤

（1）分点拆焊法。对两个焊点电阻、电容等元件，用双头电烙铁将两个焊点夹住同时加热。待焊锡熔化后，将元件取下。

(2) 集中拆焊法。对焊点之间的距离较小的集成电路，在其引脚上，涂上助焊剂，用热风枪同时加热，待 3～5 s 焊锡熔化后，用起拔器将其拔出。

(3) 取下元器件的焊点，用吸锡带吸除焊锡，用有机溶剂清洗焊点。

(4) 反复练习。

4. 注意事项

(1) 加热时间既不要太长也不能太短，以免损坏印制电路板或影响焊接质量。

(2) 用热风枪加热时，根据集成电路的大小，需选用不同的风头。如用热风头，则要沿引脚做圆周运动，助焊剂冒烟后，说明焊锡已充分熔化，停止加热，取下元件。

3 自动焊接工艺

【主要内容和学习要求】

(1) 印制电路板的制作,需先确定印制电路板的材料和板的层数,一般制作单面板。根据印制电路板制作的原则,先进行元器件布局,再确定焊盘的大小及印制导线的宽度、间距、形状、走向以及地线的粗宽,然后绘制印制电路板图,进行腐蚀、加工,最后要检查印制电路板的质量。

(2) 浸焊有手工浸焊和机器浸焊两种。手工浸焊的操作通常分为四步:锡锅加热、涂助焊剂、浸焊、冷却,但机器浸焊比手工浸焊增加了一步振动。浸焊完成后都需对焊点进行检查与修补。

(3) 波峰焊接是由波峰焊接机完成的。一般的工艺流程包括上夹具、预热、喷涂助焊剂、波峰焊、风冷、下夹具、清洗、涂助焊剂。

(4) 一次焊接通常可用浸焊或者波峰焊来完成,而二次焊接则由预焊和主焊来完成。

(5) 表面安装技术(SMT)目前常用的有波峰焊和再流焊。波峰焊的流程:安装印制电路板、涂粘合剂、贴片、固化、焊接、清洗、检测。而再流焊则是由安装印制电路板、涂焊膏、固化贴片、焊接、清洗、检测来完成。

(6) 微组装技术是将若干裸芯片组装到多层高性能基片上形成电路功能块或电子产品的技术。主要类型有:多芯片组(MCM)、硅大圆片组件(WSI)、三维组装(3D)。其焊接方式有:丝焊、激光再流焊接、倒装焊接。

手工焊接尽管要求每个工程技术人员都应该熟练地掌握,但它只在小批量生产或日常维修中采用,真正的现代化工业生产都是采用自动焊接技术。随着电子技术的飞速发展,电子元器件也日趋集成化、小型化和微型化,印制电路板上的元器件的排列也越来越密,在大批量生产中,手工焊接已不能满足生产效率和可靠性的要求。在这种情况下,自动焊接技术就产生了,而且已成为印制电路板焊接的主要方法。

回顾一下印制电路板的焊接工艺的发展历程,主要经过了五个重要的发展时期。在20世纪50~60年代,主要是采用接线板上手工焊接,针对的是大型元器件和电子管,体积大,安装分散,可靠性低。大约经过了十年的发展,随着半导体器件的大量出现,接线板的手工焊接技术已不能满足工业生产的需要,浸焊技术开始应用到安装技术中,此时已出现了通孔安装技术(THT)的印制电路双面板,使电子产品的可靠性大大提高,使组装工艺技术形成了第一次大的飞跃。到70~80年代,真正的自动焊接技术——波峰焊来临了,印制电路板不但采用单面板,而且采用了多层的印制电路板,元器件的插装由人工插装或半自动插装变为全自动插装,大大提高了生产效率,使安装工艺发生了根本性变革。随着电子技术的发展,电子产品体积进一步缩小,功能进一步提高,推动了信息产业的高速发展,典型技术为表面安装技术(SMT)。到了20世纪90年代后期,在SMT进一步发展的基础上,进入了新的发展阶段,即微组装技术(MPT)阶段,可以说它完全摆脱了传统的安装模式,把这项技术推向一个新的境地，目前处于发展阶段的初期，但前景可观，它代表了电子产业安装技术发展的方向。

下面先了解印制电路板的制造工艺，以便更好地掌握自动焊接技术。

3.1 印制电路板(PCB)

印制电路板(Print Circuit Board，简称 PCB)是一种互联工艺技术，它是在有机材料制成的基板上敷上铜箔，所有元器件通过焊接技术，经铜箔将电路按要求连接起来，形成电子产品。现代印制技术、化学工艺、精密机械加工、光学技术、CAD 技术及新材料等各种技术的不断提高与发展，使印制电路工艺技术朝着细线条、高密度、高精度、高可靠性方向发展。

3.1.1 印制电路板的材料与类型

1) 敷铜箔板材料

(1) 酚醛纸基板(又称纸铜箔板)

由纸浸以酚醛树脂，两面衬以无碱玻璃布，在一面或两面敷上电解铜箔，经热压而成。这种板的缺点是机械强度低、易吸水及耐高温性能较差，但价格便宜。

(2) 环氧酚醛玻璃布基板

它是由无碱玻璃布浸以酚醛树脂并敷以电解紫铜，经热压而成。由于用了环氧树脂，故粘结力强，电气及机械性能好，既耐化学溶剂，又耐高温潮湿，但价格较贵。

(3) 环氧玻璃布基板

它是由玻璃浸以双氰胺固化剂的环氧树脂，敷以电解紫铜，经热压而成。它的电气及机械性能好，耐高温潮湿，且板基透明。

(4) 聚四氟乙烯基板

它是由无碱玻璃布浸渍聚四氟乙烯乳液，敷以经氧化处理的电解紫铜箔，经热压而成。它具有优良的介电性能和化学稳定性，是一种耐高温绝缘的新型材料。

2) 印制电路板主要类型

(1) 单面印制电路板

在绝缘基板上一面敷有铜箔，厚度为 0.2～5.0 mm，通过印制和腐蚀的方法，在铜箔上形成印制电路，它适用于一般要求不高的电子设备，如收音机、收录机等。

(2) 双面印制电路板

在绝缘基板(0.2～5.0 mm)的两面均敷有铜箔，两面制成印制电路，适用于布线密度较高、体积小的电子设备，如电子计算机、电子仪器、仪表等。

(3) 多层印制电路板

在绝缘基板上制成四层以上印制电路的印制电路板称为多层印制电路板。它是由几层较薄的单面板或双层面板粘合而成，其厚度一般为 1.2～2.5 mm，最多可制成 12 层板。中间层板的线路引出是通过安装元件的金属孔，即在小孔内表面涂覆金属层，使之与夹在绝缘基板中间的印制电路接通。

(4) 软印制电路板

基材是软的层状塑料或其他质软膜性材料，如聚酯或聚亚胺的绝缘材料，其厚度为0.25～1 mm。它也有单层、双层及多层之分，可以端接、排接接到任意规定的位置。因此被广泛用于电子计算机、通信、仪表等电子设备上。

(5) 平面印制电路板

印制电路板的印制导线嵌入绝缘基板，与基板表面平齐。一般情况下在印制导线上都电镀一层耐磨金属。通常用于转换开关、电子计算机的键盘等。

3.1.2 印制电路板的制作

1) 元器件的布局

布局的思想：元器件的布局一般按一定规律或一定方向排列，但由于受到元器件之间的干扰、电气性能和物理特征、重心与美观、维修方便等影响，元器件的位置和方向就会受到限制，布线就会变得复杂。要做到合理布局元器件，必须切实掌握以下几点：

(1) 深刻理解电路原理，分析电路原理图。

(2) 能熟练运用 Protel 印制电路板设计软件。

(3) 熟悉元器件的特性及工作时情况，如产生干扰、最大功率、工作频率等。

元器件布局的一般原则：

(1) 在一般情况下，所有元器件分布应该均匀，密度相对一致。对于单面印制电路板，元器件只能安装在没有印制电路的一面，以便于加工、安装和维护。元器件的引线通过安装孔焊接在印制导线的接点上。对于双面印制电路板，元器件也尽可能安装在板的一面。

(2) 板面上的元器件应按照电路原理图顺序成直线排列，以缩短引线、缩小体积和提高机械强度，降低高频干扰。

(3) 布置元器件位置时，应考虑它们之间的相互影响，如高频干扰、自激等。

(4) 尽量避免元器件的印制导线交叉。

(5) 发热元器件应放在有利于散热的位置，必要时可单独放置或装散热器以降温和减少对邻近元器件的影响。

(6) 输入、输出端应尽可能远离，最好用地线将它们分开。

(7) 大而重的元器件尽可能安置在印制电路板上靠近固定端的位置并降低重心，以提高机械性能，对于一些笨重元器件如变压器、扼流圈、机电器件，可在主要的印制电路板之外再安装一块"辅助板"，专门安装这些器件，有利于减少印制电路板的负荷，防止印制电路板变形，同时也有利于加工和装配。

(8) 电源线和地线尽可能宽，以免因电流大而在导线上降压。

2) 印制电路板布线的原则

(1) 印制焊盘的形状和尺寸

穿线孔周围的金属部分称为焊盘，供元器件引线过孔焊接。焊盘的形状常有圆盘形、方形、椭圆形，有时几个焊盘连接在一起，形成岛形。焊盘的尺寸取决于过孔的尺寸，一般过孔的直径比元器件引线直径大 0.2～0.3 mm，如常用的有 0.5 mm、0.8 mm、1.2 mm、1.8 mm、2.0 mm 等 5 种焊孔直径，相对的焊盘直径为 1.5 mm、2.0 mm、3.0 mm、3.5 mm、4.0 mm，印制焊盘的形状和尺寸如图 3-1 所示。注意：标在图上孔径的尺寸是制作电路板时打孔的尺寸，实际加工成品的孔径要比此尺寸小(大约小 0.3 mm)。

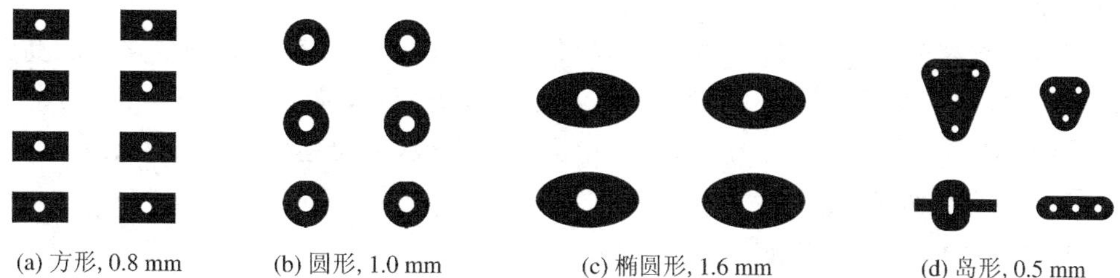

图 3-1 焊盘的形状与大小

(2) 印制导线的宽度

同一块印制电路板上的导线宽度应尽可能均匀一致(地线除外)。印制导线的宽度主要与流过的电流有关,一般情况下,建议采用 0.1 mm、0.3 mm、0.5 mm、1.0 mm、1.5 mm和 2.0 mm 的导线宽度。当电流较小时,一般选用前两种,当电流较大时,一般选用后两种。但在空间允许的情况下,线宽尽量宽一些为好。

(3) 印制导线的间距

印制导线的间距最小为 0.5 mm。若导线间的电压超过 300 V,其间距不应小于 1.5 mm,否则,印制导线间易出现跳火、击穿现象。手工焊接时,间距可小些,波峰焊接时,间距要大些。

(4) 印制导线的形状

印制导线的形状大都采用直线、斜线、曲线、圆弧线等,但排线要尽可能宽度一致,且避免急剧弯曲和出现尖角(易干扰其他电路工作),可选用的印制导线形状如图3-2 所示。

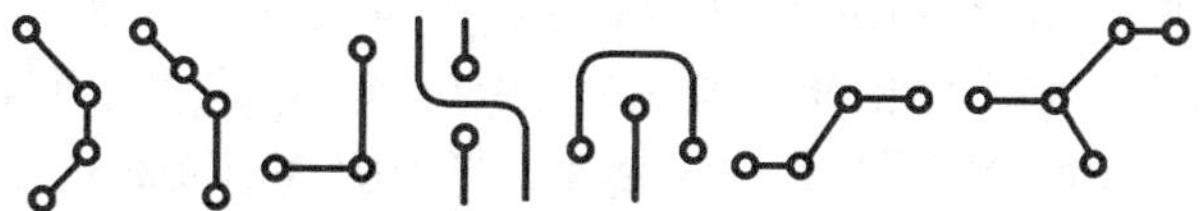

图 3-2 可选用的印制导线形状

有大面积地线时应开成栅状孔,对宽度大于 3 mm 的印制线中间应开槽(浸焊时加热均匀,印制电路板不易变形),如图 3-3 所示。

图 3-3 大面积铜板处理

(5) 公共地线

公共地线应尽可能粗和宽,布置在印制电路板的边缘,但边缘部分至少要留出 4 mm,便于印制电路板的安装以及与系统的相连。各级电路的地线一般应自成封闭回路,以减小级间的地线耦合和引线电感,并便于接地;若电路工作在强磁场中,则公共地线应避免设计成封闭状,以免产生电磁感应。若是高频信号和数字电路的地,则应采用大面积地线。数字地与模拟地应分开,在无穷远处相连。

(6) 导线的布置

为了减小导线间的寄生耦合,布线时应按信号的走向进行排列。高频电路中的高频导线,晶体管各电极引线及信号输入、输出线应尽量做到短而直,易引起自激的导线应避免相互平行,要采取垂直或斜交布线。双面印制电路板的布线,应避免板两面的印制导线平行,以减小导线间的寄生耦合。

3) 印制电路板的制作方法

制造印制电路板有两种方法:

(1) 印制蚀刻法,或叫铜箔腐蚀法,即用防护性抗蚀材料在覆铜箔板上形成正性图形,那些未被抗蚀材料保护的铜箔,经化学蚀刻后被去掉,蚀刻后清除抗蚀层,便留下由铜箔构成的印制电路图形。

(2) 电镀法,用抗蚀剂转印出负性图形,露出的铜表面是需要的印制电路图形,其他部分形成抗镀层。对露出的印制电路图形进行清洗处理后,再电镀一层金属保护层(镀铜或镀锡),形成电镀图形,然后将有机抗蚀层去掉,电镀金属保护层起到了抗蚀层的作用,蚀刻工序完成后再将电镀层去掉即可。

4) 印制电路板的制作工艺

印制电路板制作工艺很复杂,目前机械化生产印制电路板的工序就多达30道,并且从事印制电路板制作的生产厂家采用的设备各不相同,工艺流程也不尽相同。这里仅就其中的主要工艺进行讨论。

(1) 印制电路板图绘制及照相底片制作

根据电路原理图,按照印制电路板的设计要求,应用印制电路板设计软件如Protel、Tango等,采用计算机系统进行布线,绘制印制电路板布线图、丝网膜图、阻焊图、钻孔图,它们统称为印制电路板图。利用照相技术或者光绘图机将这些图制成照相底片,形成各种印制电路板布线图、丝网膜图、阻焊图、钻孔图底片。光绘图机形成的图形比照相技术形成的图形相比,扫描图形均匀一致,边缘平直,有利于多层板特性阻抗的控制;消除了照相图纸收缩、照相调整误差大的缺点;通过扫描照相获得的底片黑白反差好,有利于感光制版;扫描出的正性底片可直接用于图形电镀工艺的图形转移。

(2) 印制电路板的印制、蚀刻

印制电路板的印制、蚀刻就是将制作好的印制电路板图照相底片转印到覆铜板上(也称为图形转移),然后将覆铜板表面不需要的铜箔腐蚀掉,得到具有印制导线的印制电路板的过程。印制电路板的印制、蚀刻,目前主要有两种方法:感光干膜法、丝网漏印法。

① 感光干膜法:感光干膜法中所用的干膜是由干膜抗蚀剂、聚酯膜和聚乙烯膜组成。感光干膜法的制板质量好,生产效率高,生产工艺简单。目前,大多数印制电路板生产厂家都采用感光干膜法。

感光干膜法主要有四道工序。

- 贴膜:用贴膜机将干膜贴在清洁处理好的覆铜板上。这个过程要注意贴膜的温度、压力和速度等对贴膜的影响。
- 曝光:在覆铜板贴膜后,将照相底片覆盖其上进行曝光,注意控制好曝光量。
- 显影:曝光后的覆铜板去掉聚酯膜,采用浓度为1%～2%的无水碳酸钠在显影机里进行显影。显影后未曝光部分的干膜不聚合，可以被除去，曝光过的干膜部分则留下，形成抗蚀层。

·蚀刻技术：显影后覆铜板上需要留下的铜箔（印制电路部分）已被抗蚀层覆盖并保护起来，未被保护部分的铜箔需要通过化学蚀刻将其除去。工业上常用的蚀刻液主要有：三氯化铁蚀刻液、酸性氯化铜蚀刻液、碱性氯化铜蚀刻液、硫酸和过氧化氢蚀刻液。其中，三氯化铁蚀刻液价廉，毒性较低，碱性氯化铜蚀刻液腐蚀速度快，能蚀刻高精度、高密度印制电路板。

蚀刻方法有摇动槽法、侵蚀法和喷蚀法三种。其中，摇动槽法最简单，蚀刻设备仅是一只盛有蚀刻剂的槽，装在不断摇动的台面上；侵蚀法是将电路板浸在放有蚀刻剂且能保温的大槽中进行蚀刻；喷蚀法则用泵将蚀刻液喷于印制电路板表面进行蚀刻，因而蚀刻速度较快。

② 丝网漏印法：丝网漏印是一种传统工艺，它适用于分辨率和尺寸精度要求不高的印制电路板生产工艺中。丝网漏印的第一步是制造丝网模版，其基本方法是把感光胶均匀涂在丝网上经干燥后直接盖上照相底板进行曝光、显影，从而制出电路图形模版；第二步用墨通过丝网模版将电路图形漏印在铜箔板上，从而实现图形转移，形成耐腐蚀的保护层；最后经蚀刻，去除保护层制成印制电路板。该工艺的特点是成本低廉、操作简单、生产效率高、质量稳定。目前，应用丝网漏印法进行丝网膜图、阻焊图、钻孔图的印制、蚀刻。

(3) 印制电路板的外形加工

这一步是按照印制电路板图设计尺寸的要求，把已印制好的电路板剪切、去毛刺、打磨，然后进行钻孔。对钻孔的质量要求是：过孔孔壁光滑、无毛刺，孔边缘无翻边，基板无分层，孔的位置在焊盘中心。钻孔可分为普通钻床加工和数控钻床加工两种方法。

① 普通钻床加工价廉，但操作麻烦，钻孔质量难以保证，容易出现孔位置偏移和漏钻的问题，现在一般不采用这种方法。

② 数控钻床钻孔时，将事先剪切好的板材，叠放在一起用专用的夹具固定好（称为叠板），数控钻床根据已编制好的程序将印制电路板上的孔分类，每一种孔径对应一种规格的钻头工具。目前，印制电路板生产厂家大多采用此种方法。

5) 印制电路板的质量检验

印制电路板的质量检验一般包括外观检验、连通性检验、可焊性检验。

(1) 外观检验

① 印制电路板表面是否光滑、平整，是否有凹凸点或划伤。通孔有无漏钻孔、错钻孔或四周铜箔被钻破的现象。

② 导线图形的完整性，用照相底片覆盖在印制电路板上，测定一下导线宽度、外形是否符合要求。印制线上有无沙眼或断线，线条边缘上有无锯齿状缺口，不该连接的导线有无短接。

③ 印制电路板的外边缘尺寸是否符合要求。

(2) 连通性检验

多层印制电路板需要进行连通性检验。通常用万用表检验印制电路板电路是否连通。

(3) 可焊性检验

检验，往印制电路板上焊接元件时，焊料对印制电路板图形的润湿能力。

6）印制电路板的手工制作

在制作少量的印制电路板时，通常采用手工制作的方式，具体过程如下：

（1）下料

按设计好的印制电路板形状裁剪覆铜板，并用砂纸或锉刀将裁剪边打磨平整。

（2）清洗覆铜板

用棉纱蘸去污粉擦洗覆铜板，使覆铜板的铜箔露出原有的光泽，再用清水清洗，然后晾干或烘干。

（3）复写印制电路底图

将设计好的印制电路图形用复写纸复写在覆铜板的铜箔表面上，注意检查，防止漏描。

（4）覆盖保护材料

在腐蚀印制电路板之前，应将印制电路板上的铜箔用防护材料覆盖起来，方法有描图法和贴图法两种。

① 描图法：将防酸涂料（沥青漆、白厚漆、黄厚漆等）用绘图笔涂于需保留的印制电路板上，注意薄厚均匀、线条平整，无毛刺，晾干后再用小刀修版。

② 贴图法：用印制电路板导线宽度相同的塑料胶带或透明胶纸贴在需要保留的铜箔上。贴图时注意走线整齐，胶布条与铜箔面之间不能有气泡。

（5）腐蚀与刀刻

① 腐蚀：把需要腐蚀的印制电路板放入装有三氯化铁溶液的容器中进行腐蚀。为了缩短腐蚀时间，在三氯化铁溶液中可加入双氧水或给三氯化铁溶液适当加热，提高腐蚀速度。

② 刀刻：就是用小刀将需要腐蚀的铜箔一一刻除。

第 1 步是用小刀刻出线条的轮廓。刻轮廓时第一刀要轻，用力不能过猛，线条要直（可用直尺辅助）。

第 2 步是把铜箔刻透。将已经刻好轮廓的印制导线再用刀的后端用力往下按，并且缓慢进刀，直到刻透铜箔为止。

第 3 步是将刻透的铜箔用刀尖挑起一个头，然后用尖嘴钳夹住撕下。撕下时要特别小心，否则容易把需保留部分也撕下。

腐蚀或刀刻后的印制电路板，可用棉纱蘸去污粉或用酒精、汽油擦洗印制电路板，去掉防酸涂料，最后用清水将印制电路板清洗干净。

（6）钻孔

按设计图要求，在需要钻孔的位置中心打上定位标志，然后用钻头钻孔。注意安装元件的孔径与形状。在打孔前，最好用冲头先在要打孔的位置上冲个印子，便于打孔。

（7）磨平

用水磨砂纸将打好孔的印制电路板带水磨平。

（8）脱水

将磨平洗净的印制电路板浸没在酒精中泡 30 min 后，取出晾干。

（9）涂漆

将遗留的印制线铜箔表面用毛笔涂上一层漆。注意焊盘部分不能涂漆，如果不小心涂上，可用有机溶剂清洗。

(10) 涂助焊剂

为了便于焊接，在腐蚀好的铜箔上如焊盘用毛笔蘸上松香水轻轻涂上一层助焊剂，晾干即可。

3.2 浸焊与波峰焊

3.2.1 浸焊

浸焊，顾名思义，就是将插好元件的印制电路板浸入熔融状态的锡锅中，一次完成印制电路板上所有元器件的焊接。浸焊的焊接效率比手工焊接高，操作简单，但焊接质量不高，需补焊的多，适用于小批量生产，且生产的设备焊接要求不高。

1) 手工浸焊

手工浸焊的操作通常有下列四步：

(1) 锡锅加热

浸焊前应先将装有焊料的锡锅加热，加热温度要达到焊料熔化的温度，一般控制在230～260 ℃为宜，对较大的元器件与印制线粗的印制电路板，温度可稍高，但也不要超过280 ℃，否则会造成印制电路板变形，损坏元器件。为去掉焊锡表面的氧化层，可随时添加松香等焊剂，当使用一段时间后，会形成较多的杂质，需要及时清理。

(2) 涂助焊剂

在需要焊接的焊盘和元器件的引脚上涂一层助焊剂，一般是在松香酒精溶液中浸一下。

(3) 浸焊

用简单夹具夹住印制电路板的边缘，浸入锡锅时，让印制电路板与锡锅内的锡液成30°～45°的倾角，然后将印制电路板与锡液保持平行浸入锡锅内，浸入的深度以印制电路板厚度的50%～70%为宜，浸焊时间约3～5 s，浸焊完成后仍按原浸入的角度缓慢取出，如图3-4所示。

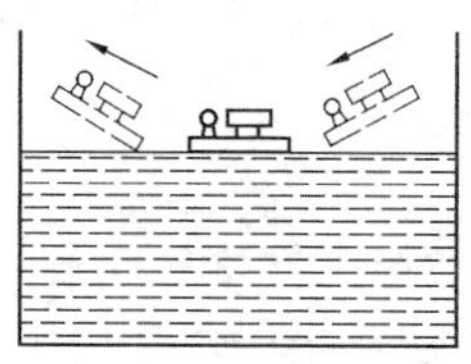

图 3-4 手工浸焊示意图

(4) 冷却

刚焊接完成的印制电路板上有大量余热未散，如不及时冷却可能会损坏印制电路板上的元器件，所以一旦浸焊完毕，应马上对印制电路板进行冷却。

2) 机器浸焊

使用机器设备浸焊时，先将印制电路板装在具有振动头的专用设备上，喷上泡沫助焊剂，经加热器烘干，然后再浸入焊料中，这种浸焊的效果较好，尤其是在焊接双面印制电路板时，能使焊料深入到焊接点的孔中，使焊接更牢靠。机器浸焊的步骤和要求与手工浸焊基本相同，不同的是增加了“振动”这一步，将待浸焊器件浸入装有熔化焊料的槽内2～3 s后，开启振动器振动 2～3 s 便可获得良好焊接。

注意事项：

(1) 使用锡锅浸焊，由于焊料易形成氧化膜，需要及时清理，才能得到较好的焊接效果。

(2) 焊料与印制电路板之间大面积接触，时间长、温度高，既容易损坏元器件，还容易使印制电路板产生变形。

通常，使用机器设备浸焊采用得较少，对小体积的印制电路板如要求不高时，采用手工浸焊较为简便。

3) 焊接的检查与修补

不管是手工浸焊，还是机器浸焊，涂助焊剂并不能使每个引脚或每个焊点都能涂上，加上焊料形成的氧化层，浸焊生成的焊点或多或少存在缺陷，因此对焊点应仔细检查。如果只有少数焊点有缺陷，可用电烙铁进行手工修补。若有缺陷的焊点较多，可重新浸焊一次。但值得注意的是印制电路板只能浸焊两次，超过这个次数，印制电路板铜箔的粘接强度就会急剧下降，或使印制电路板翘曲、变形，元器件性能变坏。

3.2.2 波峰焊

波峰焊是近年来发展较快的一种焊接方法，1964 年我国制造出第一台波峰焊接机，随后，自动焊接技术在我国得到了迅速发展。其原理是，采用波峰焊机一次完成印制电路板上全部焊点的焊接。波峰焊是由一个温度能自动控制的熔锡缸，缸内装有机械泵和具有特殊结构的喷嘴。机械泵能根据焊接要求，连续不断地从喷嘴压出液态锡波，当印制电路板由传送机构以一定速度进入时，焊锡以波峰的形式不断地溢出至印制电路板面进行焊接。让组装件与熔化焊料的波接触，实现钎焊连接。这种方法最适宜成批和大量焊接一面插有分立元件的印制电路板。

1) 波峰焊接的技术要求

由于波峰焊设备安置在印制电路板组装自动线之内，为保证印制电路板在焊接时能连续移动和局部受热，生成高质量的焊点，对焊料和焊剂的化学成分、焊接温度、速度、时间等，都有严格的要求。

(1) 波峰焊接焊料

波峰焊是由焊锡波峰即顶部与被焊工件接触完成的，因此，在峰顶应无丝毫氧化物和污染物。一般 3 个月需化验一次，防止铜离子杂质超标。

(2) 波峰焊接温度

焊接温度是指波峰喷嘴出口处焊料的温度。采用共晶焊料时，焊接温度控制在 230～260 ℃。对于 HISnPb39 焊料，对酚醛基板焊接，温度可低一些，一般为 230～240 ℃；对环氧基板焊接，温度可高一些，一般为 240～260 ℃。

(3) 波峰焊接速度

焊接速度可用印制电路板上每个焊点停留在焊料波峰中的时间表示。速度的选择与焊接温度、印制电路板的大小、安装密度有关，一般可在 0.5～2.5 m/min的范围内调节，每个焊点的焊接时间约 3 s。焊接速度过快，易形成假焊、虚焊、搭焊、气泡等；焊接速度过慢，易损坏印制电路板和元器件。

(4) 波峰焊接深度

焊接深度是指印制电路板压入波峰的深度。它对焊接质量影响较大,波峰过高,焊接面上产生焊料瘤、拉尖、搭焊,甚至会使焊料在操作过程中溢到印制电路板的上表面,损伤元器件;波峰过低,易形成假焊、挂锡。通常压锡深度取印制电路板厚的 1/2～3/4 为宜。

(5) 波峰焊接角度

焊接角度是指波峰焊接机倾斜的角度。合适的焊接角度,对消除拉尖、桥接等缺陷极为重要。但角度过大,会造成焊点上的焊料过分流失,使焊点干瘪。一般可在 5°～8°之间调整。

对上述各焊接工艺参数要综合调整,使波峰焊接机工作时处于最佳工作状态。

2) 波峰焊工作原理

波峰焊接是由波峰焊接机完成的。波峰焊接机通常由波峰发生器、印制电路板夹送系统、焊剂喷涂系统、印制电路板预热、电气控制系统以及锡缸和冷却系统等部分组成。其工作原理是:由波峰焊接机内的机械泵或电磁泵,将熔化的焊料压向波峰喷嘴,形成一股平稳的焊料波峰,同时装有元器件的印制电路板以一定的倾斜角度平衡地通过焊料波,完成焊接,如图3-5所示。

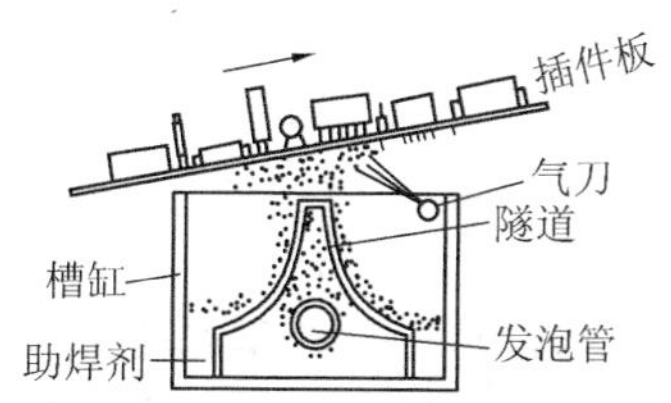

图 3-5 波峰焊示意图

3) 波峰焊接的工艺流程

波峰焊接的工艺流程如图 3-6 所示,它包括上夹具、预热、喷涂助焊剂、波峰焊、风冷、下夹具、清洗。

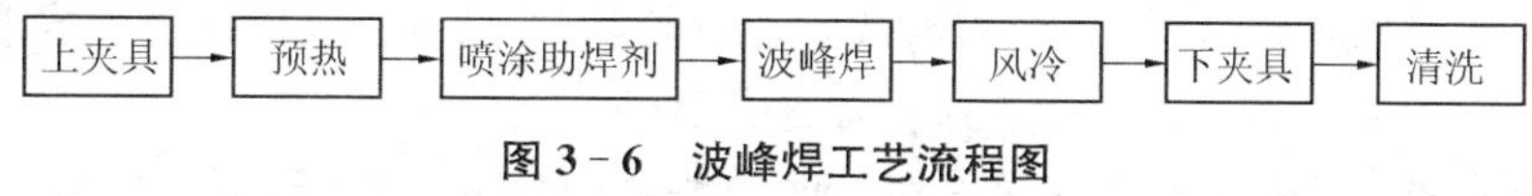

图 3-6 波峰焊工艺流程图

(1) 上夹具

将没有装元器件而留出的约 4 mm 的花边用夹具夹住,以便待焊印制电路板能按要求运动。

(2) 预热

预热有多种形式,如电热丝、红外石英管加热等。对预热的要求是温度稳定、印制电路板受热均匀,温度易调节。一般预热温度为 70～90 ℃,预热时间为 40 s。预热后可排除印制电路板金属化孔内积累的水分和气体,使焊剂容易挥发,避免焊接时溶剂汽化吸收热量,降低焊料温度,影响焊接质量;减小印制电路板温度的激剧变化、防止板面变形。

(3) 喷涂助焊剂

喷涂助焊剂是为了提高被焊表面的润湿性和去除氧化物。需涂焊剂的元器件应保持平衡,不倒斜、不脱落。焊剂喷涂形式一般有发泡式、喷流式、浸渍式和喷雾式等。发泡式是最常用的形式,如图 3-7 所示。泡沫发生器工作时,多孔瓷滤芯浸入焊剂,压缩空气通过气压调节器送入多孔瓷滤芯，瓷滤芯毛细孔的喷嘴处不断发射助焊剂泡沫，形成泡沫波峰。印制电路板通过时，被均匀地喷涂上一层焊剂。

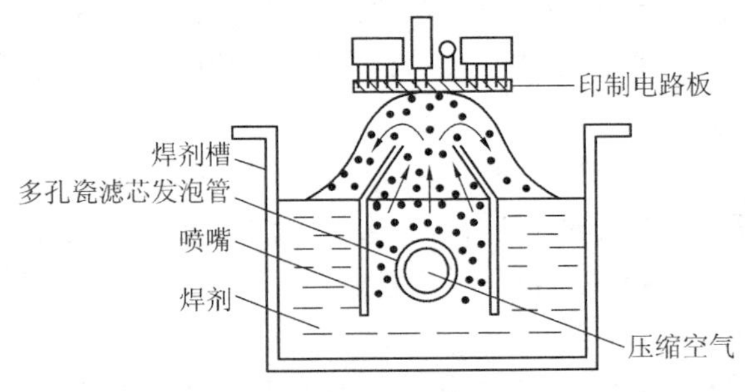

图 3－7　波峰焊示意图

焊剂泡沫波峰高度通常在 10～20 mm，可通过压缩空气流量进行调整。焊剂密度控制在 0.86～0.90 g/cm^3 之间，要定期检查，以防止其中的溶剂挥发而使焊剂变浓，影响发泡质量。

(4) 波峰焊接

印制电路板经过预热和喷涂助焊剂后，由传送带送入焊料槽，印制电路板的板面与焊料的波峰接触，使印制电路板的焊点焊接好。

(5) 冷却

焊接后印制电路板的温度很高，焊点处于半凝固状态，轻微的震动会使焊料脱落，影响焊接质量，另外，长时间高温会损坏元器件，需进行冷却处理。一般有风冷和水冷两种方法。通常采用风扇冷却，风量为 13～17 m^3/min。

(6) 清洗

波峰焊接完成后，对板面残留的焊剂等污物要及时清洗。可采用汽相清洗或液相清洗。

① 汽相清洗：汽相清洗是在密封的设备里，采用毒性小、性能稳定、具有良好清洗能力的溶剂(如三氯三氟乙烷)做清洗液。清洗时，溶剂蒸汽在清洗物表面冷凝形成液流，液流冲洗掉清洗物表面的污物，使污物随着洗液流走达到清洗的目的。

② 液相清洗：液相清洗法一般采用工业纯酒精、汽油、去离子水等做清洗液。这些液体溶剂对焊剂残渣和污物有溶解、稀释和中和作用。清洗时可用机器设备将清洗加压，使之成为大面积的宽波形式去冲洗印制电路板。溶液清洗速度快，质量好，有利于实现清洗工序自动化，只是设备比较复杂。如量小也可采用手工清洗印制电路板。

4) 波峰焊接的注意事项

由于波峰焊接都是大批量生产，稍有不慎，就会造成极大的浪费，因此在整个操作过程中，必须经常检查各环节的质量。

(1) 焊接前的检查

焊接前应对设备的运转情况、焊料和待焊接印制电路板的质量及板上元器件情况进行检查。

(2) 焊接过程中检查

要经常检查在焊接过程中的各项指标，如温度、焊料成分、压锡深度、传递速度等。如在焊料中加聚苯醚或蓖麻油等防氧化剂，防止焊料氧化，发现焊料表面有氧化膜，要及时清理。

(3) 焊接后的检查

焊接后如有少量的焊点不合格，可用电烙铁手工补焊修整。如出现大量焊接质量缺陷，要及时查找原因，调整机器设备。

目前印制电路板焊接的装置，有较为完善的自动生产线，除了波峰焊设备外，还需加上自动插件机、剪切机等装置。

3.2.3 二次焊接工艺

自动焊接工艺可归纳为一次焊接和二次焊接。一次焊接是指元器件先成型，再短脚插入，进行一次焊接。二次焊接是元器件不成型，长脚插入，进行二次焊接。两种方法各有优缺点：一次焊接，元器件先成型需要耗费大量的工时，且品种多，需要多种成型设备，增加了生产成本。二次焊接时，由于元器件是长脚，容易波动，焊接时会造成浮焊，影响焊接质量，同时元器件要受到两次热冲击。另外在切引脚时，需采用圆盘刀片高速切割引线，刀片易损坏，而且经常会出现切弯引线和截面留有毛刺等现象，这也会影响焊接质量。

1) 一次焊接工艺

顾名思义，一次焊接在焊接过程中一次完成，通常可用浸焊或者波峰焊来完成。适用于短脚元器件焊接，其工艺流程如图 3－8 所示。

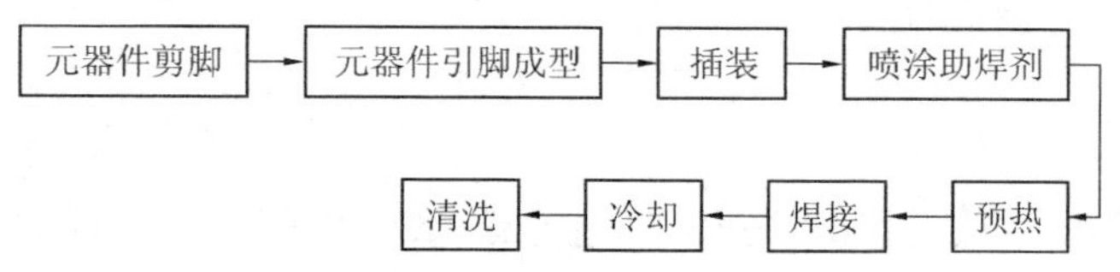

图 3－8 一次焊接工艺流程图

一次焊接工艺设备简单，操作容易，不需要太高的技术，易于生产。适用于批量小、型号较多的电子产品生产。

2) 二次焊接工艺

二次焊接工艺是通过两次焊接过程来完成元器件的焊接技术。不需对元器件的引脚修剪，适用于长脚焊接，更适合自动化生产，其工艺过程如图 3－9 所示。

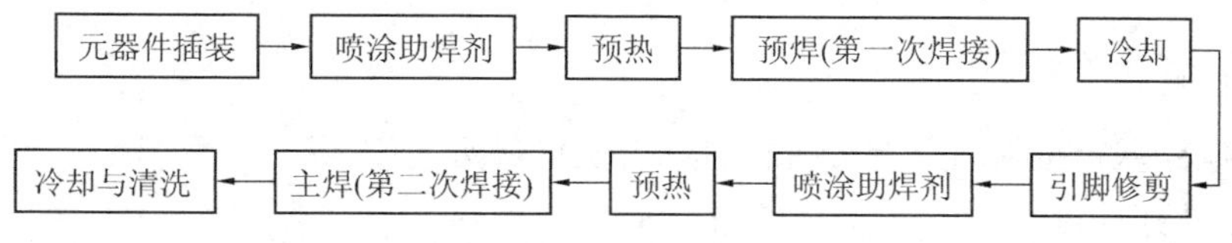

图 3－9 二次焊接工艺流程图

对于预焊与主焊，可采用浸焊与波峰焊的任一种方式。例如：浸焊→浸焊、浸焊→波峰焊、波峰焊→波峰焊、波峰焊→浸焊。

二次焊接工艺由于采用了两次焊接工艺，尽管设备较为复杂，工艺要求高，但焊接的可靠性和稳定性高，在大批量生产中经常采用。

3.3 表面安装技术(SMT)

表面安装技术(Surface Mounted Technology, SMT)是一种将无引线或短引线的元器件直接贴装在印制电路板表面的一种安装技术。由于电子装配正朝着多功能、小型化、高可靠性方向发展,实现电子产品"轻、薄、短、小"已成为一种必然。它打破了传统的通孔安装方式,使电子产品的装配发生了根本的、革命性的变革。目前,表面安装技术已在计算机、通信、军事和工业生产等多个领域取得了广泛的应用。

3.3.1 表面安装技术的特点

表面安装技术使用小型化的元件,不需要通孔,直接贴在印制电路板表面,给安装带来了通孔安装不可比拟的优势。具体表现在:

(1) 组装密度高

单位面积内可安装更多的元件,产品体积小、重量轻。与通孔技术相比,体积缩小了30%~40%,重量也减少了10%~30%。

(2) 生产效率高

表面安装技术与传统的安装技术相比,减少了多道工序,如刀剪、成型等,不但节约了材料,而且节约了工时,也更适合自动化控制大规模生产。

(3) 可靠性高

贴装元件的引脚短或无引脚,体积小,重心低,直接贴焊在电路板的表面上,抗振能力强。采用了先进的焊接技术,使焊点的缺陷率大大降低。

(4) 产品性能好

无引线元器件或短引线的元器件,电路寄生参数小、噪声低,特别是减少了高频分布参数影响;安装的印制电路板变小,使信号的传送距离变短,提高了信号的传输速度,改善了高频特性。

3.3.2 表面安装材料

1) 基板材料

SMT 电路基板按材料分有无机材料和有机材料两大类。

(1) 无机材料

主要为陶瓷电路基板,基板材料是96%的氧化铝,也可以用氰化铍做基板材料。其优点是:

① 它的热膨胀系数与无引线陶瓷芯片载体外壳的热膨胀系数相匹配,采用陶瓷电路基板组装无引线陶瓷芯片载体器件可获得很好的焊点可靠性。

② 陶瓷电路基板主要用于厚、薄混合集成电路、多芯片组装电路中。

③ 陶瓷基板比有机材料具有更好的耐高温性能,表面光洁度好,化学稳定性好,耐腐蚀。

其弱点是：

① 难以加工成大而平整的基板，难以适应自动化生产的需要。

② 陶瓷材料的介电常数高，不适合用做高速电路基板。

③ 陶瓷电路基板的价格较贵，一般的表面安装难以承受。

(2) 有机材料

有机材料的种类较多，如环氧玻璃纤维板、聚酰亚胺玻璃纤维板、环氧-芳族聚酰胺纤维板、热固性塑料板等，它们具有各自不同的特点，也适合于不同的用途。

目前应用最广泛的是环氧玻璃纤维电路板，它可用做单面、双面和多层印制电路板。强度好、韧性强，具有良好的延展性。单块电路基板的尺寸基本不受限制，电性能、热性能和机械强度均能满足一般电路的要求。但环氧玻璃纤维材料的热膨胀系数比较高，一般不适合安装大尺寸的片式元件。另外，环氧玻璃纤维板的热膨胀系数与无引线陶瓷芯片载体的热膨胀系数不匹配，故不能在这种基板上组装无引线陶瓷芯片载体。

2) 粘合剂

粘合剂主要用来粘合元器件与印制电路板的焊盘。一般有环氧类和聚酯类，如环氧树酯、丙烯酸树酯及其他聚合物。按固化方式，可分为热固化粘合剂、光固化粘合剂和超声波固化粘合剂等。其特点是：凝固时间短，一般要求固化温度小于 150 ℃，时间小于或等于 20 min；固化时不漫流，能承受焊接温度 240～270 ℃高温冲击；绝缘性好，体积电阻率大于或等于 10^{13} Ω · cm；具有良好的印刷性和被溶脱（清洗）性。

3) 助焊剂

SMT 对助焊剂的要求和选用原则基本上与通孔插装技术（THT）相同，但要求更严格，使用更有针对性。

4) 清洗剂

SMT 的高密度安装使清洗剂的作用大大增加，目前常用的清洗剂有两类：CFC - 113（三氟三氯乙烷）和甲基氯仿，实际使用时，还需加入乙酸酯、丙烯酸酯等稳定剂，以改善清洗剂性能。

清洗方法有浸注清洗、喷淋清洗、超声波清洗以及汽相清洗等。

5) 焊锡

焊锡通常由焊料合金粉末、助焊剂和溶剂（载体）组成，有松香型和水溶性两种。其特点是：良好的印刷性，印刷后不漫流，热熔时不飞溅、不外流；热熔后焊点牢固，无空白点；有足够的活性，焊后残余物易清洗。

6) 焊膏

焊膏是由合金粉末、糊状助焊剂均匀混合而成的一种膏状体，它是 SMT 工艺中不可缺少的焊接材料。焊膏有两种，一种是松香型，它性能稳定，几乎无腐蚀性，也便于清洗；另一种是水溶性的，活性剂较强，清洗工艺复杂。一般生产厂家常用松香型。

3.3.3 SMT 装配器件

1) SMT 元器件概述

(1) SMT 元器件的特点

SMT 元器件也称作贴片式元器件或片状元器件，它有两个显著的特点：

① 在 SMT 元器件的电极上，有些焊端完全没有引线，有些只有非常短小的引线；相邻电极之间的距离比传统的双列直插式集成电路的引线间距(2.54 mm)小很多，引脚中心间距最小的已经达到 0.3 mm。在集成度相同的情况下，SMT 元器件的体积比传统的元器件小很多，或者说，与同样体积的传统电路芯片比较，SMT 元器件的集成度提高了很多倍。

② SMT 元器件直接贴装在印制电路板的表面，将电极焊接在与元器件同一面的焊盘上。这样，印制板上的通孔只起到电路连通导线的作用，孔的直径仅由制作印制电路板时金属化孔的工艺水平决定，通孔的周围没有焊盘，使印制电路板的布线密度大大提高。

(2) SMT 元器件的种类和特点

SMT 元器件基本上都是片状结构。这里所说的片状是个广义的概念，从结构形状说，包括薄片矩形、圆柱形、扁平异形等；SMT 元器件同传统元器件一样，也可以从功能上分类为无源表面安装元件(SMC，Surface Mounting Component)、有源表面安装元件(SMD，Surface Mounting Device)和机电元件三大类。常见的 SMT 元器件分类如表 3-1 所示。

表 3-1　SMT 元器件的分类

类　别	封装形式	种　类
无源表面安装元件(SMC)	矩形片式	厚膜和薄膜电阻器、热敏电阻、压敏电阻、单层或多层陶瓷电容器、钽电解电容器、片式电感器、磁珠等
	圆柱形	炭膜电阻器、金属膜电阻器、陶瓷电容器、热敏电容器、陶瓷晶体等
	异形	电位器、微调电位器、铝电解电容器、微调电容器、线绕电感器、晶体振荡器、变压器等
	复合片式	电阻网络、电容网络、滤波器等
有源表面安装器件(SMD)	圆柱形	二极管
	陶瓷组件(扁平)	无引脚陶瓷芯片载体 LCCC、有引脚陶瓷芯片载体 CBGA
	塑料组件(扁平)	SOT、SOP、SOJ、PLCC、QFP、BGA、CSP 等
机电元件	异形	继电器、开关、连接器、延迟器、薄型微电机等

SMT 元器件按照使用环境分类，可分为非气密性封装器件和气密性封装器件。非气密性封装器件对工作温度的要求一般为 0～70℃。气密性封装器件的工作温度范围可达到－55～125℃。气密性器件价格昂贵，一般使用在高可靠性产品中。

SMT 元器件最重要的特点是小型化和标准化。已经制定了统一标准，对 SMT 元器件的外型尺寸、结构与电极形状等都做出了规定，这对于表面安装技术的发展无疑具有重要的意义。

2) 常用元件介绍

(1)无源元件 SMC

SMC 包括片状电阻器、电容器、电感器、滤波器和陶瓷振荡器等。应该说，随着 SMT 技术的发展，几乎全部传统电子元件的每个品种都已经被“SMT 化”了。

① SMC 的外形：如图 3-10 所示，SMC 的典型形状是一个矩形六面体(长方体)，也有

一部分 SMC 采用圆柱体的形状，这对于利用传统元件的制造设备、减少固定资产投入很有利。还有一些元件由于矩形化比较困难，是异形 SMC。

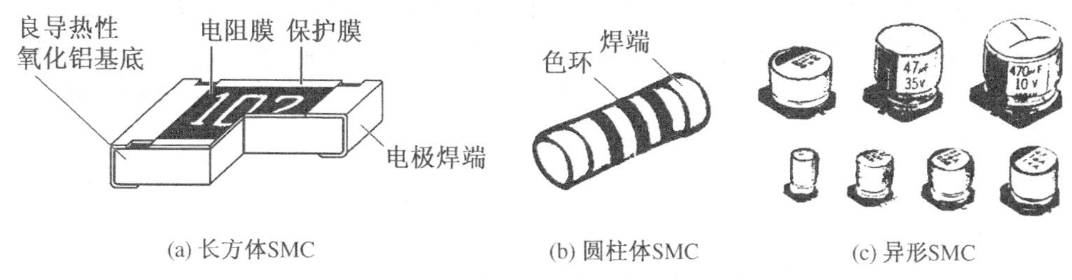

图 3-10 SMC 的基本外形

从电子元件的功能特性来说，SMC 特性参数的数值系列与传统元件的差别不大，在这里不再介绍。

② SMC 参数表示方法：SMC 的元件种类用型号加后缀的方法表示，例如，3216C 是 3216 系列的电容器，2012R 表示 2012 系列的电阻器。

1608、1005、0603 系列 SMC 元件的表面积太小，难以用手工装配焊接，所以元件表面不印刷它的标称数值(参数印在纸编带的盘上)；3216、2012 系列片状 SMC 的标称数值一般用印在元件表面上的三位数字表示：前两位数字是有效数字，第三位是倍率乘数(精密电阻的标称数值用 4 位数字表示。例如，电阻器上印有 114，表示阻值 110 kΩ；表面印有 5R6，表示阻值 5.6 Ω；表面印有 R39，表示阻值 0.39 Ω。电容器上的 103，表示容量为 10 000 pF，即 0.01 μF(大多数小容量电容器的表面不印参数)。圆柱形电阻器用 3 位或 4 位色环表示阻值的大小。

虽然 SMC 的体积很小，但它的数值范围和精度并不差(如表 3-2 所示)。以 SMC 电阻器为例，3216 系列的阻值范围是 0.39 Ω～10 MΩ，额定功率可达到 1/4 W，允许偏差有 ±1%、±2%、±5%和±10%等 4 个系列，额定工作温度上限是 70℃。

表 3-2 常用典型 SMC 电阻器的主要技术参数

系列型号	3216	2012	1608	1005
阻值范围(Ω)	0.39～10 M	2.2～10 M	1～10 M	10～10 M
允许偏差(%)	±1，±2，±5	±1，±2，±5	±2，±5	±2，±5
额定功率(W)	1/4，1/8	1/10	1/16	1/16
最大工作电压(V)	200	150	50	50
工作温度范围/额定温度(℃)	−55～+125/70	55～+125/70	−55～+125/70	−55～+125/70

片状元器件可以用三种包装形式提供给用户：散装、管状料斗和盘状纸编带。SMC 的阻容元件一般用盘状纸编带包装，便于采用自动化装配设备。

③ 表面安装器件

· 表面安装电阻器：表面安装电阻器按封装外形，可分为片状和圆柱状两种。在图 3-11 所示中，(a)图是片状表面安装电阻器的外形尺寸示意图，(b)图是圆柱形表面安装电阻器的结构示意图。表面安装电阻器按制造工艺可分为厚膜型和薄膜型两大类。片状表面安装电阻器一般是用厚膜工艺制作的：在一个高纯度氧化铝（Al_2O_3，96%）基底平面上网印 RuO_2 电阻浆来制作电阻膜；改变电阻浆料成分或配比，就能得到不同的电阻值，也可以用激光在电阻膜上刻槽微调电阻值；然后再印刷玻璃浆覆盖电阻膜并烧结成釉保护层，最后把基片两端做成焊端。圆柱形表面安装电阻器可以用薄膜工艺来制作：在高铝陶瓷基柱表面溅射镍铬合金膜或碳膜，在膜上刻槽调整电阻值，两端压上金属焊端，再涂覆耐热漆形成保护层并印上色环标志。

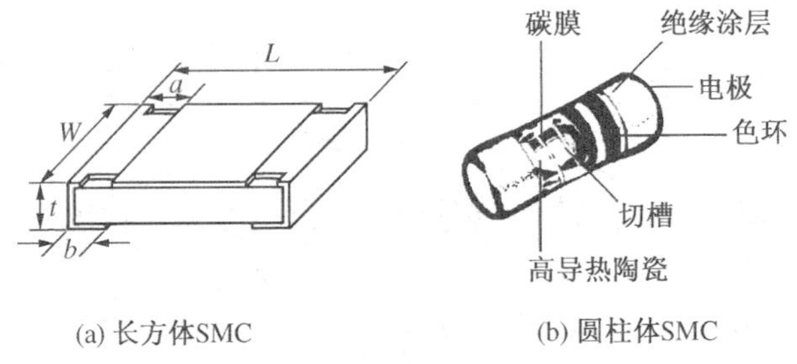

图 3－11　表面安装电阻器的结构示意图

· 表面安装电阻网络：表面安装电阻网络是电阻网络的表面安装形式。目前，最常用的表面安装电阻网络的外形标准有：0.150 英寸宽外壳形式（称为 SOP 封装）有 8、14 和 16 根引脚；0.220 英寸宽外壳形式（称为 SOMC 封装）有 14 和 16 根引脚；0.295 英寸宽外壳形式（称为 SOL 封装件）有 16 和 20 根引脚。

· 表面安装电容器：表面安装多层陶瓷电容器以陶瓷材料为电容介质，多层陶瓷电容器是在单层盘状电容器的基础上构成的，电极深入电容器内部，并与陶瓷介质相互交错。电极的两端露在外面，并与两端的焊端相连。多层陶瓷电容器的结构如图 3－12 所示。

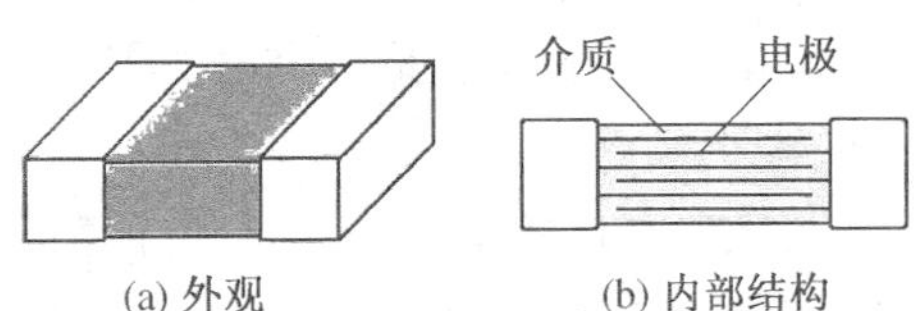

图 3－12　多层陶瓷电容器的结构示意图

表面安装多层陶瓷电容器所用介质有三种：COG、X7R 和 Z5U。其电容量与尺寸、介质的关系见表 3－3 所示。

表 3－3　不同介质材料的电容量范围

型　号	COG	X7R	Z5U
0805C	10～560 pF	120 pF～0.012 μF	
1206C	680～1 500 pF	0.016～0.033 μF	0.033～0.10 μF
1812C	1 800～5 600 pF	0.039～0.12 μF	0.12～0.47 μF

表面安装钽电容器以金属钽作为电容器介质。除具有可靠性很高的特点外，与陶瓷电容器相比，其体积效率高。表面安装钽电容器的外型都是矩形，按两头的焊端不同，分为非模压式和塑模式两种，目前尚无统一的标注标准。以非模压式钽电容器为例，其尺寸范围为：宽度 1.27～3.81 mm，长度 2.54～7.239 mm，高度 1.27～2.794 mm。电容量范围是 0.1～100 μF。直流电压范围为 4～25 V。

· 表面安装电感器：表面安装电感器，矩形片状形式的电感量较小，其尺寸一般是 4532

或 3216(公制),电感量在 1 μH 以下,额定电流是 10～20 mA;其他封装形式的可以达到较大的电感量或更大的额定电流,图 3-13 是一种方形扁平封装的互感元件。

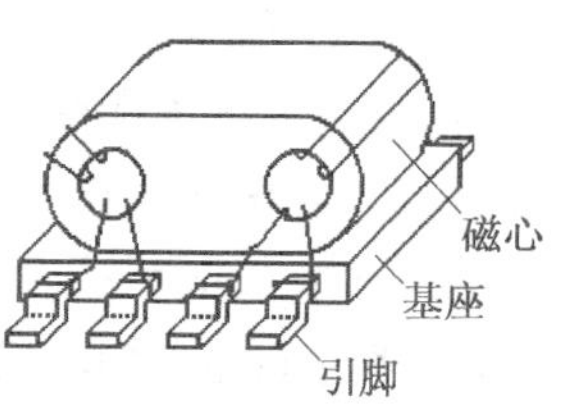

图 3-13 表面安装电感器

(2) 有源元件 SMD

① 二极管

· 无引线柱形玻璃封装二极管:无引线柱形玻璃封装二极管是将管芯封装在细玻璃管内,两端以金属帽为电极。通常用于稳压、开关和通用二极管,功耗一般为 0.5～1 W。

· 塑封二极管:塑封二极管用塑料封装管芯,有两根翼形短引线,一般做成矩形片状,额定电流150 mA～1 A,耐压 50～400 V。

② 三极管:表面安装三极管采用带有翼形短引线的塑料封装(SOT,Short Out-line Transistor),可分为 SOT23、SOT89、SOT143 几种尺寸结构。产品有小功率管、大功率管、场效应管和高频管几个系列。

· 小功率管额定功率为 100～300 mW,电流为 10～700 mA;

· 大功率管额定功率为 300 mW～2 W,两条连在一起的引脚是集电极。

各厂商产品的电极引出方式不同,在选用时必须查阅手册资料。

SMD 分立器件的包装方式要便于自动化安装设备拾取,电极引脚数目较少的 SMD 分立器件一般采用盘状纸编带包装。

典型 SMD 分立器件的外形尺寸如图 3-14 所示,电极引脚数为 2～6 个。

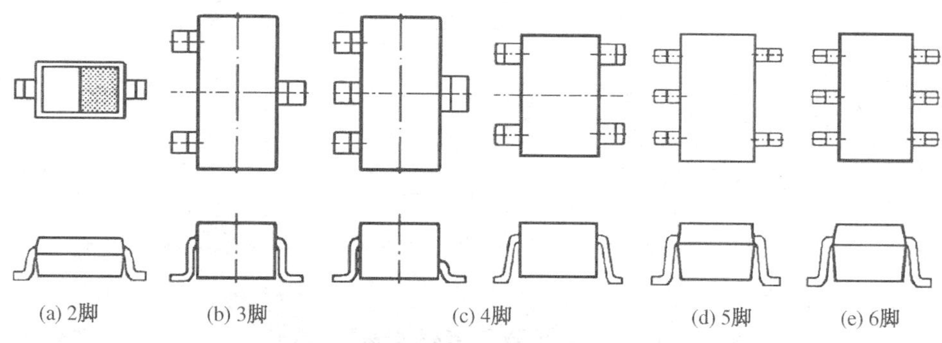

图 3-14 典型 SMD 分立器件的外形尺寸

③ SMD 集成电路:SMD 集成电路包括各种数字电路和模拟电路的 SSI～ULSI 集成器件。由于工艺技术的进步,SMD 集成电路的电气性能指标比 THT 集成电路更好一些。常见 SMD 集成电路封装的外形如图 3-15 所示。与传统的双列直插(DIP)、单列直插(SIP)式集成电路不同,商品化的 SMD 集成电路按照它们的封装方式,可以分成下列几类:

· SO(Short Out-line)封装:引线比较少的小规模集成电路大多采用这种小型封装。SO 封装又分为几种,芯片宽度小于 0.15 in、电极引脚数目少于 18 脚的,叫做 SOP(Short Out-line Package)封装,如图 3-15(a),其中薄形封装的叫作 TSOP 封装。0.25 in 宽的、电极引脚数目在 20～44 以上的,叫做 SOL 封装,如图 3-15(b)所示。SO 封装的引脚采用翼形电极,引脚间距有 1.27 mm、1.0 mm、0.8 mm、0.65 mm 和 0.5 mm。

· QFP(Quad Flat Package)封装:矩形四边都有电极引脚的 SMD 集成电路叫做 QFP 封装,其中 PQFP(Plastic QFP)封装的芯片四角有突出(角耳),薄形 TQFP 封装的厚度已经降到 1.0 mm 或 0.5 mm。QFP 封装也采用翼形的电极引脚形状,如图 3-15(c)。QFP 封装的芯片一般都是大规模集成电路,在商品化的 QFP 芯片中,电极引脚数目最少的有 20 脚,最多可能达到 300 脚以上,引脚间距最小的是 0.4 mm(最小极限是 0.3 mm),最大的是 1.27 mm。

· LCCC(Leadless Ceramic Chip Carrier)封装:这是 SMD 集成电路中没有引脚的一种封装,芯片被封装在陶瓷载体上,无引线的电极焊端排列在封装底面上的四边,电极数目为 18~156 个,间距 1.27 mm,其外形如图 3-15(d)所示。

· PLCC(Plastic Leaded Chip Carrier)封装:这也是一种集成电路的矩形封装,它的引脚向内钩回,叫做钩形(J 形)电极,电极引脚数目为 16~84 个,间距为 1.27 mm,其外形如图 3-15(e)所示。PLCC 封装的集成电路大多是可编程的存储器,芯片可以安装在专用的插座上,容易取下来对它改写其中的数据;为了减少插座的成本,PLCC 芯片也可以直接焊接在电路板上,但用手工焊接比较困难。

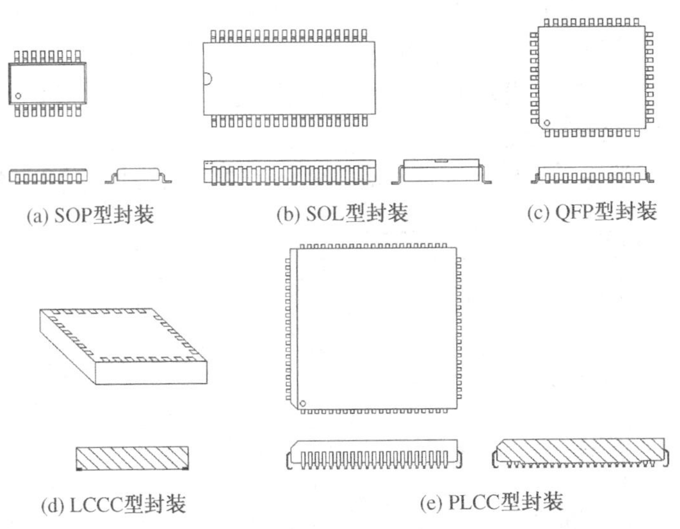

图 3-15 常见 SMD 集成电路封装的外形

引脚数目少的集成电路一般采用塑料管包装,引脚数目多的集成电路通常用防静电的塑料托盘包装。

④ 大规模集成电路的 BGA 封装:BGA(Ball Grid Array)是大规模集成电路的一种极富生命力的封装方法。对于大规模集成电路的封装来说,20 世纪 90 年代前期主要采用 QFP(Quad Flat Package)方式,而 90 年代后期,BGA 方式已经大量应用。应该说,导致这种封装方式改变的根本原因是,集成电路的集成度迅速提高,芯片的封装尺寸必须缩小。

QFP 的电极间距的极限是 0.3 mm。在装配焊接电路板时,对 QFP 芯片的贴装精度要求非常严格,电气连接可靠性要求贴装公差是 0.08 mm。间距狭窄的 QFP 电极引脚纤细而脆弱,容易扭曲或折断,这就必须保证引脚之间的平行度和平面度。相比之下,BGA 封装的最大优点是 I/O 电极引脚间距大,典型间距为 1.0 mm、1.27 mm 和 1.5 mm(英制为 40、50 和60 mil),贴装公差为 0.3 mm。用普通多功能贴装机和再流焊设备就能基本满足 BGA 的组装要求。BGA 的尺寸比相同功能的 QFP 要小得多,有利于 PCB 组装密度的提高。采用 BGA 使产品的平均线路长度缩短,改善了组件的电气性能和热性能;另外,焊料球的高度表面张力导致再流焊时器件的自校准效应,这使贴装操作简单易行,降低了精度要求,贴装失误率大幅度下降,显著提高了组装的可靠性。显然,BGA 封装方式是大规模集成电路提高 I/O 端子数量、提高装配密度、改善电气性能的最佳选择。近年以来,1.5 mm 和 1.27 mm 引脚间距的 BGA 正在取代 0.5 mm 和 0.4 mm 间距的 PLCC/QFP。

目前,使用较多的 BGA 的 I/O 端子数是 72～736,预计将可能达到 2 000。

比较 QFP 和 BGA 封装的集成电路如图 3－16 所示。显然,(a)图所示的 QFP 封装芯片,从器件本体四周"单线性" 顺序引出翼形电极的方式,其电极引脚之间的距离不可能非常小。随之而来的问题是:提高芯片的集成度,必然使电路的输入/输出电极增加,但电极引脚间距的限制导致芯片的封装面积变大。

BGA 方式封装的大规模集成电路如图 3－16(b)所示。BGA 封装是将原来器件 PLCC/QFP封装的J形或翼形电极引脚改变成球形引脚;把从器件本体四周"单线性"顺列引出的电极,改变成本体底面之下"全平面"式的格栅阵排列。这样,既可以疏散引脚间距,又能够增加引脚数目。

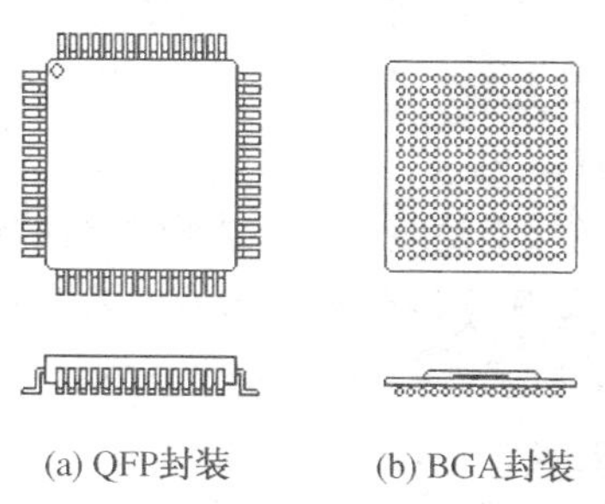

(a) QFP封装　(b) BGA封装

图 3－16　QFP 和 BGA 封装的集成电路比较

BGA 方式能够显著地缩小芯片的封装表面积:假设某个大规模集成电路有 400 个 I/O 电极引脚,同样取电极引脚的间距为 1.27 mm,则正方形 QFP 芯片每边 100 条引脚,边长至少达到 127 mm,芯片的表面积要 160 cm^2 以上;而正方形 BGA 芯片的电极引脚按 20×20 的行列均匀排布在芯片的下面,边长只须 25.4 mm,芯片的表面积还不到 7 cm^2。相同功能的大规模集成电路,BGA 封装的尺寸比 QFP 的封装要小得多,有利于在 PCB 电路板上提高装配的密度。

正因为 BGA 封装有比较明显的优越性,所以大规模集成电路的 BGA 品种也在迅速多样化。现在已经出现很多种形式,如陶瓷 BGA(CBGA)、塑料 BGA(PBGA)、载带 BGA (TBGA)、陶瓷柱 BGA(CCGA)、中空金属 BGA(MBGA)以及柔性 BGA(Micro-BGA、(μBGA 或 CSP)等,前三者的主要区分在于封装的基底材料,如 CBGA 采用陶瓷,PBGA 采用 BT 树脂,TBGA 采用两层金属复合等;而后者是指那些封装尺寸与片芯尺寸比较接近的小型封装的集成电路。

从装配焊接的角度看,BGA 芯片的贴装公差为 0.3 mm,比 QFP 芯片的贴装精度要求 0.08 mm 低得多。这就使 BGA 芯片的贴装可靠性显著提高,工艺失误率大幅度下降,用普通多功能贴装机和再流焊设备就能基本满足组装要求。采用 BGA 芯片,使产品的平均线路长度缩短，改善了电路的频率响应和其他电气性能；另外，用再流焊设备焊接时，锡珠的高度表面张力导致芯片的自校准（自“对中”）效应，提高了装配焊接的质量。

目前可以见到的一般 BGA 芯片，焊球间距有 1.5 mm、1.27 mm、1.0 mm 三种；而 μBGA 芯片的焊球间距有 0.8 mm、0.65 mm、0.5 mm、0.4 mm 和 0.3 mm 多种。

正是由于上述优点，目前 200 条以上 I/O 端子数的大规模集成电路大多采用 BGA 封装方式，这种集成电路已经被大量使用在现代电子整机产品中。例如，电脑中的 CPU、总线控制器、数据控制器、显示控制器芯片等都采用 BGA 封装，其封装形式大多是 PBGA；移动电话（手机）中的中央处理器芯片也采用 BGA 封装，其封装形式多为 μBGA。

3.3.4　SMT 元器件的基本要求

SMT 元器件应该满足以下基本要求：

1）装配适应性——要适应各种装配设备操作和工艺流程

① SMT 元器件在焊接前要用贴装机贴放到电路板上，所以，元器件的上表面应该适用于真空吸嘴的拾取。

② 表面组装元器件的下表面（不包括焊端）应保留使用胶粘剂的能力。

③ 尺寸、形状应该标准化，并具有良好的尺寸精度和互换性。

④ 包装形式适应贴装机的自动贴装。

⑤ 具有一定的机械强度，能承受贴装应力和电路基板的弯曲应力。

2）焊接适应性——要适应各种焊接设备及相关工艺流程

① 元器件的焊端或引脚的共面性好，适应焊接条件。

再流焊 235±5℃，焊接时间 2±0.2 s；

波峰焊 260±5℃，焊接时间 5±0.5 s。

② 可以承受焊接后采用有机溶剂进行清洗，封装材料及表面标识不得被溶解。

3.3.5　使用 SMT 元器件的注意事项

（1）表面组装元器件存放的环境条件：

① 环境温度：库存温度＜40℃，生产现场温度＜30℃；

② 环境湿度：＜RH60％；

③ 环境气氛：库存及使用环境中不得有影响焊接性能的硫、氯、酸等有毒气体；

④ 防静电措施：要满足 SMT 元器件对防静电的要求；

⑤ 元器件的存放周期：从元器件厂家的生产日期算起，库存时间不超过两年；整机厂用户购买后的库存时间一般不超过一年；假如是自然环境比较潮湿的整机厂，购入 SMT 元器件以后应在 3 个月内使用。

（2）对有防潮要求的 SMD 器件，开封后 72 小时内必须使用完毕，最长也不要超过一周。如果不能用完，应存放在 RH20％的干燥箱内，已受潮的 SMD 器件要按规定进行去潮烘干处理。

（3）在运输、分料、检验或手工贴装时，假如工作人员需要拿取 SMD 器件，应该佩带防静电腕带，尽量使用吸笔操作，并特别注意避免碰伤 SOP、QFP 等器件的引脚，预防引脚翘曲变形。

3.3.6 表面安装工艺

SMT 的核心是焊接。目前常用的焊接有两种，即波峰焊和再流焊。

1) 波峰焊

这项工艺采用特殊的粘合剂，将表面安装元件粘贴在表面安装板(SMB)规定的位置上，待烘干后进行波峰焊接，其工艺流程图如图 3－17 所示。

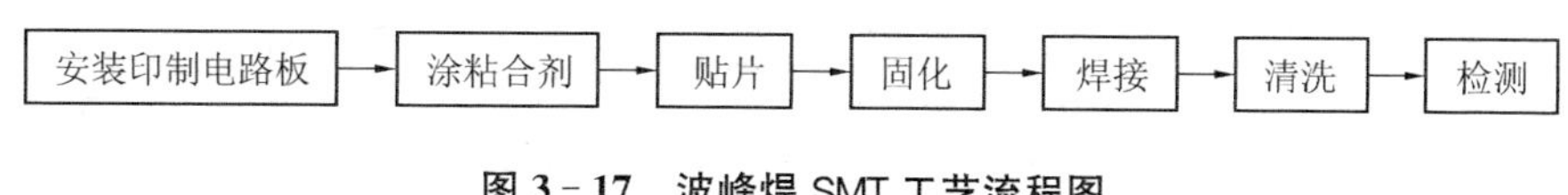

图 3－17 波峰焊 SMT 工艺流程图

操作步骤：

(1) 安装印制电路板

固定印制电路板在抽空吸盘上，以便准确点粘合剂和贴放元器件。

(2) 点粘合剂

点粘合剂的目的是为了让元器件预先粘在印制电路板上，防止焊接时脱落。如图 3－18(a)所示。根据元器件大小选定涂粘合剂点的数量，小片子涂一个点，大片子涂 2～3 点，只要能胶住元器件即可，同时应注意粘合剂粘在元器件的主体部位，不可将粘合剂涂在印制电路板导体上。元器件被粘合剂固定在印制电路板上再经波峰焊焊接。点粘合剂常用的方法是针印法，针印法可单点涂布，若采用自动点粘合剂，可以通过编程进行群点涂布。

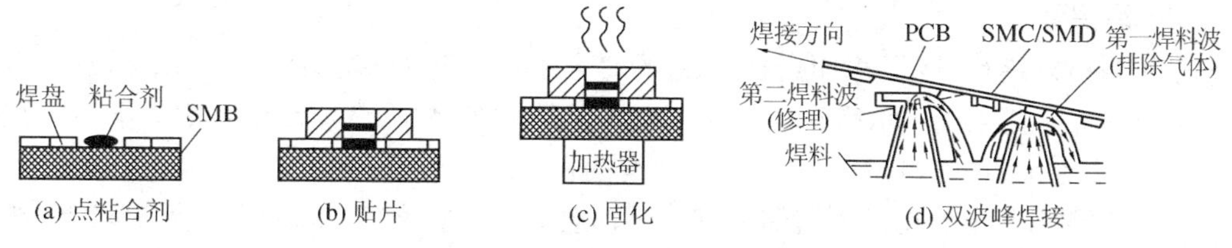

图 3－18 双波峰焊接示意图

(3) 贴片

将元器件通过粘合剂贴在需焊接的焊点上，如图 3－18(b)所示。注意元器件的焊端一定要对准焊盘。

(4) 固化

通过加热将粘合剂烘干，使元器件紧紧地粘在印制电路板上，如图 3－18(c)所示。以免焊接时元器件脱落。

(5) 波峰焊接

在 SMT 的焊接中，一般采用双波峰焊接，如图 3－18(d)所示。因为单波峰焊接容易产生遮蔽效应和气压效应。

第一波峰是由高速喷嘴形成的管波峰，容易排出助焊剂蒸汽，克服遮蔽。第二波峰峰顶宽，速度慢，可去除过剩焊料，减少桥接和虚焊。

(6) 清洗

焊接冷却,同样要清洗多余的助焊剂。

(7) 检测

清洗完毕,仔细检查是否有焊点不符合要求。对不符合要求的焊点,可用手工进行修补。

2) 再流焊

再流焊是 SMT 的主要焊接方法。其焊接过程是先将焊料加工成粉末,并加上液体粘合剂,使之成为一种膏状物,用焊膏涂在印制电路板规定的位置上,然后贴上元器件,经烘干后进行焊接。焊接时,通过加热的方法使焊膏中的焊料熔化而再次流动,完成焊接。再流焊又称重熔焊或回流焊,其工艺流程如图 3-19 所示。

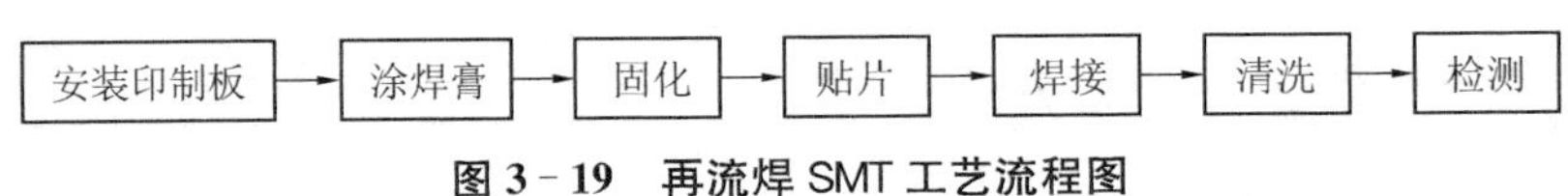

图 3-19 再流焊 SMT 工艺流程图

操作示意图如图 3-20 所示。

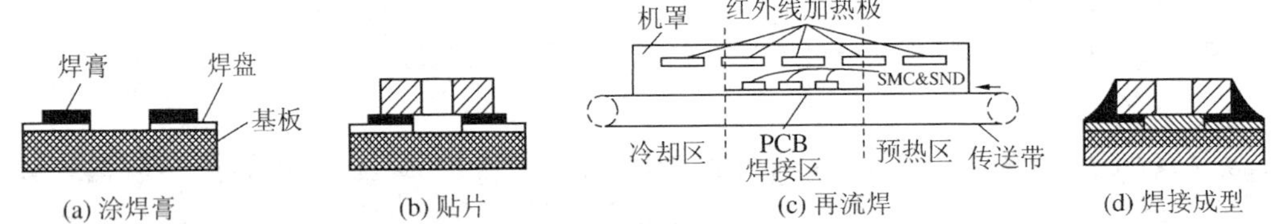

图 3-20 再流焊操作示意图

操作步骤:

除了与波峰焊相同的工艺以外,还有:

(1) 涂焊膏

采用再流焊进行 SMT 表面安装,涂焊膏是必不可少的一步,如图 3-20(a)所示。目的是将元器件粘在焊点上。值得注意的是:涂焊膏是涂在焊盘上,而点粘合剂却不能点在焊盘上,只能点在焊盘的空穴中。涂焊膏主要有两种方式:

① 丝网漏印法:利用丝网漏印原理,将焊膏涂于预先做好的印制电路板焊点上,然后再将元器件的锡焊点置于印制电路板的焊膏上,最后通过再流焊一次完成焊接。

丝网是在 80～200 目的不锈钢金属网上,涂覆一层感光乳剂,使其干燥成为感光膜。然后将负底片紧贴在感光膜上,用紫外线曝光,曝光的部分聚合成为持久的涂层,未曝光的部分用显影剂将其溶解掉,因此,在需要沉积焊膏、粘合剂的部位形成漏孔,干燥后,不锈钢金属网上的感光膜就成为印制用网板。

② 自动点膏法:利用由计算机控制的机械手,按照事先编好的程序在印制电路板上的位置上坐标,将焊膏涂上,再装上元器件,通过再流焊一次完成焊接。

(2) 再流焊

再流焊的关键技术是加热,其加热方法有热风和热板加红外线加热、激光加热、汽相加热、热风循环加热、饱和蒸汽加热等。

① 红外线加热再流焊:目前最常用的红外线加热法,采用红外线辐射加热,升温速度可控,具有较好的焊接可靠性。远红外加热时,焊件热量 40%来自红外线辐射,60%由热空

气对流提供。近红外加热时则直接辐射热占95%以上。不足之处是材料不同,吸热不同,热波动较大。此外,由于没有热对流,印制电路板上未直接暴露在辐射热源的区域比直接暴露的区域温度低,从而,再次引起加热不均匀,造成焊点虚焊、漏焊,这就是"遮蔽效应"。同时容易损伤基板和表面贴装器件(SMD),热敏元件要屏蔽起来。

再流焊系统分为三个区域,即预热区、焊接区、冷却区,其工作原理示意图如图3-20(c)所示。其工艺过程为:焊接组件随着传动机构均匀进入炉内,首先进入预热区,被焊接组件在120~170 ℃的温度下预热约3 min,使焊接组件有时间进行温度平衡,减少热冲击,并除去焊膏中的低沸点溶剂。接着焊接组件进入焊接区,该区温度在210~230 ℃左右,预敷在PCB上的焊膏熔化,浸润焊接面,时间大约30 s,最后焊接组件通过冷却区使焊膏冷却凝固,全部焊点同时完成焊接。

② 激光加热再流焊:它是利用激光的热能加热,集光性能良好,适合局部焊接、高精度焊接,特别适用于维修时的局部拆焊和焊接,但设备价格昂贵。

③ 汽相加热再流焊:这种方法通过加热高沸点的惰性液体(如FC-70,沸点215 ℃)产生的饱和蒸汽加热焊料,使焊料重熔。其工作原理如图3-21所示。其工作过程是:把介质的饱和蒸汽转变成为相同温度下的液体,释放出潜热,使膏状焊料熔融浸润,从而使电路板上的所有焊点同时完成焊接。汽相再流焊的优点是:汽相焊以传导为主,热量传递均匀,热稳定性高,受热均匀、温度精度高、无氧化、工艺过程简单,适合焊接柔性电路、插头、接插件等异形组件。因此对热容量不同、组装密度高的元器件,这是一种较好的焊接方法。不足之处是升温速度快(40 ℃/s),介质液体及设备价格较高,氟化物价格昂贵而且有毒,对环境不利。

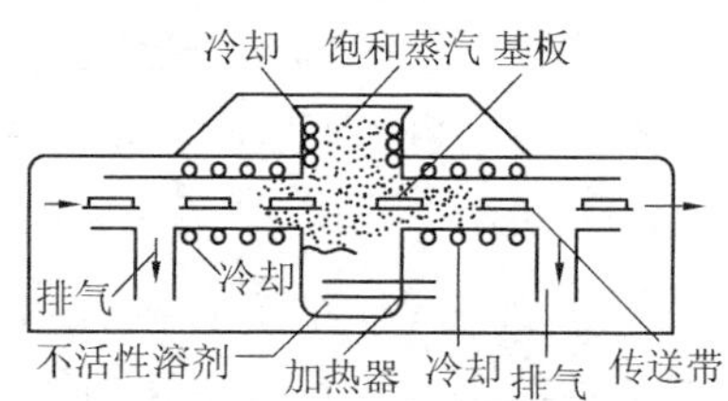

图3-21　汽相加热再流焊示意图

3) 波峰焊与再流焊比较

再流焊与波峰焊相比,具有如下一些特点:

(1) 再流焊不直接把电路板浸在熔融焊料中,因此元器件受到的热冲击小。

(2) 再流焊仅在需要部位施放焊料。

(3) 再流焊能控制焊料的施放量,避免了桥接等缺陷。

(4) 焊料中一般不会混入不纯物,使用焊膏时,能正确地保持焊料的组成。

(5) 当SMD的贴放位置发生偏离时,由于熔融焊料的表面张力作用,只要焊料的施放位置正确,就能自动校正偏离,使元器件固定在正常位置。

3.4　微组装技术(MPT)

微组装技术(Microelectronics Packaging Technology, MAT)是20世纪后期发展起来的一种新型组装技术,它是电子产品小型化、高速化、集成化的必然产物。涉及微电子学、半导体技术、集成电路技术以及计算机辅助系统等多门学科，尽管它只是一门组装技术，但使用一般工具、设备和工艺是无法完成的，而是利用当代最先进的微组装技术才能实现。

3.4.1 微组装技术概述

1) 微组装技术产生的原因

随着集成电路技术的不断发展，芯片的功能越来越强大。一片芯片集成几万个甚至上亿个晶体管是很平常的技术了，相应地引脚也越来越多，引脚间距不变，每增加一倍的引脚数，则外封装面积就增加 4 倍。另外，集成技术已进入了亚微米阶段(特征尺寸小于 1 μm)，尽管功能强大，但芯片越来越小，而外封装受到引脚间距的限制并不能相应地缩小，这就使电子产品小型化很难实现。如图 3-22 所示的扁平封装集成电路，尽管引脚的封装间距已达到了 0.5 mm，但封装效率(芯片面积与封装面积比)仍只有 5%，如果想进一步减小引线间距，不仅技术难度极大，而且可靠性将降低。因此，进一步缩小体积的努力就放在芯片的组装上。所谓芯片组装，就是将若干裸片组装到多层高性能基片上形成功能电路块或一件电子产品，这项技术就是微组装技术。

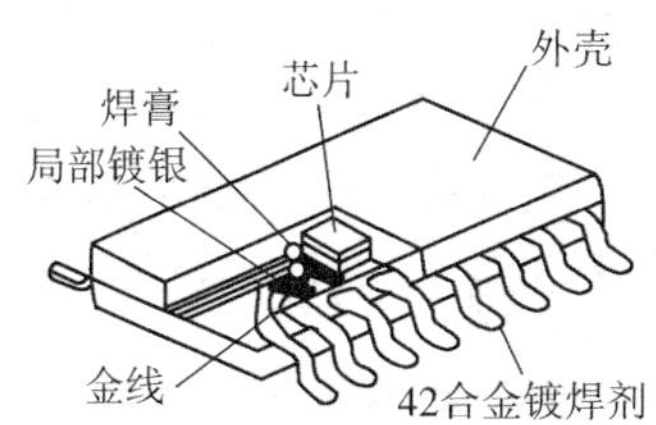

图 3-22 扁平封装 IC 示意图

2) 微组装技术的概念

微组装技术为组装引入了一个新的概念：它是以现代多种高新技术为基础的精细技术，是将若干裸芯片组装到多层高性能基片上形成电路功能块乃至一件电子产品的技术。代表当前整机电子产品装配技术发展的方向。这项技术包括以下基本内容：

(1) 微组装技术依靠微电子学及集成电路技术，运用计算机辅助系统，将芯片、元器件、多层基板，电路结构及散热进行系统总体设计，同时可以对电性能模拟的一种综合组装设计系统。

(2) 高密度多层基板制造技术是芯片组装的关键。由于多层板类型很多，从塑料、陶瓷到硅片、厚膜及薄膜多层基板、混合多层及单层多次布线基板等，并与陶瓷成型、电子浆料、印刷、烧结、真空镀膜、化学镀膜、光刻等多种相关技术有关。因此在设计制作时，需考虑的内容很多，要求高，工艺性强，若设计制造不当，都会导致微组装的失败。

(3) 芯片组装技术。芯片组装技术除前面提到的表面安装技术、安装设备外，还涉及一些特种连接技术，如丝焊、倒装焊、激光焊等。

(4) 可靠性技术。主要包括元器件的选择及失效分析，产品的测试技术，如在线测试、性能分析、检测方案等。

3.4.2　微组装技术类型

微组装技术是在 SMT 的基础上进一步发展起来的，目前仍处于发展阶段和局部领域应用的阶段。主要技术有以下三个类型，一是多芯片组件，二是硅大圆片组件，三是三维组装。

1) 多芯片组件(MCM)

多芯片组件(Multi Chip Module，简称 MCM)是由厚膜混合集成电路(Hybrid Integrated Circuit，简称 HIC)发展起来的一种组装技术，可以理解为集成电路的集成(二次集成)，它是指把两块以上芯片或其他微型分立元件集成组装在高密度、多层互连的同一块电路板上，构成具有一定功能电路的组件，简称 MCM。

(1) MCM 多层基板

MCM 多层基板按材料来分有：PCB、陶瓷烧结板和半导体硅片板。按类型分有：陶瓷多芯片组件(MCM－C)、淀积多芯片组件(MCM－D)、叠层多芯片组件(MCM－L)。MCM－C 在 MCM 中占有重要的地位。

(2) MCM 的特点

① MCM 组装的是 LIS、VLSI、ULSI、ASIC 裸片，能集成较多的裸片。

② IC 占整个基板的面积至少应大于 20%。

③ MCM 基板层数在 4 层以上。

④ MCM 引脚至少应大于 120 条。

⑤ MCM 不是以缩小体积重量为主，而是要体现出高速度、高性能、高可靠性和多功能的特点，如用 MCM 制造的超级计算机，每秒可以运算上亿次。

(3) MCM 的制造工艺

① 在多层的电路基板上印制积层电阻、电容和电感。

② 安装 IC 芯片或芯片组。

③ 将无源器件和 IC 芯片进行三维组合及电气连接。

④ 用环氧树脂灌封。

上述工艺构成三维 MCM。实质上，MCM 是表面组装元器件相当于二次集成。归纳起来，MCM 的结构主要由三部分构成：芯片、多层基板(包括无源器件)和较大的密封外壳。

2) 硅大圆片组件(WSI)

硅大圆片组件是以硅大圆片作为基板，也可用混合大圆片作基板，经光刻技术、多层电路板技术、多芯片技术集成封装为一种高效率的小型系统，有时也称为单极集成组件(SLIM)。比 MCM 集成程度更高，其特点如下：

① 组装裸片大于 20 片；

② 需采用先进的半导体微加工技术；

③ 尺寸更小，封装效率、性能、成本和可靠性更高；

④ 制造工艺要求更高，技术难度大，成品率更低。

3) 三维组装(3D)

三维组装就是为了使组装系统具有更高的组装密度、更好的系统性能、更多更短的 I/O

引线、更低的功耗，实现真正意义上的小型化，进一步将IC、MCM、WSI进行立体封装，就形成了三维组装。一般的三维组装可以采用埋置法和叠层法。埋置法采用厚膜或薄膜工艺将电阻、电容或半导体器件埋置在基板内部，集成电路采用开槽方法埋置在基板内或紧贴基板，再进行多层布线，最上层再安装集成电路等其他元件。叠层法将两个MCM电路面对面互连，再进行其他器件的安装。

3.4.3 微组装技术焊接

微组装技术焊接除了直接贴装技术外，还可采用丝焊、激光焊、倒装焊等方法，将裸露的集成电路芯片不进行封装直接贴装在电路板上，它可以提供比常规的表面贴装技术更高的封装密度和更佳的空间占有率。

1）丝焊

丝焊是一种传统的、最常用的、最成熟的芯片互连技术。丝焊连接灵活方便，焊点强度大，散热特性好。但引线分布电感较高，占有电路板的面积较大，芯片可靠性难以保证，装配过程缓慢，返修困难。

焊接工艺流程如图3-23所示。

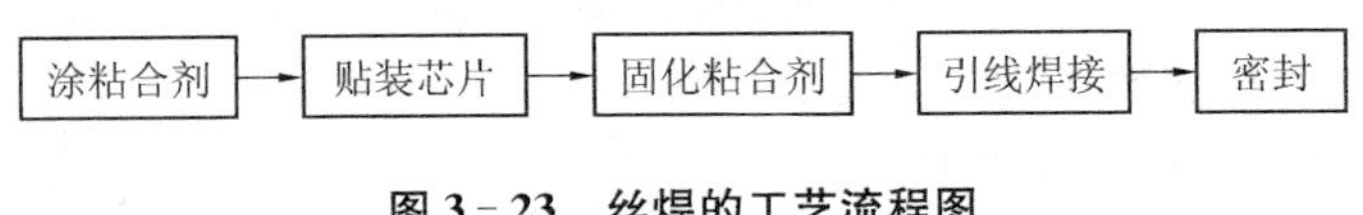

图3-23 丝焊的工艺流程图

2）激光再流焊接

激光再流焊接的工艺流程如图3-24所示。可采用CO_2激光器（发射波长为10.6 mm），或YAG激光器（工作波长为1.06 mm），聚焦直径一般可达0.1～1.5 mm，能量集中，所以激光再流焊对器件和PCB影响很小，并且由于激光加热快，使焊膏迅速熔化实现再流焊。焊点金属结构良好，提高了焊接质量。

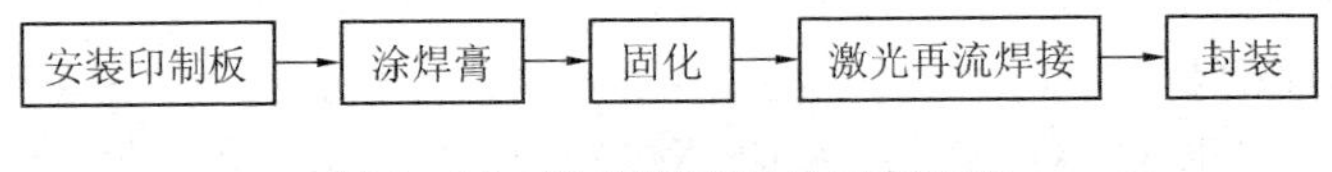

图3-24 激光再流焊的工艺流程

利用光导纤维分割激光束可进行多点同时焊接。如果再配合红外探测器监视加热过程，通过计算机控制自动调整焊接过程，就可以实现自动化和智能化。

3）倒装焊接

倒装焊接是面键合技术，主要针对的是“倒装芯片”的焊接。这种芯片的主要特征是面朝基板，一般是在芯片的焊区上形成一定高度的金属凸点，再倒装焊到基板焊区上，也可在基板焊区位置上形成凸点。由于互连焊接的“引线”就是凸点的高度，所以互连线最短，分布电感最小，适合于高速时钟。倒装芯片安装工艺简单、省时省力，焊接可靠，必将取代丝焊工艺。

习题 3

1. 制作印制电路板的材料有哪些?
2. 常用的印制电路板有哪些类型?
3. 印制电路板上的元器件布局有哪些规则?
4. 印制电路板布线原则是什么?
5. 印制电路板制作工艺如何?
6. 怎样手工制作印制电路板?
7. 说明手工浸焊的工艺流程。
8. 机器浸焊与手工浸焊有哪些特点?
9. 试叙述波峰焊的工艺过程。
10. 浸焊与波峰焊分别应注意哪些事项?
11. 二次焊接与一次焊接相比,具有哪些优点?
12. 什么是表面安装技术? 它有什么特点?
13. 表面安装技术中,波峰焊的工艺流程如何?
14. 什么是再流焊? 生产中常见的再流焊有哪些?
15. 什么是微组装技术?
16. 实现电子系统集成的技术途径有哪些?
17. 简要叙述微组装技术的种类?
18. 微组装技术的焊接技术主要有哪几种? 简述其焊接过程。

实训 3

参观 SMT 流水线,了解 SMT 的工艺设备和工艺流程。

4　装配工艺基础

【主要内容和学习要求】

(1) 工具：螺丝刀、无感起子、钳子、镊子与基板工具组件等，需掌握其规范操作。常用的机械有剥头机、搪锡机、插件机、超声波清洗机等。

(2) 常用的线材：裸线、电磁线、绝缘电线、电缆线四大类；固体绝缘材料有陶瓷、云母、绝缘漆、环氧树脂和硅胶；磁性材料有软磁性材料和永磁性材料；电工用塑料有热固性塑料和热塑性塑料；紧固件有螺钉、螺母、垫圈、螺栓和螺柱、铆钉等。常用扎线、捆扎线、线卡子、扎线带进行捆扎；常用粘接材料、油漆和有机溶剂都需有所了解。

(3) 绝缘导线的加工主要分为五个步骤：剪裁、剥头、捻头(多股线)、浸锡、清洁；线扎加工指线把的扎制，其绑扎线束的方法有：线绳绑扎、粘合剂结扎、线扎搭扣绑扎。

(4) 安装工艺指螺装、铆装、粘装、压接与绕接等。

在电子整机装配之前，要对整机所需的各种导线、元器件、零部件等进行预先加工处理。在电子整机装配中，要对整机所需的各种导线、元器件、零部件等进行各种连接工作。这些被称为整机装配工艺基础。它是顺利完成整机装配的重要保障。在进行预备工作中，需要了解各种装配工具、装配设备、常用材料和各种连接方式。

4.1　常用工具与材料

4.1.1　装配工具

1) 螺丝刀

螺丝刀又称改锥或起子，主要用来紧固或拆卸螺丝。它包括一字形、十字形、内三角、内六角、外六角等。常用的有一字形、十字形两类，并有自动、电动、风动等形式。

(1) 一字形螺丝刀

一字形螺丝刀主要用来旋紧或拆卸一字槽螺钉。其外形如图4-1所示，由手柄和旋杆组成。选用时，应使旋具头部的长短和宽窄与螺钉槽相适应。头部的厚度与螺钉槽相比过

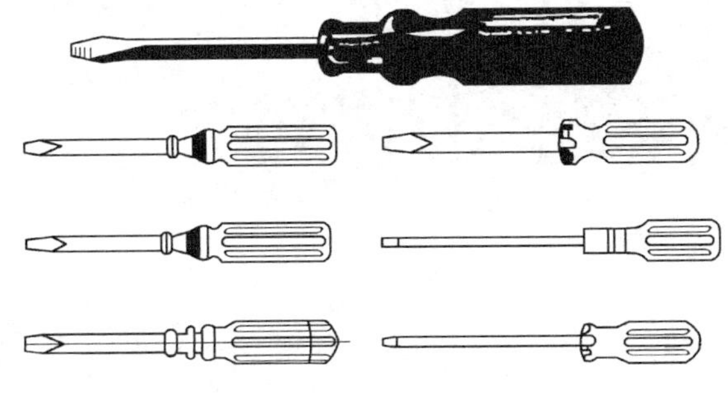

图4-1　一字形螺丝刀

厚或过薄都不好，通常取旋具刃口的厚度为螺钉槽宽度的 75%～80%。此外，使用时旋具应垂直插在螺钉槽内。

螺丝刀的型号通常采用手柄以外的长度来表示，常用的有 100 mm、150 mm、200 mm、300 mm 和400 mm，工程中有时也称尺寸。

(2) 十字形螺丝刀

十字形螺丝刀适用于旋转或拆卸十字槽螺钉。其外形如图 4-2 所示。选用时应使旋杆头部与螺钉槽相吻合，过大或过小都易损坏螺钉槽。插入十字形螺钉时应垂直，用力要均匀、平稳，挤压要同步。

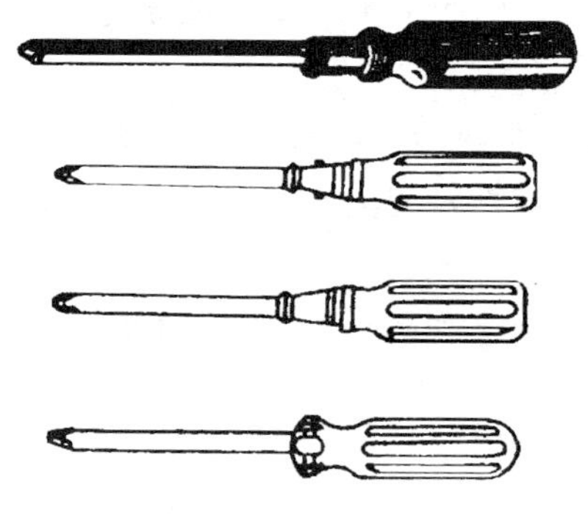

图 4-2 十字形螺丝刀

常用的十字形螺丝刀主要有四种槽口，采用型号分类：1 号、2 号、3 号、4 号型槽号分别适用于直径为 2～4.5 mm、3～5 mm、5.5～8 mm、10～12 mm 螺钉。

(3) 无感应螺丝刀

无感应螺丝刀一般用尼龙棒等材料制成，或用塑料压制，在顶部嵌有一块不锈钢片，如图 4-3 所示。属于专用工具，用来调整高、中频谐振回路、电感线圈、微调电容器、磁帽、磁心等，防止人体感应的信号干扰电路工作，造成感应误差。一般使用规则是，频率越高，选用尼龙棒等材料制成的无感应螺丝刀；频率越低，选用不锈钢材料制成的无感应螺丝刀。

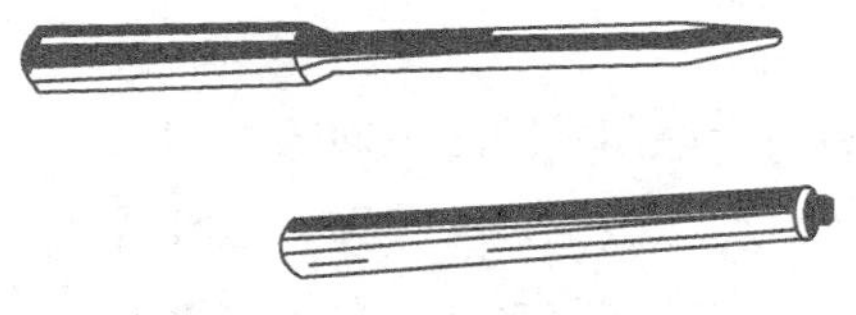

图 4-3 无感应螺丝刀

2) 钳子

(1) 钢丝钳

钢丝钳也叫做平口钳、老虎钳，其外形如图 4-4 所示。

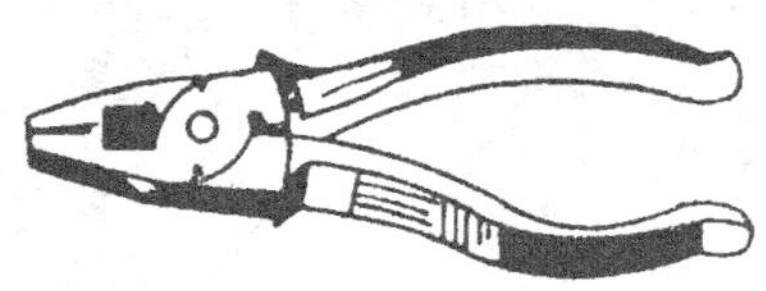

图 4-4 钢丝钳

钢丝钳的握炳分铁炳和绝缘柄两种,绝缘柄的钢丝钳可在有电情况下使用,工作电压一般在 500 V 以下,有的钢丝钳工作电压达 5 000 V。

钢丝钳的型号一般以全长表示,如 150 mm、175 mm 和 200 mm 等几种钢丝钳。

钢丝钳的作用是对较粗导线或元器件成型,焊接大功率元件时,有时也用钢丝钳夹住引脚帮助散热。也可以用来剪切钢丝,值得注意的是要根据钢丝粗细合理选用不同规格的钢丝钳,钢丝要放在选定的钢丝钳剪口根部,不要放斜或靠近钳头边,否则很容易出现崩口、卷刃的现象。

(2) 尖嘴钳

常见的尖嘴钳有两种:普通尖嘴钳及长尖嘴钳,如图 4 - 5 所示。其规格是以身长命名,如 130 mm、160 mm、200 mm 等。

尖嘴钳的使用,主要是对中等大小的元器件或导线成型;带刀口的尖嘴钳一般不做剪切工具使用,但有时也可用来剪切一些比较细的导线或元器件的引脚。

(3) 斜口钳

斜口钳有时也叫偏口钳,其外形如图 4 - 6 所示,主要是剪切导线,尤其是剪切焊接后元件多余的引线。

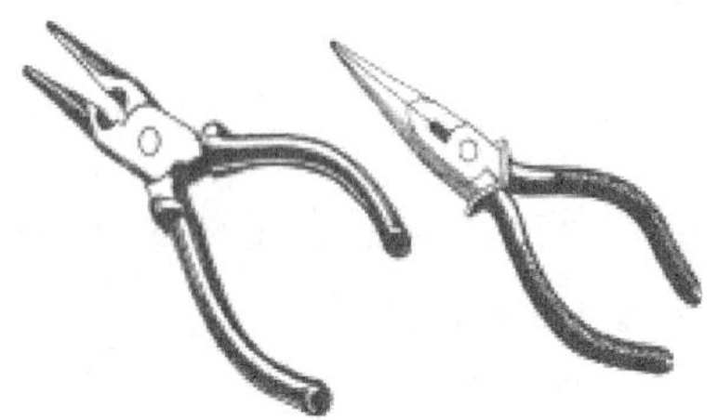

图 4 - 5　尖嘴钳

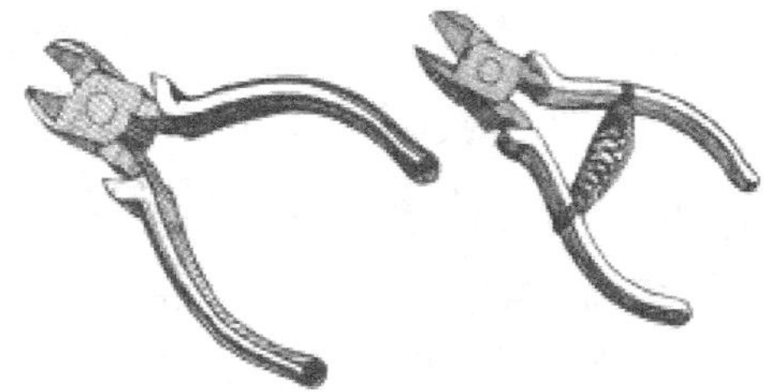

图 4 - 6　斜口钳

斜口钳使用注意事项:操作时,防止剪下的线头刺伤人眼,在剪线时应将剪口朝下,在不能变动方向时,应用手遮挡飞出的线头;不允许用斜口钳剪切较粗的钢丝等,否则易损坏钳口。

3) 剪刀与剥线钳

(1) 剪刀

剪刀有时也叫剪线剪,剪刀主要用来剪线或剪除较细的多余引线。

常用的除普通剪刀外,还有剪切金属线的剪刀。这种剪刀头短而宽,剪切有力。使用时要求剪口轴松紧合适、两刃口结合部保持紧密。对剪口轴太紧的剪刀可加机油润滑。

(2) 剥线钳

剥线钳的外形如图 4 - 7 所示。

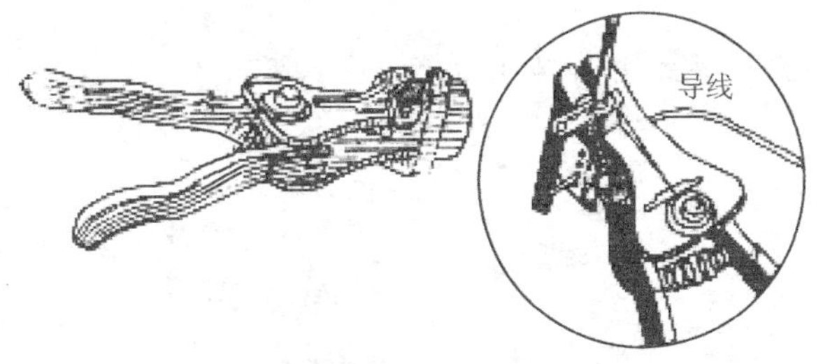

图 4 - 7　剥线钳

需要剥除电线端部绝缘层，如橡胶层、塑料层等时，常选用剥线钳这一专用工具。其优点是剥线效率高，剥线长度准确，不损伤芯线。

值得注意的是：剥线钳口处各种不同直径的小孔，可剥不同线径的导线，使用时注意分清，以达到既能剥掉绝缘层又不损坏芯线的目的。一般剥线钳的手柄是绝缘的，因此可以带电操作，工作电压不允许超过 500 V。

4）镊子与基板工具组件

（1）镊子

常用的镊子有钟表镊子和医用镊子两种。

镊子主要用来夹取小螺钉、小元件、小块松香等细小物品，也可以用来夹持小块泡沫塑料或小团棉纱，蘸上汽油或酒精清洗焊接点上的污物。

镊子好坏判断：镊子要有弹性，即用很小的力就可使其合拢，手指松开镊子能立刻恢复原状；镊子的尖端还要正好吻合，才好夹持小物品。

使用时，夹持较大的装配件选用医用镊子；较细的选用钟表镊子。

（2）基板工具组件

基板工具组件一共有六件，有起、刀、叉、锥、钩、刷，如图 4－9 所示。在电子产品的维修中，可对工件进行多种操作。如切断印制线、勾出元件、调节中周、刷除污垢等。

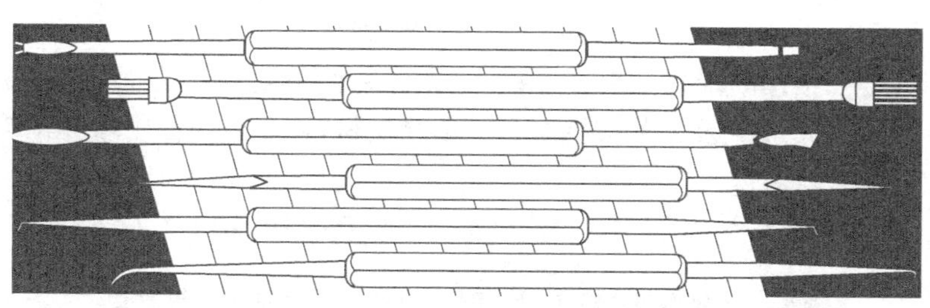

图 4－8 基板工具

4.1.2 装配设备

在大批量的电子装配中，经常要使用自动化设备，既可以提高工作效率，又可以保证产品的一致性。在此，我们简单地介绍一下常用机械的名称和作用。

1）剪线机

剪线机主要用来剪切导线。它能自动核对并随时调整剪切长度，有的还可以按需要剥线头，即剥去引线的塑料绝缘层。

2）剥头机

剥头机的作用就是剥去导线端头的绝缘层，以便焊接或其他连接。

3）搪锡机

搪锡机用于对元器件的引线、导线端头、焊片及接点等在焊接前预先挂锡，有普通搪锡机和超声波搪锡机两种。

4）插件机

插件机是指各类能在整机印制电路板上正确插装元器件的专用设备，使用它可以提高印制电路板的插装速度和插装质量，工作时通常由微处理器根据预先编好的程序，通过机械手和与其联动的机构，将规定的电子元器件插入印制电路板上的预制孔中并固定。

自动插件机一般每分钟能完成100～200件次的装插，最高可达530件次。自动插件机上还装有自动监测系统，以防误插或漏插等缺陷。

5）超声波清洗机

超声波清洗机一般由超声波发生器、换能器、清洗槽三部分组成，主要用于清洗不便和难以清洗的零部件，如贴片印制电路板。其清洗原理是：当超声波的压力大于空气压力时，压力的迅速变化在液体中产生了许多充满气体或蒸汽的空穴，空穴最终破裂产生强大的冲击波，当这种冲击波大于污垢对基体金属的附着力时，就去除了污垢，达到了清洗的目的。

操作过程：在清洗槽加入无水酒精，待洗零件浸入其中，启动超声波清洗机，一般5～10 min就清洗完毕。

4.1.3　常用线材

电子产品的装配除了电子元器件外，还有许多电工材料。顾名思义，电工材料就是与电有关的各种线材、绝缘材料、磁性材料、印制电路板及各种辅助材料。本节将分别介绍常用电工材料的命名、分类、组成、用途、主要参数和选用标准。

无线电设备中，常用的线材主要有电线、电缆。它们主要可分为裸线、电磁线、绝缘电线、电缆线四大类。其选用标准为：芯线材料、绝缘层材料、横截面积或电流等参数。

1）裸线

裸线就是没有绝缘层的电线，其型号、名称、分类、用途如表4-1所示。

表4-1　裸线的名称、分类、结构、用途、主要参数和选用标准

分　类	型　号	名　称	用　途
裸单线	TY	硬圆铜单线	电力和通信架空线
	YR	软圆铜单线	电器制品(变压器等)的绕线
	TRX	镀锡软铜单线	电器制品(变压器等)的绕线
	TTR	裸铜软天线	通信架空线
裸型线	TBR	软铜扁线	电机、电器、配电线及电工制品
	TBY	硬铜扁线	电机、电器、配电线及电工制品
	TS	裸铜电刷线	电机及电气线路的电刷
电阻合成线	KX	康铜线	制造普通电阻

2）电磁线

电磁线是一种具有绝缘层的导电金属电线，用以绕制电工产品的线圈或绕组，故又称为绕组线。其作用是通过电流产生磁场，或切割磁力线产生电流，实现电能和磁能的相互转换。电磁线常用作电机绕组、变压器、电器线圈的材料。

按照绝缘层的特点和用途，电磁线可分为漆包线、绕包线、无机绝缘电磁线和特种电磁线四大类。

(1) 漆包线

漆包线的绝缘层是漆膜，在导电线芯上涂覆绝缘漆后烘干形成。其特点是：漆膜均匀、光滑，有利于线圈的自动绕制。漆包线主要分为油性漆包线、聚氨酯漆包线、聚酯漆包线、聚酯亚胺漆包线、聚酚亚胺漆包线和缩醛漆包线等。其规格及性能参数主要有线径、耐温等级、机械性能、电性能、热性能等，主要作为中、高频线圈及仪表、电器的线圈，普通中小型电机、微电机绕组和油浸变压器的线圈，还可作为大型变压器线圈。如规格为 0.02～2.5 mm 的油性漆包圆铜线，可作为中、高频线圈及仪表、电器的线圈；而聚酯漆包线可作为普通中小型电机绕组；缩醛漆包线可作为大型变压器线圈和换位导线。

(2) 绕包线

绕包线用天然丝、玻璃丝、绝缘纸或合成树脂薄膜等紧密绕包在导电线芯上，形成绝缘层。一般绕包线的绝缘层较漆包线厚，组合绝缘，电性能较高，能较好地承受过高电压与过载负荷。绕包线主要分为纸包线、玻璃丝包线、丝包线和薄膜绕包线四大类。其主要规格与性能有线径、耐温等级、耐弯曲性、电性能、热性能等。

由于绕包线的电性能较高，能较好地承受过高电压与过载负荷，所以主要应用于大型设备及输送电设备。例如：纸包线常作为油浸电力变压器的线圈；玻璃丝包线可作为发电机、大中型电动机、牵引电机和干式变压器的绕组。

3) 绝缘电线

绝缘电线分为橡皮绝缘电线、聚氯乙烯绝缘电线、聚氯乙烯绝缘软线和聚氯乙烯绝缘屏蔽线等，其中聚氯乙烯绝缘电线、聚氯乙烯绝缘软线广泛应用于电子产品中。

绝缘电线由线芯和绝缘层组成，其线芯有铜芯线，也有铝芯线；有单根线，也有多根线，绝缘层为包在线芯外面的聚氯乙烯材料(注：聚氯乙烯绝缘软线只有多股线)。在电工材料手册中查阅聚氯乙烯绝缘电线，就会看到有一栏是：根数/单线直径(mm)，若该栏中的数据是 1/0.8，则表示这个聚氯乙烯绝缘电线的线芯是单根线(俗称独股线)，且线芯直径是 0.8 mm，若该栏中的数据是 8/1.7，则表示这个聚氯乙烯绝缘电线的线芯是 8 根线，且线芯直径是 1.7 mm。

常用聚氯乙烯绝缘电线的主要性能参数：

(1) 电线的直流电阻

只要导线实际的电阻值不大于直流电阻值，即为符合要求的导线。直流电阻值与导线的材料、截面积有关。相同材料导线的截面积越大，直流电阻值就越小。

(2) 绝缘线芯能承受规定的交流 50 Hz 击穿电压

即绝缘电线耐压值。例如：绝缘厚度为 1.0 mm 的电线耐压值是 6 000 V；绝缘厚度为 1.4 mm 的电线耐压值是 8 000 V。

(3) 绝缘电线的载流量

即绝缘导线在运行中允许通过的最大电流值。相同材料导线的截面积越大，载流量就越大；反之，载流量就越小。以铝线为例，截面积为 2.5 mm^2 的铝线载流量是 25 A。相同截面积的导线，铜线的载流量比铝线大，例如：截面积是 4 mm^2，铜线的载流量是 42 A，铝线的载流量是 32 A。铜线的电性能优于铝线，但铜线的价格较贵。

聚氯乙烯绝缘电线适用于各种交流、直流电器装置及电工仪表、仪器、电信设备、动力照明线路固定敷设等。

4）电缆线

电缆线是指在绝缘护套内装有多根相互绝缘芯线的电线，除了具有导电性能好、芯线之间有足够的绝缘强度、不易发生短路故障等优点外，其绝缘护套还有一定的抗拉、抗压和耐磨特性。

电缆线按其结构可分为普通电缆线和屏蔽电缆线两大类；按其用途主要分为电力电缆、控制电缆、船用电缆、通信电缆、矿用电缆等类型。

电缆线有铜芯线、铝芯线，有单芯线、多芯线，并有各种不同的线径。普通电缆线由导线的线芯、绝缘层、保护层、护套组成；屏蔽电缆线由导线的线芯、绝缘层、保护层、屏蔽层、护套组成。电缆线的作用是：

① 线芯：线芯的材料主要有铜和铝，在电路中起载流作用。

② 绝缘层和保护层：绝缘层材料应具有良好的电气性能和适当的机械物理性能，适用于隔离相邻导线或防止导线不应有的接地。

③ 屏蔽层：屏蔽层是用金属带绕包或细金属丝编织而成，主要材料有铜、钢、铝，作用是抑制其内部或外部电场和磁场的干扰和影响。

④ 护套材料：常用的有聚氯乙烯、黑色聚乙烯、尼龙、聚氨酯、氯丁橡胶等。护套的主要作用是机械保护和防潮。

电缆线参数主要是电缆线的根数（例如：若为三根线，通常就称为三芯电缆）和截面积，它是决定电缆线载流量的重要因素；还有耐压值、载流量等。

5）光缆

光缆是由若干根光纤（几芯到几千芯）构成的缆芯和外护套组成。光缆的特点是传输容量大、衰耗小、传输距离长、体积小、重量轻、无电磁干扰、成本低。光缆主要分为生态光缆、全介质自承式光缆、海底光缆、浅水光缆、微型光缆等。由于信息技术的飞速发展，带动了光缆技术的发展，采用纳米材料制作光缆的研究工作已经展开，目前处于试用阶段。

6）信号传输用的排线

在电子仪器仪表、微型计算机等电子设备中，信号的传输线，特别是数字信号的传输线多采用排线。排线有宽、窄不同的规格，排线的外观有浅灰色和彩虹条色，配有各种接线端子和插排，采用专用的工具制作。一条有 8～60 根导线的排线，用专用的工具轻轻一压就接在插座上了，应用起来十分方便。排线最突出的特点是：在电子仪器仪表中连线整齐，便于调试与维修。

4.1.4　绝缘材料

绝缘材料又称电介质，指电阻率在 $10^9 \sim 10^{22}\ \Omega \cdot \mathrm{cm}$ 范围内的材料。绝缘材料在电工产品中占有极其重要的地位，其主要作用是用来隔离带电的或不同电位的导体。在不同的电工产品中，根据产品技术要求，绝缘材料还起其他一些不同的作用，例如：散热冷却、机械支撑和固定、储能、灭弧、改善电位梯度、防潮、防霉以及保护导体等。

绝缘材料的品种很多，一般可分为气体绝缘材料、液体绝缘材料和固体绝缘材料三大类，本章将介绍较常用的固体绝缘材料，如陶瓷、云母、绝缘漆、环氧树脂和硅胶。

1）陶瓷

电工用陶瓷是以粘土、石英及长石为原料，经碾磨、捏炼、成型、干燥、焙烧等工序制成。电工用陶瓷按其用途和性能可分为装置陶瓷、电容器陶瓷及多孔陶瓷。

（1）装置陶瓷

装置陶瓷分为低频陶瓷和高频陶瓷。低频陶瓷主要用于低压及通信线路的绝缘子、绝缘套管、夹板等零件。低频陶瓷由于含有较多的碱金属氧化物，因而电导及损耗较大，且随温度变化而变化，故不适于在高频范围应用。高频陶瓷要求电导及介质损耗等指标很严，所以必须严格控制陶瓷成分和生产工艺。

（2）电容器陶瓷

电容器陶瓷的特点是介电系数很大，其值一般在12～200范围内，适用于低压、高压电容器和回路补偿电容器以及高稳定度的电容器。

电容器陶瓷大多数是含钛的陶瓷，如二氧化钛陶瓷、钛碱镁陶瓷、钛酸锆陶瓷等，后来也出现了采用以锆酸盐或锡酸盐为主的不含钛的陶瓷。

（3）多孔陶瓷

多孔陶瓷的特点是击穿强度低，而耐热性很高，根据用途可分为多孔耐热陶瓷和多孔真空陶瓷。多孔耐热陶瓷用于制造各种线绕电阻器、滑线电阻和电热元件的支架或底盘，多孔真空陶瓷用于制造各种真空器件的绝缘零件。

2）云母

天然云母（简称云母）是属于铝代硅酸盐类的一种天然无机矿物。它的种类很多，在电工绝缘材料中，占有重要地位的是白云母和金云母。

白云母和金云母具有良好的电气性能和机械性能，耐热性好，化学稳定性和耐电晕性好。两种云母的解理性好，可以剥离加工成厚度为0.01～0.03 mm的柔软而富有弹性的云母片。白云母的电气性能比金云母好。但金云母柔软，耐热性能比白云母好。

按云母的用途，一般可分为云母薄片（又称薄片云母）、电容器用云母片。

云母制品主要有云母带、云母板、云母箔和云母玻璃四类。

3）环氧树脂

环氧树脂分子结构中含有醚键和羟基（开环后可形成羟基），所以对各种材料粘接力强，固化成型快，固化物收缩率小，致密性好，且耐化学腐蚀、耐潮、耐霉，但高频下电气性能较差，是制造无溶剂漆、胶和容敷粉末的主要原料，也用作有机溶剂漆，层压、浸渍纤维和云母制品的胶粘剂。环氧树脂加入固化剂后储存期短。

酚醛环氧树脂热变形温度较双酚A型环氧树脂高。脂环族环氧树脂耐热性最好，电气性能优良，且耐紫外线，但较脆。

环氧树脂在电子电器领域中的应用主要有：电力互感器、变压器、绝缘子等电器的浇注材料，电子器件的灌封材料，集成电路和半导体器件的塑封材料，印制电路板和覆铜板材料，电子电器的绝缘涂料，绝缘胶粘剂，高压绝缘子芯棒、高电压大电流开关中的绝缘零部件等绝缘结构材料等。

4）硅胶

硅橡胶（简称硅胶）的电子链非常柔软，分子间的作用力很小，但硅氧键的键能远高于普通橡胶分子中的碳-碳键，所以它的耐热性和耐寒性比一般橡胶好。

硅胶的抗张强度低，但在 150 ℃以上时的机械性能却超过其他橡胶（包括氟橡胶）。硅胶的电气性能随温度和频率的变化甚微，耐电弧性好，导热系数较高，散热性好，但耐油性和耐熔性能较差。

加热硫化硅胶的抗张强度和耐热性比室温硫化硅好，在电缆工业中主要用作船舶控制电缆、电力电缆和航空电线的绝缘，以及作为 F～H 级电机、电器的引接线绝缘。在电机工业中采用模压成型的硅胶作中型高压电机的主绝缘材料。自粘性硅胶三角带和自粘性硅胶玻璃布带可作为高压电机的耐热配套绝缘材料。硅胶热收缩管可用于电线的连接、终端或电机部件的绝缘。

室温硫化硅胶在电器、电子和航空等工业部门广泛用作绝缘、密封、涂敷、胶粘和保护材料。

5）热缩管

热缩管是套管中的一种。套管作为电子产品的辅助材料，其主要作用是增加电绝缘性能，对导线或元器件的机械强度等起增强作用和热保护作用。套管分为聚氯乙烯套管、黄腊套管、硅黄蜡玻璃纤维套管和热缩管。

热缩管是用受热收缩的材料制成的，是直径大小不同的圆柱形绝缘管材，主要应用于电工、电子产品导线连接处及元器件管脚间的绝缘，由于热缩管柔软、轻便、容易剪裁、绝缘安全可靠、价格便宜，加上用其绝缘有工艺简单、操作方便、外形美观等优点，所以，其投入市场后得到了广泛的应用。

热缩管的选用根据绝缘体的直径而定，通常略大于被绝缘体的直径即可。例如：现在要把两导线焊接后绝缘处理，可选略大于导线直径的热缩管，然后用剪刀剪下所需要的长度，套在其中任一导线上，在完成焊接后，将热缩管移到需绝缘处，用电吹风或电烙铁加热，热缩管就会收缩变形，牢牢地贴在两导线之间，起到很好的绝缘作用。

4.1.5 磁性材料

磁性材料按其特性、结构和用途通常分为软磁性材料、永磁性材料、磁记录材料、磁记忆材料、旋磁材料和非晶态软磁性材料等。磁性材料的种类很多，本节介绍电子产品中常用的软磁性材料和永磁性材料。

1）软磁性材料

软磁性材料的磁性能的主要特点是磁导率高，矫顽力低。属于软磁性材料的品种有电工用纯铁、硅钢片、铁镍合金、铁铝合金、软磁铁氧体、铁钴合金等，主要是作为传递和转换能量的磁性零部件或器件。

（1）电工用纯铁

纯铁的主要特点是具有较高的磁感应强度和磁导率，而矫顽力较低；缺点是电阻率低，涡流损耗大，存在磁老化现象，主要应用在直流或低频电路中。制备高纯度铁的工艺复杂，成本高，所以，工程上用电磁纯铁替代电工纯铁。电磁纯铁一般加工成厚度不超过 4 mm 的板材。

（2）硅钢片

硅钢片又称为电工钢片，是在铁中加入硅制成的。在铁中加入硅后可以起到提高磁导率、降低矫顽力和铁损耗，但硅含量增加，硬度和脆性加大，导热系数降低，不利于机械加工和散热，一般硅含量要小于4.5%。硅钢片质量的好坏取决于其电磁性能，电磁性能好的硅钢片，在一定的频率和磁感应强度下，具有高的磁导率和较低的铁损耗。另外，硅钢片的厚度，也影响着它的电磁性能，厚度越大，涡流损耗越高，但是，厚度减小，就会影响制造铁心的效率，并使叠装系数下降。通常，在电机工业中大量使用的硅钢片厚度为0.35 mm和0.5 mm。在电信工业中，由于频率高、涡流损耗大，硅钢片的厚度为0.05～0.2 mm。按照制造工艺的不同，硅钢片可分为热轧和冷轧两类。

(3) 铁镍合金

铁镍合金的优点是在低磁场下有极高的磁导率和很低的矫顽力，常用于频率较高的场合，可用来制造中小功率变压器、脉冲变压器、微型电机、继电器、互感器、精密电表的动静铁心、磁屏蔽器件、记忆器件等。

(4) 铁铝合金

铁铝合金的电磁性能好，具有较高的磁导率和较小的矫顽力，比铁镍合金的电阻率高，在重量上比铁镍合金轻，用于制造小功率变压器、脉冲变压器、高频变压器、微型电机、继电器、互感器、磁放大器、电磁离合器、电感元件、磁屏蔽器件、电磁阀、磁头和分频器等。

(5) 铁氧体软磁性材料

铁氧体是以氧化铁为主要成分的铁磁性氧化物，其特点是电阻率很高，密度和磁导率较低，较硬，不耐冲击，不易加工，用于100～500 kHz的高频磁场，可用于制造脉冲变压器、高频变压器、开关电源变压器、中长波及短波天线等。

2) 永磁性材料

永磁性材料也称为硬磁性材料。它是将所加的磁化磁场去掉以后，仍能在较长时间内保持强和稳定磁性的一种磁性材料。永磁性材料主要的特点是矫顽力高。它适合制造永久磁铁，被广泛应用于磁电式测量仪表、扬声器、永磁发电机和通信设备中。按照制造工艺和应用特点分类，永磁性材料可分为铝镍钴、稀土钴、硬磁铁氧体等。由于铝镍钴、稀土钴需要大量的贵重金属镍和钴，所以，最常用的永久磁性材料便是硬磁铁氧体。

硬磁铁氧体在高频的工作环境中电磁性能好，所以广泛应用于电视机的部件、微波器件等。

4.1.6 电工常用塑料

电工用塑料的主要成分是合成树脂，按合成树脂的类型，电工用塑料分为热固性塑料和热塑性塑料。这些塑料在一定的温度、压力下可加工成各种规格、形状的绝缘零部件，还可以作为电线电缆的绝缘和护层材料。

1) 热固性塑料

热固性塑料在热压成型后，成为不溶解不熔化的固化物，其树脂成分结构发生变化，主要分为酚醛塑料、氨基塑料、聚酯塑料和耐高温塑料。

① 酚醛塑料：酚醛塑料耐霉性好，适用于制作一般低压电机、仪器仪表绝缘零部件。

② 氨基塑料：氨基塑料色泽好，耐电弧性好，适于塑制电机、电器、电动工具绝缘结构，还可塑制电器开关灭弧部件。

③ 聚酯塑料：具有优良的电气性能和耐霉性能，成型工艺性好，适于塑制湿热地区电

机、电器、电信设备的绝缘部件。

④ 耐高温塑料：有较高的耐高温性，适于塑制耐高温的电机、电器绝缘零部件。

2）热塑性塑料

热塑性塑料在热压或热挤出成型后树脂的分子结构不变，其物理、化学性质不发生明显变化，仍具有可溶解和可熔化性，所以热塑性塑料可以多次反复成型。热塑性塑料主要有聚苯乙烯、苯乙烯-丁二烯-丙烯腈共聚物、聚甲基丙烯酸甲酯、聚酚胺、聚碳酸酯、聚砜、聚甲醛、聚苯醚等。

① 聚苯乙烯(PS)：是无色的透明体，有优良的电性能和透光性，但性脆、易燃，可用于制作各种仪表外壳、罩盖、绝缘垫圈、线圈骨架、绝缘套管、引线管、指示灯罩等。

② 苯乙烯-丁二烯-丙烯腈共聚物(ABS)：是象牙色不透明体，有较高的表面硬度，易于成型和机械加工，并可在表面镀金属。ABS 适用于制作各种仪表外壳、支架、小型电机外壳、电动工具外壳等。

③ 聚甲基丙烯酸甲酯(PMMA)：俗称为有机玻璃，或称为亚克力材料，是透光性优异的无色透明体，可透过 92%以上的阳光和 73.5%的紫外线，电气性能优良，易于成型和机械加工。PMMA 适用于制作仪表的一般结构零件，绝缘零件，读数透镜，电器外壳、罩、盖等。

④ 聚酚胺(尼龙)1010：是白色半透明体，常温下有较高的机械强度，良好的冲击韧性、耐磨性、自润滑性和良好的电气性能。尼龙 1010 可用于制作方轴绝缘套、小方轴、插座、线圈骨架、接线板以及机械传动件，如仪表齿轮等。

⑤ 聚碳酸酯(PC)：是无色或微黄色透明体，有突出的抗冲击强度，抗弯强度较高，耐热和耐寒性较好，电气性能优良。PC 可作电器、仪表中的接线板、支架、线圈支架等。

⑥ 聚砜(PSF)：是带琥珀色的透明体，具有较高的耐热性和耐寒性，机械强度好，电气性能稳定，可用于制作手电钻外壳、高压开关座、接线板、接线柱等。

⑦ 聚甲醛(PA)：呈乳白色，耐电弧性能好，在 −40～100 ℃很宽的温度范围内机械性能很好，用于制作绝缘垫圈、骨架、电器壳体、机械传动件等。

⑧ 聚苯醚(PPO)：呈淡黄色或白色，电气性能优良，机械强度高，使用温度范围很广，在 −127～121 ℃的温度范围内可以长期使用，缺点是加工成型较困难，可用于制作电子装置零件、高频印制电路板、机械传动件等。

4.1.7 常用紧固件与线扎

在整机的机械安装中，各部分的连接、部件的组装、部分元器件的固定及锁紧、定位等，经常用到紧固零件。对配电装置、电子仪器仪表中有许多信号传输线和连接线，这些导线不但看起来很零乱，影响美观，而且影响产品的稳定性，还会影响对产品的调试、维修和保养。因此须将这些导线捆扎在一起成为线扎。扎线(带)就是捆扎这些导线用的材料。扎线用品可分为捆扎线、线卡子、扎线带三类。

1）常用的紧固件

(1) 螺钉

常用的螺钉按头部形状可分为半圆头、平圆头、圆柱头、球面圆柱头、沉头、半沉头、滚花头和自攻螺钉等；按头部槽口形状可分为一字槽、十字槽、内六角等。其规格为 M 加阿拉伯数字,如 M1、M2、M8 等。

(2) 螺母

螺母的种类也很多,按外形可分为方形、六角形、蝶形、圆形、盖形等。它与螺栓、螺钉配合,起连接和紧固机件的作用。

(3) 垫圈

垫圈按形状分有平面、球面、锥面、开口等;按功能分有弹簧垫圈、止动垫圈等。其作用是防止螺母松动。

(4) 螺栓和螺柱

螺栓有方头、六角头、沉头、半圆头等几种;螺柱有单头、双头、长双头等几种。

(5) 铆钉

铆钉有半圆头、沉头、平锥头、管状等几种。

2) 常用扎线(带)

(1) 捆扎线

捆扎线有棉线、尼龙线和亚麻线等,优点是价格便宜。为了防止打滑,生产厂家通常将其用蜡作浸渍处理。

(2) 线卡子

线卡子一般用尼龙或塑料制成,用作扎线或固定线扎。线卡子的规格尺寸有长也有短,要根据所要捆扎导线的粗细决定。尺寸长的价格要贵一些,所以要合理选用。

(3) 扎线带

扎线带的种类繁多,用尼龙或塑料制成,用作扎线或固定线扎,使用扎线带捆扎线扎非常方便。

4.1.8 常用粘接材料、油漆和有机溶剂

1) 粘合剂

粘合剂又称胶粘剂,简称为胶。不仅能粘结非金属材料,而且也能粘结金属材料。其优点是:重量轻,耐疲劳强度高,适应性强,能密封,能防锈。但一般怕高温,若超过使用温度会使强度迅速下降。

(1) 914 室温快速硬化环氧粘合剂

其特点是硬化速度快,粘合强度高,耐热、耐水、耐油、耐冷热冲击性能好。

适用范围:金属、玻璃、陶瓷、木材、胶木和层压板等小面积快速粘合,不能用作聚烯烃类塑料的粘合。

(2) 科化 501 胶

是无色或微黄色透明液体,适用于−50～70 ℃的各种材料的粘合,比 502 胶粘度小、流动性好,但在室温下受空气中微量水分的催化能迅速硬化,储存期短,易变质。

适用范围:可用于钢、铜、铅、橡胶、塑料(聚乙烯、聚四氯乙烯除外)、玻璃、木材等材料的小面积粘合。能抗普通有机溶剂,但不宜在酸、碱液中长期使用,也不宜在高度潮湿及强烈振动的设备上使用。

(3) 502 粘合剂

是无色或微黄色的透明液体，在室温下和很短的时间内即产生聚合而硬化，故也称为502快干胶，502粘合剂储存期短。

适用范围：对各种金属、玻璃、塑料（非极性材料如聚乙烯、聚四氟乙烯等除外）及橡胶等都有较强的粘合作用，可用于大面积粘合。

(4) 1010环氧树脂粘合剂

这种粘合剂耐水、耐煤油，在骤冷骤热的情况下剪切强度不变。

适用范围：对各种金属、玻璃钢、胶木等有良好的粘合力。

使用方法：将1010环氧树脂与聚酰胺H-4按1∶1配好，拌匀，将需胶接处清理干净，用毛刷均匀涂一层胶，立即粘合加压，常温下约2 h即可固化。

(5) 101胶（又称乌利当胶）

① 适用范围：用于金属及非金属粘合。

② 使用方法：将甲、乙两种胶根据要胶接的材料按不同比例混合均匀，将需胶接处清理干净，用毛刷均匀涂一层胶，立即粘合加压，常温下5～6天即可固化，若加热到100 ℃，约2 h即可固化。

(6) XY104粘合剂

是灰色液体，用于橡胶与金属的粘接。

(7) XY401粘合剂

也称为88号胶，属于橡胶-树脂粘合剂，对钢、铝等金属无腐蚀。

适用范围：适用于橡胶与橡胶、橡胶与金属、橡胶与玻璃及其他材料的粘合。

使用方法：用乙酸乙酯和汽油的混合液（重量比2∶1）进行稀释，将需胶接处清理干净，用毛刷均匀涂一层胶，常温下放置5～10 min，立即将两个被胶接表面贴在一起，立即加压，24 h后，可去掉加压器，再放置24 h即可固化。

(8) 压敏胶

是一种可剥离胶粘剂，较长时间不变干，并保持一定的粘附力，可反复使用。

2) 漆料

无线电整机装配中用到的漆料，按其用途可分为点头漆、紧固漆、防护漆等。下面分别加以介绍。

(1) 点头漆

在元器件安装后进行检验时，常对合格焊点和紧固件点上点头漆，以作为标志。

点头漆通常是根据各厂的实际需要自行配制的，一般可采用硝基桃红0.5 g与硝基胶液100 g配制而成。

(2) 紧固漆

在元器件装配后，常对某些螺母及易动的调谐部位加上紧固漆，以防止振动的螺母松动或调谐位置变动。

紧固漆通常也是根据各厂的实际需要自行配制的。一般可采用红硝基磁漆1 g与清漆4 g进行配制。

(3) 磁漆

常用的磁漆是醇酸磁漆。其特性是光亮、耐热、机械强度好，但耐潮性能较差，主要用于包装箱上书写文字与代号。

(4) 防护漆

金属及其合金由于外部介质的作用会受到腐蚀。无线电整机的机箱、元器件表面受潮后会发生锈蚀,必须加以防护。其措施之一就是采用油漆涂覆。涂防护漆既能防护,能起绝缘作用。

以往防潮、防腐常采用风立水或 1504 清漆,效果不十分理想。现在,有些工厂使用 SO1－3聚氨酯清漆、M－155 丙烯酸树脂及 PPS 有机硅改性聚氨酯作为防潮、防盐雾、防霉菌的绝缘材料,效果较为明显。

3) 有机溶剂

(1) 香蕉水

无色、易燃、不溶于水,可与苯及二氧化硫互溶,有香蕉气味。其作用是稀释某些油漆。

(2) 无水乙醇

无水乙醇又称无水酒精,是一种无色透明易挥发的液体。它易燃,极易吸收潮气,能与水及许多有机溶剂混合。主要用于清洗焊点和印制电路板组装件上残留的焊剂、油污。

(3) 航空洗涤汽油

航空洗涤汽油是由天然原油制得的轻汽油。可用于精密机件和焊点的洗涤。

(4) 二氯乙烷

二氯乙烷是一种无色油状液体,有毒性和麻醉性,易挥发燃烧,微溶于水。主要用于配制书写导线、塑料套管标记。

(5) 三氯三氟乙烷

在常温下为无色透明易挥发的液体,有微弱的醚的气味。化学性能稳定,对钢、镍、铝、锡无锈蚀现象,对保护性的涂料(油漆、清漆)无破坏作用,但对各种油脂有较强的溶解作用。常作为制冷剂、发泡剂等,对助焊剂如松香有良好的清洗作用,在电子设备中用作汽相清洗液。

4.2 装配中的加工工艺

电子产品装配过程各生产阶段是密切相关的,与整机装配密切相关的是各项准备工序,即对整机所需的各种导线、元器件、零部件等进行预先加工处理,它是顺利完成整机装配的重要保障。在准备工序中,如果设备比较集中,操作比较简单,可节省人力和工时,提高生产效率,确保产品的装配质量。

准备工序是多方面的,它与产品复杂程度、元器件的结构和装配自动化程度有关。本节将重点介绍导线的加工、浸锡、元器件成型、线把的扎制、电缆的加工及组合件的加工等准备工序的工艺。

4.2.1 导线的加工

绝缘导线的加工主要可分为五个步骤:剪裁、剥头、捻头(多股线)、浸锡、清洁。

1) 剪裁

导线应按先长后短的顺序,用剪刀、斜口钳、自动剪线机或半自动剪线机进行剪切。对于绝缘导线，应防止绝缘层损坏，影响绝缘性能。手工剪裁绝缘导线时要拉直再剪。自动手工剪裁绝缘导线时可用调直机拉直。铜管一般用锯剪裁，扁铜带一般在剪床上剪裁。剪线要按工艺文件中的导线加工表规定进行，长度应符合公差要求。如无特殊公差要求，则可按表 4－2 选择公差。

表 4－2　导线长度的公差

导线长度/mm	50	50～100	100～200	200～500	500～1 000	1 000 以上
公差/mm	+3	+5	+5～+10	+10～+15	+15～+20	+30

2）剥头

将绝缘导线的两端去掉一段绝缘层而露出芯线的过程称为剥头。导线剥头可采用刀剪法和热剪法。刀剪法操作简单，但有可能损伤芯线；热剪法操作虽不伤芯线，但绝缘材料会产生有害气体。使用刀剪法之一的剥线钳剥头时，应选择与芯线粗细相配的钳口，对准所需要的剥头距离，剥头时切勿损伤芯线。剥头长度应符合导线加工表，无特殊要求时可按表 4－3所示选择剥头长度。

表 4－3　选择剥头长度

芯线截面积/mm^2	1 以下	1.1～2.5
剥头长度/mm	8～10	10～14

3）捻头

对于多股线剥去绝缘层后，芯线可能松散，应捻紧，以便浸锡与焊接。捻线时的螺旋角度约为 30°～45°，如图 4－9 所示。手工捻线时用力不要过大，捻线的圈数要适中，否则易捻断细线。如果批量大，可采用专用捻线机。

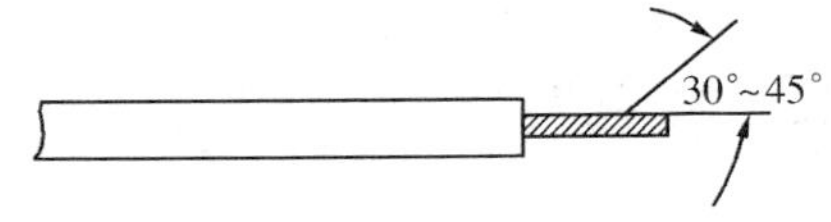

图 4－9　多股线捻头示意图

4）浸锡

浸锡是为了提高导线及元器件在整机安装时的可焊性，是防止产生虚焊、假焊的有效措施之一。

（1）芯线浸锡

绝缘导线经过剥头、捻头后，应进行浸锡。浸锡前应先浸助焊剂，然后再浸锡。浸锡时间一般为 1～2 s，且只能浸到距绝缘层线 1～2 mm 处，以防止导线绝缘层因过热而收缩或者破裂。浸锡后要立刻浸入酒精中散热，最后再按工艺图要求进行检验、修整。

（2）裸导线浸锡

裸导线、铜带、扁铜带等在浸锡前应先用刀具、砂纸或专用设备等清除浸锡端面的氧化层，再蘸上助焊剂后进行浸锡。若使用镀银导线，就不需要进行浸锡，但如果银层已氧化，则仍需清除氧化层及浸锡。

(3) 元器件引线及焊片的浸锡

元器件的引线在浸锡前应先进行整形，即用刀具在离元器件根部 2～5 mm 处开始除氧化层，如图 4-10(a)、(b)所示。浸锡应在去除氧化层后的数小时内完成。焊片浸锡前首先应清除氧化层。无孔焊片浸锡的长度应根据焊点的大小或工艺来确定，有孔的焊片浸锡应没过小孔 2～5 mm，浸锡后不能将小孔堵塞，如图 4-10(c)所示。浸锡时间还要根据焊片或引线的粗细酌情掌握，一般为 2～5 s。时间太短，焊片或引线未能充分预热，易造成浸锡不良。时间过长，大部分热量传到器件内部，易造成器件变质、损坏。元器件引线、焊片浸锡后应立刻浸入酒精中进行散热。

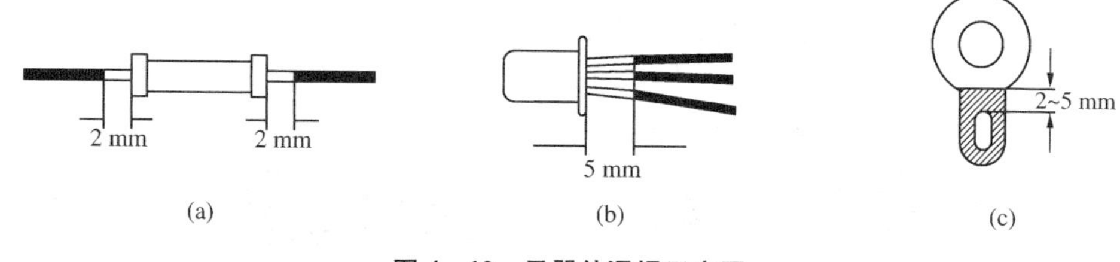

图 4-10　元器件浸焊示意图

经过浸锡的焊片、引线等，其浸锡层要牢固、均匀、表面光滑、无孔状、无锡瘤。

5) 清洁

绝缘导线通过浸锡后，一般还残留了助焊剂，需用液相进行清洗，提高焊接的可靠性。

4.2.2　线扎加工

1) 线把的扎制

由于电子整机的线路往往很复杂，电路连接所用的导线很多，如果不加任何整理，就会显得十分混乱，既不美观，也不便于查找，为了解决这个问题，在无线电整机装配工作中，常常用线绳或线扎搭扣等把导线扎制成各种不同形状的线扎(亦称线把、线束)。线扎图采用 1∶1 的比例绘制，以便于在图纸上直接排线。线扎拐弯处的半径应比线束直径大两倍以上，并在主要拐弯处钉上去掉帽的铁钉。导线的长短合适，排列要整齐。线扎分支线到焊点应有 10～30 mm 的余量。不要拉得过紧，免得受振动时将焊片或导线拉断。导线走的路径要尽量短一些，并避开电场的影响。输入输出的导线尽量不排在一个线扎内，以防止信号回授。如果必须排在一起，则应使用屏蔽导线。射频电缆不排在线扎内。电子管灯丝线两根应拧成绳状之后再排线，以减少交流声干扰。靠近高温热源的线束容易影响电路正常工作，应有隔热措施，如加石棉板、石棉绳等隔热材料。

在排列线扎的导线时，应按工艺文件导线加工表的排列顺序。导线较多时，排线不易平稳，可先用废铜线或其他废金属线临时绑扎在线束主要位置上，然后再用线绳从主要干线束绑扎起，继而绑分支线束，并随时拆除临时绑线。导线较少的小线扎，亦可按图纸从一端随排随绑，不必排完导线再绑扎。绑线在线束上要松紧适当，过紧易破坏导线绝缘，过松线束不挺直。

每两线扣之间的距离可以这样掌握：线束直径在 10 mm 以下的为 15～22 mm，线束直径在 10～30 mm 的为 20～40 mm，线束直径在 30 mm 以上的为 40～60 mm。绑线扣应放在线束下面。

绑扎线束的材料有棉线、亚麻线、尼龙线、尼龙丝等。

棉线、亚麻线、尼龙线，可在温度不高的石蜡或地蜡中浸一下，以增强线的涩性，使线扣不易松脱。

2) 绑扎线束的方法

(1) 线绳绑扎

图 4-11(a)是起始线扣的结法。先绕一圈拉紧，再绕第二圈，第二圈与第一圈靠紧。(b)、(c)两图是中间线扣的结法。(b)所示为绕两圈后结扣；(c)所示是绕一圈后结扣。终端线扣如图 4-11(d)所示，先绕一个像图(b)那样的中间线扣，再绕一圈固定扣。起始线扣与终端线扣绑扎完毕应涂上清漆，以防止松脱。

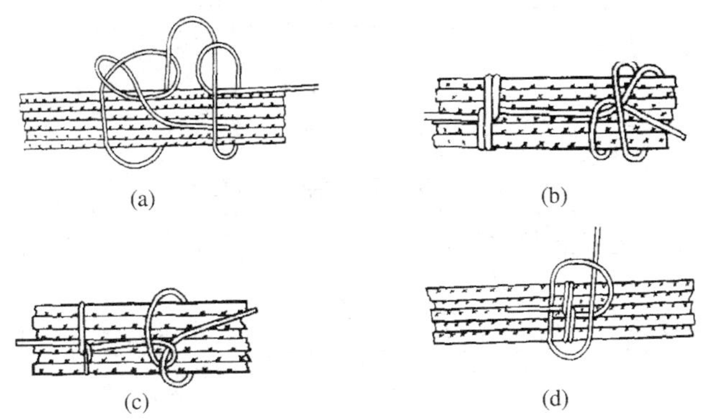

图 4-11 线束线扣绑扎示意图

线束较粗、带分支线线束的绑扎方法如图 4-12 所示。在分支拐弯处应多绕几圈线绳，以便加固。

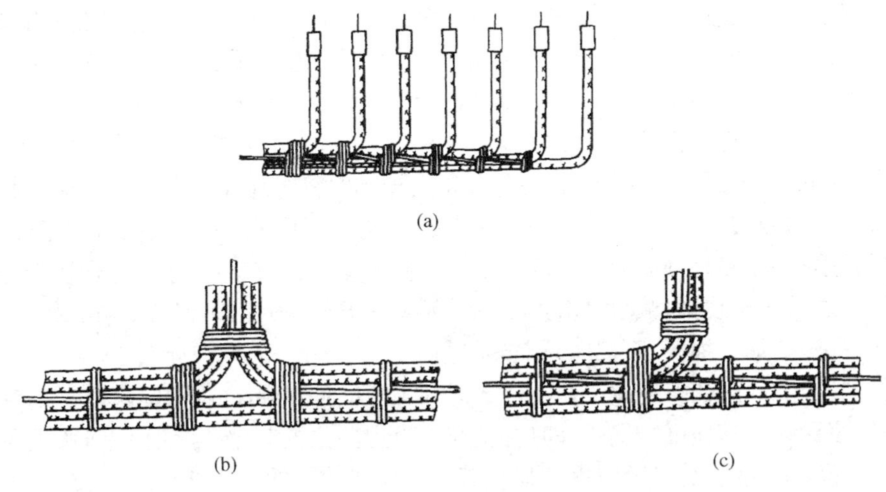

图 4-12 绑扎方法

(2) 粘合剂结扎

导线很少时，可用粘合剂四氯化呋喃粘合成线束，如图 4-13 所示。粘合完不要马上移动线束，要经过 2～3 min 待粘合凝固后再移动。

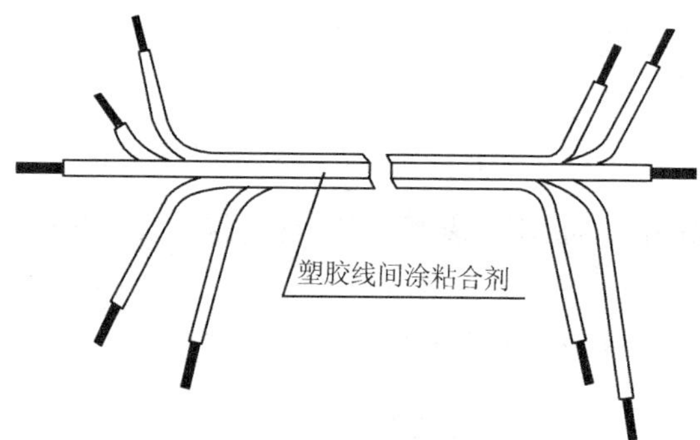

图 4 - 13 导线粘合示意图

(3) 线扎搭扣

线扎搭扣有许多式样,如图 4 - 14 所示。用线扎搭扣绑扎导线时,可用专用工具拉紧,但不要拉得过紧,过紧会破坏搭扣锁。在适当拉紧后剪去多余长度即完成了一个线扣的绑扎,如图 4 - 15 所示。

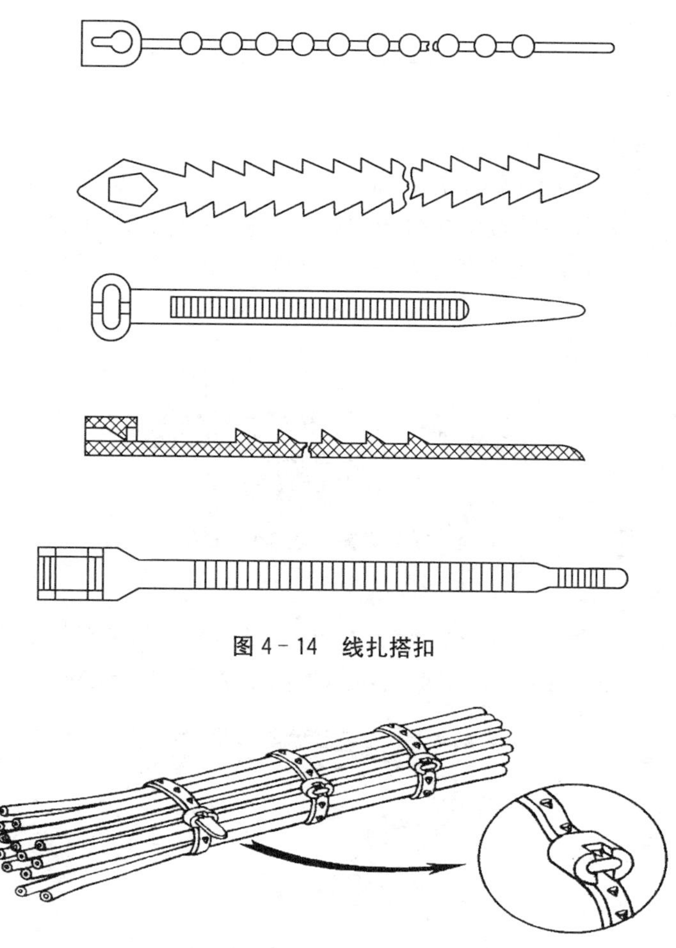

图 4 - 14 线扎搭扣

图 4 - 15 线扎搭扣绑扎示意图

4.2.3　电缆导线的加工

1）屏蔽导线的剥头

剥离屏蔽导线端的屏蔽层时，不能剥得过长，否则将失去屏蔽作用。屏蔽层端到绝缘层端的距离，应视导线工作电压而定，工作电压在 600 V 以下，剥头长度取 10～20 mm，工作电压越高，剥头长度越长，导线屏蔽层的剥离如图 4－16 所示。

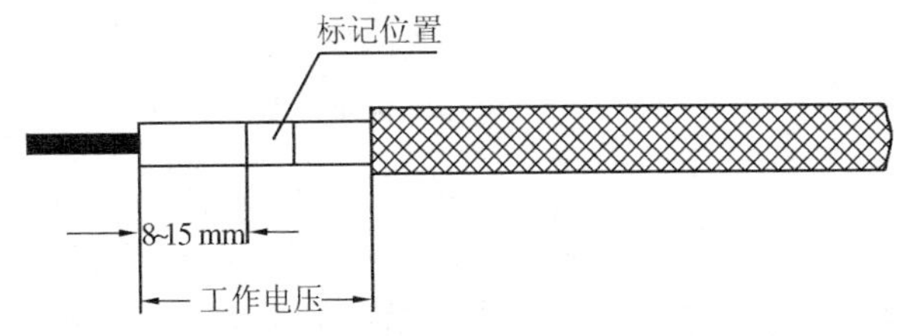

图 4－16　屏蔽线剥头示意图

2）屏蔽导线的制作

为使屏蔽导线有更好的屏蔽效果，剥离后的屏蔽层应可靠接地。屏蔽层的接地线制作有以下几种不同的方法。

（1）在屏蔽层端绕制镀银铜线制作

在剥离出的屏蔽层下面缠 2～3 层黄绸布，然后在屏蔽层端头上密绕镀银铜线，宽度约为 2～6 mm。绕制后铜线与屏蔽层焊接牢固（应焊一圈），焊接时注意掌握时间，以免时间过长烫坏绝缘层。最后，将镀银铜线空绕一圈并留出一定长度用作接地。制作的屏蔽地线如图 4－17 所示。

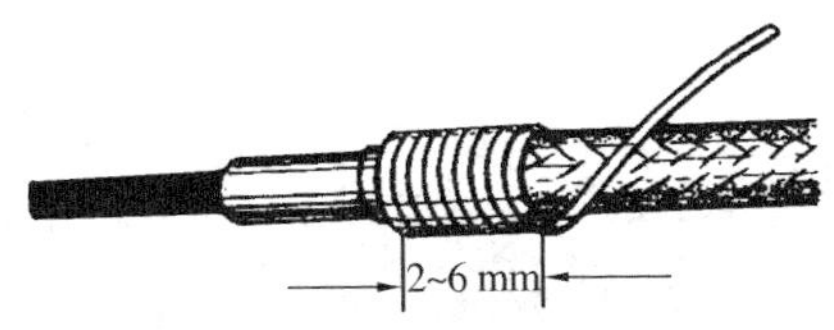

图 4－17　屏蔽线端绑扎示意图

（2）直接用屏蔽层制作

在屏蔽层的适当位置上拨开一个小孔，抽出绝缘线，然后将屏蔽层线捻紧，并将线头浸锡。浸锡时要用尖嘴钳夹住，防止锡向上渗进，形成硬结。制作方法如图 4－18 所示。

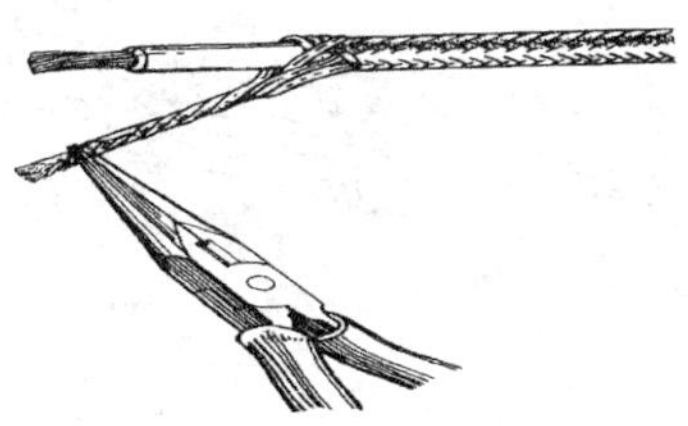

图 4－18　屏蔽线端浸锡示意图

（3）在屏蔽层端焊接绝缘导线制作

剥离一段屏蔽层后，将绝缘导线焊在屏蔽层端头的金属线上，绝缘导线外可套上绝缘套管，如图 4－19 所示。

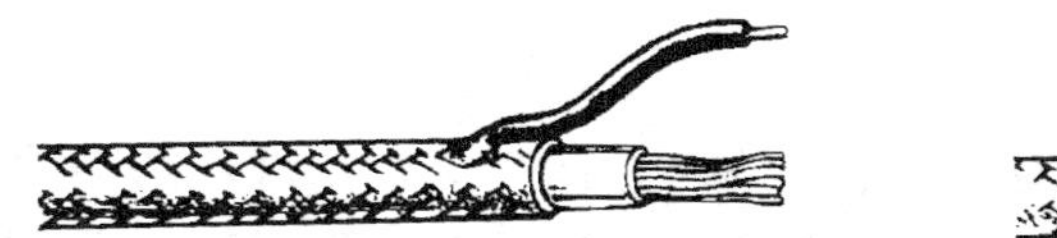
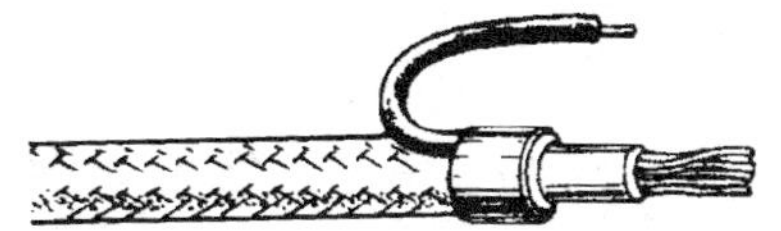

图 4－19　屏蔽线端套管示意图

3）低频电缆与插头、插座的连接

低频电缆常作为电子产品中各部件间的连接线，用于低频信号的传输。低频传输线规格较多，可在市场上直接购得。电缆插头、插座的型号也很多，结构各不相同，加工方法存在差异，但总的要求基本一致，即根据插头、插座的引脚数目选择相应的电缆，电缆内各导线焊到引脚上之前，应进行剥头等处理，电缆线束的弯曲半径不能小于线束直径的两倍，在插头根部的弯曲半径不能小于线束直径的 5 倍，以防止电缆折损。为说明其过程，下面分别列举非屏蔽电缆、屏蔽电缆与插头座的连接。

（1）非屏蔽电缆与插头座的连接

将电缆外层的棉织套剥离适当一段后，用棉线绑扎，并涂上清漆，以增强扎线强度。然后套上如图 4－20 所示的橡皮圈，拧下插头座上的螺钉，拆开插头座，把插头座后环套在线束上，并将绝缘套管套入处理过的导线头内，再将导线依次焊到插头座的引脚上，把绝缘套管推到焊脚根部，以免引脚间相互短路。最后安装插头座外壳，拧紧螺钉，旋好后环即可。

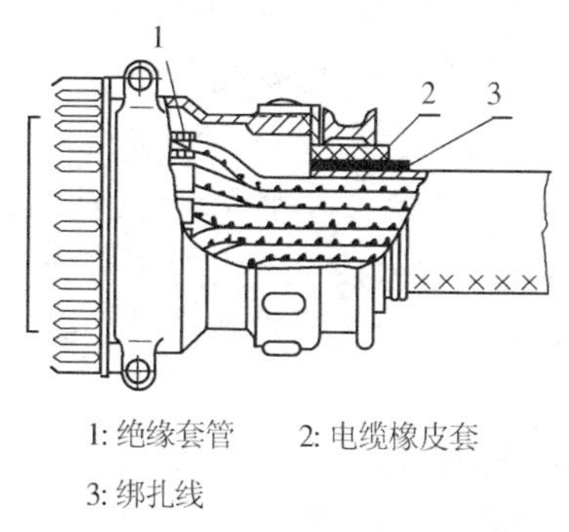

图 4－20　非屏蔽线插头接法

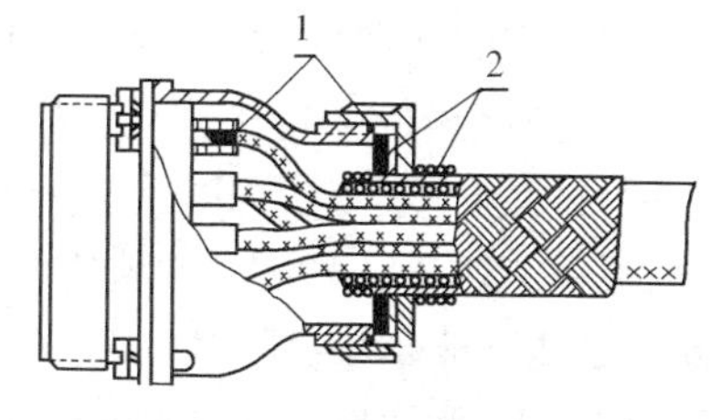

图 4－21　屏蔽线插头接法

（2）屏蔽电缆与插头座的连接

其方法与非屏蔽电缆的插头座连接基本相同，只是插头座后环套入电缆线后，要将一金属圆垫圈套过屏蔽层，并把屏蔽层均匀焊到圆垫圈上。然后再焊线、套套管、拧螺钉、旋后环，如图 4－21 所示。

4.3　装配中的安装工艺

无锡焊接是焊接技术的一个组成部分，包括压接（冷压、热压）、绕接、熔焊、导电胶接、激光焊接等。无锡焊接的特点是不需要焊料与焊剂即可获得可靠的连接。近年来无锡焊接在电子整机装配中得到推广应用，以下就目前使用较多的螺装、铆装、粘装、压接与绕接等无锡焊接分别作简要介绍。

4.3.1　螺装

用螺钉(螺柱、螺栓等)、各种螺母及各种垫圈将各种元器件和零件、部件、整件之间紧固地安装在整机各个位置上的过程,为螺钉连接安装工艺,简称螺装。螺装属于可拆卸的固定连接,它便于更换器件,连接方式比较灵活,宜于多次拆装。

1) 螺装的特点

通常螺钉连接结构的方式有:用螺钉和螺母与相联件连接成为一体的方式。根据螺钉连接的要求,可以分别选择不同种类的紧固件完成连接。所以,螺装具有多种连接方式的选择性、固定连接的可拆性特点。同时,与其他安装工艺相比,更具有装配灵活的特点。

2) 螺装工具的选用

根据部标 JB720～721—65 的规定,使用活动扳手或固定扳手紧固螺钉、螺母时,应与螺钉、螺母相匹配。主要指荷重与负荷半径。

3) 螺装的安装

螺装连接的紧固安装要按工艺顺序进行,被安装件的形状方向或电子元器件的标称值的方向应符合图纸的规定。对电子管座、插头、插座、相同形状的电阻、电容等,应特别注意其定位方向或标称值的方向,避免装错。

安装部位全是金属件时,应使用钢垫圈,其目的是保护安装表面不被螺钉帽或螺母擦伤,增加螺母的接触面积,减小连接件表面的压强。弹簧垫圈或内齿弹性垫圈可防止螺母或螺钉松动,起止动作用。有些安装件要同时加垫圈与弹簧垫圈(弹簧垫圈要在垫圈上面)。

用两个螺钉安装元器件时,不要先把其中一个拧紧之后再安装另一个,应当将安装件仔细摆正位置后对两个螺钉均匀紧固。用四个螺钉安装元器件时,可先按对角线的顺序分别半紧固,然后再均匀拧紧。紧固时不宜用冲击力,最好使用限力扳手或限力螺钉旋具。翼形螺母不许用扳手或钳子去紧固。双头螺栓在紧固后要使两端露出的螺纹尽量一样长。

4) 防止连接松动的几项措施

根据安装要求,为了防止紧固件的松动或脱落,可分别采取不同的措施。

(1) 利用两个螺母互锁;

(2) 用弹簧垫圈;

(3) 涂紧固漆;

(4) 加开口的销钉;

(5) 用橡皮垫。

5) 几种特殊元器件的安装

(1) 瓷件、胶木与塑料件的安装

瓷件和胶木件脆而易碎,安装时应在接触位置上加软垫,如橡皮垫、软木垫、纸垫、铝垫、棉垫等,以便其承受压力均匀,不可使用弹簧垫圈。其中心螺母与瓷件之间用薄铝垫圈,瓷碗与安装面接触处用橡皮垫圈,三个固定螺钉上用纸垫圈(也有的在垫圈上再加一钢垫圈)。

塑料件一般较软,容易变形,安装时一般都用大外径钢垫圈,以减小单位面积的压力。

安装带螺扣的瓷件、胶木件及塑料件时,不能紧固得过紧,否则易造成滑扣。为了防止松动，可在螺孔内涂紧固漆(Q98—1)。

安装较粗的瓷管、瓷棒时，在卡紧的位置可垫一层薄铅皮垫。铅皮不滑，亦不老化，比塑料垫更好。

(2) 大功率晶体管散热器安装

大功率晶体管一般都安装在散热器上。有些晶体管出厂时即装有散热器，有些则要在装配车间安装散热器。安装时，散热器与晶体管的接触面应接触良好，表面要清洁。如果在两者之间加云母片，则云母片的厚度要均匀。在云母片两面涂些硅油，可以使接触面密合，提高散热效率。

(3) 屏蔽件的安装

无线电产品中有些器件需要加屏蔽罩，有些单元需要用屏蔽盒，有些器件需要加隔离板，有些导线要选用金属屏蔽线。采用屏蔽措施是为了阻止电磁能量的传播或将电磁能量限制在一定的空间范围之内。

在用铆装与螺装的方式安装屏蔽件时，安装位置一定要清洁。可用酒精或汽油清洗干净，漆层也要去掉。如果接触不良，产生缝隙分布电容，就起不到屏蔽作用了。

(4) 单一螺母的安装件和旋钮、手柄的安装

电位器、钮子开关、波段开关、传动轴等，一般都是用一个螺母安装在面板上的，安装电位器、钮子开关时应加平垫圈与内齿弹性垫圈。安装波段开关时，里面靠近面板处应加双耳止动垫圈或单耳止动垫圈，外面靠近面板处应加平垫圈。当轴上安装有旋钮或手柄时，旋钮指示的起点与终点位置一定要准确。

(5) 弹性件的安装

弹性件在无线电整机中起减震、稳定、安全的作用。例如，安装空气可变电容器时加橡皮垫，可防止机震；收音机外壳与底板上加橡皮垫，可减轻运输存放的振动；晶体管脚上加橡皮垫，可使装焊稳定等等。

安装弹性件时，不能破坏其弹性，不应超过规定负荷，安装位置尽量避开振动较强的部位。

(6) 端子板上安装导线

使用时带电的紧固螺钉、螺母、垫圈等宜用铜质制作。在端子板上安装各种导线时一定要紧固好，否则会引起接触不良和发热现象，影响电路正常工作，电源线不宜只是绕在螺钉上，应焊在适当的焊片上。每个紧固螺钉上安装的焊片不宜超过三个。安装与紧固时不要划伤端子板表面。

4.3.2 铆装

用各种铆钉将各种元器件和零件或部件之间连接在一起的过程，为铆钉连接安装工艺，简称铆装。铆装属于不可拆卸的固定连接，其特点是安装紧固、可靠。铆钉有半圆头铆钉、平头铆钉、沉头铆钉等几种。

1) 铆装工具

(1) 手锤通常用圆头手锤，其大小应按铆钉直径的大小来选定。

(2) 压紧冲头，当铆钉插入铆钉孔后，用它压紧被铆装的工件。

(3) 半圆头冲头,按照标准的半圆头铆钉尺寸制成并经过淬火、抛光。

(4) 垫模,形状与铆钉头的形状一致。在铆装时把铆钉头放在垫模上,可使受力均匀,防止铆钉头变形。

(5) 平头冲,铆装沉头铆钉时用。

(6) 尖头冲,空心铆钉扩孔用。

2) 铆装方法

各种铆钉镦铆成型的好坏与铆钉留头长度及铆装方法有关。铆钉长度应等于铆台厚度与留头长度之和。半圆头铆钉留头长度应等于其直径的 4/3～7/4。铆钉直径应大于铆装厚度的 1/4,一般应为板厚度的 1.8 倍。

铆钉头镦铆成半圆形时,铆钉孔要与铆钉直径配合适当。先将铆钉放到孔内,铆钉头放到垫模上,压紧冲头放到铆钉上,砸紧两个铆装件。然后拿下压紧冲头,改用半圆头冲头镦铆露出的铆钉端。开始时不要用力过大,最后用力砸几下即可。

铆钉头镦铆成沉头时,先将铆钉放到被铆装孔内,铆钉头放在垫模上,用压紧冲头压紧两个被铆装件,然后用平冲头镦成型。

铆装空心铆钉时,先将装上了空心铆钉的被铆装件放到平垫模上,用压紧冲头压紧。然后用尖头冲头将铆钉孔扩成喇叭口状,再用冲头砸紧。

4.3.3 粘装

用各种粘合剂将各种零件、材料或元器件粘接在一起的过程,称为粘接,粘接属于不可拆卸的固定连接。由于它所特有的优点,逐步被日益广泛地应用于无线电整机安装中。从发展来看,粘接在一定条件下,可以代替螺装、铆装、焊接等连接,它能用于常规安装无法连接的零、部件,从而简化了复杂的连接结构和安装工艺。

1) 粘接工艺的主要优点

粘接工艺操作简便,成本低廉,密封性好,适应性强。由于粘合剂新品种、规格的不断研制,已能满足耐水、耐油以及具有导电性能的要求。品类繁多的粘合剂的应用,使得粘接工艺联结有了多种不同种类的材料。各种粘合剂都有较好的粘接强度,而且粘接处的应力分布均匀。

虽然粘接具有上述许多优点,但也存在一些弱点和由于工艺不完善产生的问题。例如:粘接质量不够稳定,而且对粘接质量的检测比较困难;粘接时对零件表面洁净程度以及工艺过程的控制,要求比较严格;粘接不适用于高温。

2) 粘接工艺的一般要求

粘接的简单工艺过程包括粘合剂的合理选用、粘接表面的清理、调板、涂胶、粘合、固化(加温或加压)等。工艺过程中的每道工序,每项工作的质量都直接影响到粘接质量,特别是粘合剂的选用,往往还需要经过多次试验才能最后选定。应当特别注意粘合剂的保管质量,几乎所有的粘合剂都规定有贮藏期限和贮存温度等的要求。粘接表面必须经过认真清理,而且经过清理的表面还必须在规定的时间之内进行粘接。不同种类、型号粘合剂的调胶、涂胶、粘合、固化,各有不同的规定和要求,粘接时应当严格按照粘接工艺规程进行。

4.3.4　压接

压接是用专门的工具(压接钳)在常温下对导线和接线端子施加足够的压力,使两种金属导体(导线与压接端子)产生塑性变形,从而达到可靠的电气连接。压接具有接触面积大、使用寿命长等优点,而且不用热源、电源,工艺简单,操作方便,质量稳定,可直观检查,因而在电子设备、机电产品制造行业中得到广泛应用。

图 4 - 22(a)是一种压接钳的外形示意图,压接工具的性能是保证压接质量的关键,使用前应做好必要的检查。图 4 - 22(b)是导线与压接端子压接示意图,压接端子一般采用紫铜材料制造,压接前导线先剥去端部绝缘层并捻头,插入端子筒后,端子筒两边露出的导线长度 A 和 B 一般在 0.5～1.5 mm 左右。压接前应检查导线和压接端子的质量是否符合要求,压接后要进行外观检查,检查端子有无裂纹及其他损伤,必要时要抽样做接触电阻和耐拉力等性能检查。

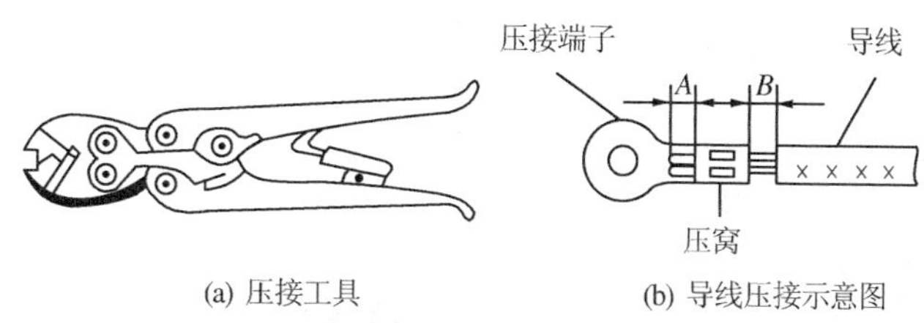

图 4 - 22　压接装配示意图

4.3.5　绕接

绕接是用绕接工具(也叫绕接器,俗称绕枪)对一定长度的单股实心导线施加一定的拉力,并按预定的圈数把导线缠绕在带有两个以上棱边的接线端子上,从而达到可靠的导电连接。

图 4 - 23 是一种常用的电动式绕枪外形示意图。图 4 - 24 是一种常规型绕接示意图,它是把去掉绝缘层的导线,以连续旋转的方式牢固地缠绕在接线端子上。

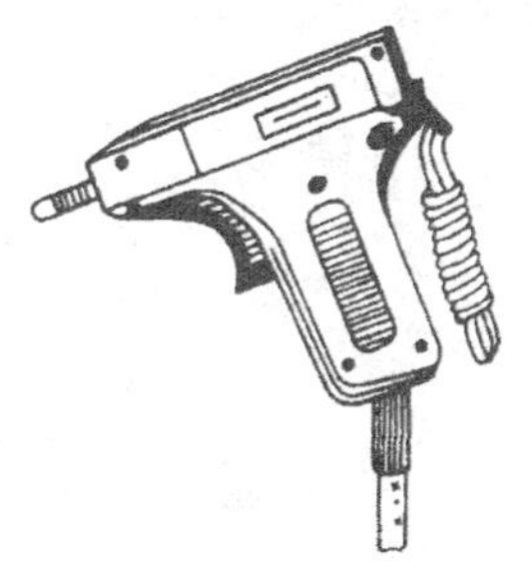

图 4 - 23　电动绕接机

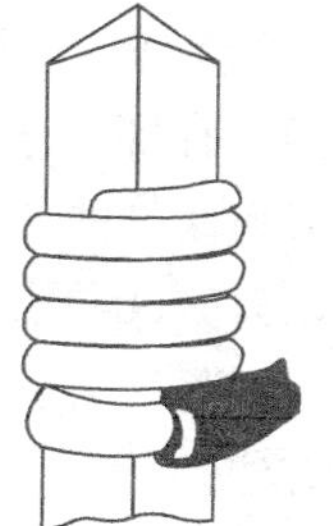

图 4 - 24　绕接成型示意图

由于绕接时需对导线施加一定的拉力,而导线与带棱边的接线端子的接触面积又很小,所以压强很大,会在棱边表面产生压痕,从而增强了导线与锭线端子的接触面积。又由于绕接过程中导线的滑动摩擦作用,破坏了接触表面的氧化层,使得接触表面得以清洁。受力的瞬间接触，导致金属间的温度升高，在金属导线和接线端子间形成了合金层。所以绕接可以达到可靠的导电连接。

实践证明，绕接技术具有下列优点：

(1) 接触电阻小。绕接电阻约 1 mΩ，而锡焊点的接触电阻有 10 mΩ 左右。

(2) 抗震能力比锡焊强，可靠性高，寿命长。

(3) 不需加温，无污染。

绕接技术虽有许多优点，但也存在不足之处，例如，要求导线必须是单芯线，接点是特殊形状，导线剥头比锡焊的长，要用专门的绕接工具等等。作为一种新的工艺，绕接技术一定会在实践中不断完善，在电子设备的装配中得到广泛应用。

习题 4

1. 在电子产品装配过程中常用的装配工具有哪些？
2. 简述螺丝刀的种类和用途。
3. 常用的钳子有哪些？它们的用途是什么？
4. 说明常用机械的名称和作用。
5. 常用线材有哪几种？其用途有哪些？
6. 常用聚氯乙烯绝缘电线的主要性能参数有哪些？
7. 陶瓷、云母、绝缘漆、环氧树脂和硅胶有哪些作用？
8. 软磁性材料有哪些？各有什么特点？
9. 热塑性塑料具有哪些特点？
10. 常用的紧固件有哪些？谈谈正确使用的方法。
11. 粘合剂的作用是什么？
12. 漆料有哪些？作用是什么？
13. 有机溶剂在电子装配中有什么作用？
14. 为什么要对元器件引线进行成型加工？引线成型加工的基本要求有哪些？
15. 导线的加工可分为哪几个过程？
16. 简述普通导线端头加工步骤与要求。
17. 常用的线扎制作有哪几种方法？简述各种方法的优缺点。
18. 屏蔽导线是如何制作的？
19. 防止螺装松动有哪几项措施？
20. 瓷件、胶木与塑料件的安装应注意什么？
21. 简述铆装的方法。
22. 粘接工艺的一般要求是什么？
23. 压接和绕接如何进行？

实训 4

导线与电缆的加工训练

1. 实训目的

掌握导线与电缆加工的方法。

2. 实训仪器与材料

(1) 锡锅、剪线钳、剥线钳、剪刀、电工刀、镊子、25 W 烙铁、尺子等工具。

(2) 焊锡、松香和有机溶剂等助焊剂。

(3) 单股导线、多股导线和电缆线。

3. 实训步骤

(1) 导线加工

① 用剪线钳剪取单股导线和多股导线各 10 根,长度为 20 cm。

② 用剥线钳在导线的两端分别剥 5 mm 长的头,各 5 根,剥 10 mm 长的头,也是各 5 根。

③ 对多股导线顺时针方向捻头,边捻边拉,不要弯曲。

④ 将剥好头的单股线和捻好头的多股线沾上松香。

⑤ 将沾有松香的导线头浸入锡锅,轻轻转动,反复几次,使芯线均匀地沾上锡。

⑥ 重复上述步骤,采用烙铁上锡,边转动烙铁边上锡,直到芯线均匀地沾上锡。

⑦ 将上好锡的导线仔细检查,如果绝缘层上沾上了松香,用有机溶剂清洗干净。

(2) 电缆线的加工

① 用剪刀剪取电缆线 10 根,长度为 30 cm。

② 用电工刀剥开电缆线两端 20 mm,并剪去剥开的皮层。

③ 用镊子拨开金属网套,抽出芯线,并将金属网套按顺时针方向捻紧,边捻边拉直。

④ 将芯线剥头 10 mm。

⑤ 将剥好头的芯线沾上松香。

⑥ 将沾有松香的导线头用烙铁上锡。对捻紧的金属网套边也上锡,边上锡边压金属网套,要上锡均匀。

⑦ 将上好锡的电缆线仔细检查,如果绝缘层上沾上了松香,用有机溶剂清洗干净。

4. 注意事项

(1) 用剪刀剪线时,注意用力均匀。

(2) 芯线沾松香,不要沾到绝缘层上。

(3) 用镊子拨金属网套时,用力要轻,不要拨断网套线。

5 常用技术文件及整机装配工艺

【主要内容和学习要求】

(1) 常用工艺文件是整机产品生产过程中的基本依据，它遵循的原则是：标准性、完整性和易组织生产并采用统一的格式。

(2) 常用工艺文件是由该电子产品所有表格和简图、文字说明装订而成的。

(3) 装配工艺主要包含三部分，第一部分是装配准备的简图、表格和材料，第二部分是装配的过程，第三部分为调试与检验。

(4) 装配过程主要指印制电路板装配、零部件装配、连接、扎线、机箱装配等。

(5) 对装配好的电子产品，需进行检验和维修。

5.1 常用技术文件

5.1.1 概述

常用工艺文件是指电子整机装配工艺中常用的设计文件和工艺文件，它们是整机产品生产过程中的基本依据。

设计文件是产品在研究、设计、试制和生产过程中积累而形成的图样及技术资料，它规定了产品的组成型式、结构尺寸、原理以及在制造、验收、使用、维护和修理时所必需的技术数据和说明。

产品是指企业制造的任何制品或制品的组合。电子产品按其结构特征及用途，分为几个不同的等级：

(1) 零件

零件是不采用任何装配工序、由同一种名称和型号的材料加工而制成的产品，如销轴、铸件、印制电路板等。

(2) 部件

部件是用装配工序把部分零件连接(螺接、铰接、铆接、焊接、粘接、缝合等)而成的不具备独立用途的产品，如焊接的壳体、有金属骨架的塑料手轮、变压器的线包、装有表头及开关的面板等。部件也可以是采用被覆工艺或在半导体材料上掺杂等方式所形成的具有一定功能的产品，如半导体集成电路芯片、半导体管管芯。部件内也可包含其他部件或整件，如装有变压器的底板、装有元器件的组合单元装置。

(3) 整件

整件是用装配工序把组成部分连接而成的具有独立用途的产品，如变压器、放大器、半导体集成电路等。具有一定通用性的部件，亦可作为整件，如某些由元器件组成的单元电路等。整件还可以包含其他整件，如收发信机内的收信机、发信机等。

电子整机的设计就是将若干个具备一定基本功能的零件、部件和整件直接相互连接构成的、能够完成某项完整功能的电子产品。在设计过程中所用的各种零件、部件和整件都必须具有结构图形、安装图表、连接图表、技术参数、使用说明书以及其他工艺文件。这些图表就组成了设计文件。

工艺文件是根据设计文件、图纸及生产定型的样机，结合工厂实际组织生产的规定性文件，如工艺流程、工艺装备、工人技术水平和产品的复杂程度而制定出来的文件。它以工艺规程（即通用工艺文件）和整机工艺文件的形式，规定了实现设计图纸要求的具体加工方法。工艺文件是工厂组织、指导生产的主要依据和基本法规，是确保优质、高产、多品种、低消耗和安全生产的重要手段。本节加以重点讨论。

5.1.2　工艺文件的编制原则与要求

编制工艺文件应根据产品的组成、内容、生产批量和生产形式来确定，在保证产品质量和有利于稳定生产的条件下，以易懂、易操作为条件，以最经济、最合理的工艺手段进行加工为原则，以规范和清晰为要求。

1）编制工艺文件的原则

（1）编制工艺文件应标准化，技术文件要求全面、准确，严格执行国家标准。在没有国家标准条件下也可执行企业标准，但企业标准只是国家标准的补充和延伸，不能与国家标准相左，或低于国家标准要求。

（2）编制工艺文件应具有完整性、正确性、一致性。完整性是指成套性完整和签署完整，即产品技术文件以明细表为单位齐全且符合有关标准化规定，签署齐全。正确性是指编制方法正确、符合有关标准，贯彻实施标准内容正确、准确。一致性是指填写一致性、引证一致性、实物一致性，即同一个项目在所有生产的技术文件中的填写方法、引证方法均一致，产品所有技术文件与产品实物和产品生产实际是一致的。

（3）编制工艺文件，要根据产品批量的大小、技术指标的高低和复杂程度区别对待。对于一次性生产的产品，可根据具体情况编写临时工艺文件或参照借用同类产品的工艺文件，并不需要每次都组织人员专门编写。对于未定型的产品，可以编写临时工艺文件或编写部分必要的工艺文件。

（4）编制工艺文件要考虑到车间的组织形式、工艺装备以及工人的技术水平等情况，必须保证编制的工艺文件切实可行。

（5）工艺文件以图为主，表格为辅，力求做到易读、易认、易操作，必要时加注简要说明。

（6）凡属装调工应知应会的基本工艺规程内容，可以不再编入工艺文件。

2）编制工艺文件的要求

（1）工艺文件要有统一的格式，统一的幅面，图幅大小应符合有关标准，并装订成册，配齐成套。

（2）工艺文件的字体要正规、书写要清楚、图形要正确。工艺图上尽量少用文字说明。

（3）工艺文件所用的产品名称、编号、图号、符号、材料和元器件代号等，应与设计文件一致，遵循国际标准。

（4）工序安装图可不必完全按实样绘制，对于遮盖部分可以用虚线绘出，但基本轮廓应相似，安装层次应表示清楚。

(5) 线扎图尽量采用 1∶1 的图样，并准确地绘制，以便于直接按图纸制作排线板。

(6) 装配接线图中的接线部位要清楚，连接线的接点要明确。内部接线可假想移出展开。

(7) 编写工艺文件要执行审核、会签、批准手续。

5.1.3 常用工艺文件的类型及填写

对于电子产品，常用工艺文件主要是依据工艺技术和管理要求规定的工艺文件栏目的形式编排。为了便于使用和交流，工艺文件一般有 32 种 34 个，其中工艺技术用格式 16 种 18 个，为其他部门提供统计汇编资料用格式(表)10 个，管理工艺文件用格式 2 个，用于工序质量控制点的工艺文件用格式 4 个。一般地，成套电子工艺文件，都包含 9 种常用的工艺文件，现分别介绍。

1) 封面

作为产品全套工艺文件装订成册的封面，其格式如表 5－1 所示。在填写“共××册”中填写全套工艺文件的册数；“第××册”填写本册在全套工艺文件中的序数；“共××页”填写本册的页数；型号、名称、图号均填写产品型号、名称、图号；“本册内容”填写本册的主要工艺内容的名称，最后执行批准手续，并且填写批准日期。

表 5－1 工艺文件封面

工 艺 文 件
共　　册 第　　册 共　　页
型　　号＿＿＿＿＿＿＿＿ 名　　称＿＿＿＿＿＿＿＿ 图　　号＿＿＿＿＿＿＿＿ 本册内容＿＿＿＿＿＿＿＿
批准＿＿＿＿＿＿＿＿ 年　月　日

2) 工艺文件目录

工艺文件目录供装订成册的工艺文件编写目录用，指出了本册中各页的基本内容，如包含了哪些表格、哪些图纸，便于查找，同时也反映出本产品的工艺文件是否齐套，如表 5-2 所示。表中的填写要求："产品名称与型号"、"产品图号"与封面相同。"文件代号"栏填写文件的简号，不必填写文件的名称；其余各栏按标题填写，填写零、部、整件的图号、名称及其页数。

表 5-2 工艺文件目录

	工艺文件目录			产品名称或型号		产品图号
	序号	文件代号	零、部、整件图号	零、部、整件名称	页数	备注
旧底图总号						

底图总号		更改标记	数量	文件号	签名	日期	拟制		第 页
							审核		
日期	签名								共 页

3）配套明细表

该表是编制装配需用的零、部、整件及材料与辅助材料清单，供各有关部门在配套及领、发料时使用，也可作为装配工艺过程卡的附页，如表 5－3 所示。“序号”、“图号”、“名称”及“数量”栏，填写相应的部、整件设计文件明细表的内容：“来自何处”栏，填写材料来源处；辅助材料顺序填写在末尾。

表 5－3　配套明细表

	工艺文件目录			产品名称或型号		产品图号
	序号	图号	名称	数量	来自何处	备注
旧底图总号						

底图总号	更改标记	数量	文件号	签名	日期	拟制		第　页
						审核		
日期	签名							共　页

4）工艺路线表

该表表明了电子产品的整件、部件、零件在加工、准备过程、生产过程和调试过程中的工艺路线，即指示了工厂企业安排生产的基本流程，供企业有关部门作为组织生产的依据，如表 5－4 所示。“装入关系”栏，以方向指示线显示产品零、部、整件的装配关系；“整件用量”栏，填写与产品明细表相对应的数量；“工艺路线及内容”栏，填写整件、部件、零件加工过程中各部门（车间）及其工序的名称或代号。

表 5－4 工艺路线表

	工艺路线表			产品名称或型号		产品图号
	序号	图　号	名　称	装入关系	整件用量	工艺路线及内容
旧底图总号						

<table>
<tr><td colspan="2">底图总号</td><td>更改标记</td><td>数量</td><td>文件号</td><td>签名</td><td>日期</td><td rowspan="2">拟制</td><td rowspan="2"></td><td rowspan="3">第　页</td></tr>
<tr><td colspan="2" rowspan="2"></td><td></td><td></td><td></td><td></td><td></td></tr>
<tr><td></td><td></td><td></td><td></td><td></td><td rowspan="2">审核</td><td rowspan="2"></td></tr>
<tr><td>日期</td><td>签名</td><td></td><td></td><td></td><td></td><td></td><td rowspan="3">共　页</td></tr>
<tr><td></td><td></td><td></td><td></td><td></td><td></td><td></td><td></td><td></td></tr>
<tr><td></td><td></td><td></td><td></td><td></td><td></td><td></td><td></td><td></td></tr>
</table>

5）工艺说明及简图

工艺说明及简图，可供画简图，如方框图、逻辑图、电路图、印制电路板图、零部件图、接线图、线扎图和装配图，也可以画表格及填写文字说明，如调试说明、检验要求等各种工艺文件，如表5－5所示。

表5－5　工艺文件说明及简图

<table>
<tr><td colspan="2" rowspan="5"></td><td colspan="3" rowspan="4">工艺文件说明
（××简图）</td><td colspan="3">名　称</td><td colspan="2">编号或图号</td></tr>
<tr><td colspan="3"></td><td colspan="2"></td></tr>
<tr><td colspan="3">工序名称</td><td colspan="2">工序工号</td></tr>
<tr><td colspan="3"></td><td colspan="2"></td></tr>
<tr><td colspan="8"></td></tr>
<tr><td colspan="2">底图总号</td><td>更改标记</td><td>数量</td><td>文件号</td><td>签名</td><td>日期</td><td rowspan="2">拟制</td><td rowspan="2"></td><td rowspan="3">第　页</td></tr>
<tr><td colspan="2" rowspan="2"></td><td></td><td></td><td></td><td></td><td></td></tr>
<tr><td></td><td></td><td></td><td></td><td></td><td rowspan="2">审核</td><td rowspan="2"></td></tr>
<tr><td>日期</td><td>签名</td><td></td><td></td><td></td><td></td><td></td><td rowspan="3">共　页</td></tr>
<tr><td></td><td></td><td></td><td></td><td></td><td></td><td></td><td></td><td></td></tr>
<tr><td></td><td></td><td></td><td></td><td></td><td></td><td></td><td></td><td></td></tr>
</table>

6）导线(线扎)加工表

如表 5－6 所示，该表是导线或电缆及线扎的剪切、剥头、浸锡加工和装配焊接的依据。“编号”栏，填写导线和电缆的编号或线扎图中导线和电缆的编号；其余各栏按标题填写导线和电缆材料的名称、规格、颜色、数量；“长度”栏，填写导线的剥线尺寸及剥头的长度尺寸，通常 A 端为长端，B 端为短端，“去向、焊接处”栏，填写导线焊接的去向；“设备”栏可填写所使用的设备，空白栏处供画简图用。

表 5－6 导线(扎线)加工表

导线(线扎)加工表	产品名称或型号	产品图号

编号	名称规则	颜色	数量	长度(mm)					去向、焊接处		设备	工时定额	备注
				全长	A端	B端	A剥头	B剥头	A端	B端			

旧底图总号									
底图总号		更改标记	数量	文件号	签名	日期	拟制		第 页
							审核		
日期	签名								共 页

7）装配工艺过程卡

如表 5－7 所示，该卡反映装配工艺的全过程，供机械装配和电气装配用。“装入件及辅助材料”栏的序号、名称、牌号、技术要求及数量应按工序填写相应设计文件的内容，辅助材料填在各道工序之后；“工序(步)内容及要求”栏，填写装配工艺加工的内容和要求；空白栏处供画加工装配工序图用。

表 5－7 装配工艺过程卡

装配工艺过程表						装配件名称		装配件图号
序号	装入件及辅助材料		车间	序号	工种	工序(步)内容及要求	设备及工装	工时定额
	名称、牌号、技术要求	数量						

旧底图总号									
底图总号		更改标记	数量	文件号	签名	日期	拟制		第 页
							审核		
日期	签名								共 页

8) 材料消耗定额表

该表列出生产产品所需的所有原材料(包括外购件、外协件、辅助材料)的定额,一般以套为一个单位,并留有一定的余量作为生产中的损耗。它是供应部门采购原料和财务部门核算成本的依据。

9) 工艺文件更改通知单

如表 5-8 所示,该通知单对工艺文件内容做永久性修改时用。填写中应填写更改原因、生效日期及处理意见,“更改标记”栏,按有关图样管理制度字母填写,最后要执行更改会签审核、批准手续。

表 5-8 工艺文件更改通知单

<table>
<tr><td>更改单号</td><td colspan="2" rowspan="2">工艺文件更改通知单</td><td>产品名称</td><td>零、部件名称</td><td>图 号</td><td>第 页</td></tr>
<tr><td></td><td></td><td></td><td></td><td>共 页</td></tr>
<tr><td>生效日期</td><td rowspan="2">更改原因</td><td colspan="2" rowspan="2"></td><td rowspan="2">处理意见</td><td colspan="2" rowspan="2"></td></tr>
<tr><td></td></tr>
<tr><td>更改标记</td><td colspan="2">更 改 前</td><td>更改标记</td><td colspan="3">更 改 前</td></tr>
<tr><td></td><td colspan="2"></td><td></td><td colspan="3"></td></tr>
</table>

拟制		日期		审核		日期		批准		日期	

5.1.4 工艺文件的管理

(1) 经生产定型或大批量生产产品的工艺文件底图必须归档,由企业技术档案部门统一管理。如需借用,必须有主管部门的签字,并出具借条,用完应及时归还。

(2) 对归档的工艺文件的更改应填写更改通知单,执行更改会签、审核和批准手续后交技术档案部门,由专人负责更改。技术档案部门应将更改通知单和已更改的工艺文件蓝图及时通知有关部门,并更换下发的蓝图。更改通知单应包括涉及更改的内容。

(3) 临时性的更改也应办理临时更改通知单,并注明更改所适用的批次或期限。

(4) 有关工序或工位的工艺文件应发到生产工人手中,操作人员在熟悉操作要点和要求后才能进行操作。

(5) 应经常保持工艺文件的清洁,不要在图纸上乱写乱画,以防止出现错误。

(6) 发现图纸和工艺文件中存在的问题,应及时反映,不要自作主张随意改动。

5.2 整机装配工艺

随着电子技术的发展，电子设备正广泛地应用于人类生活的各个领域。按用途可分为通信、广播、电视、导航、无线电定位、自动控制、遥控遥测和计算机技术等方面的设备。随着电子设备的使用范围越来越广，使用条件越来越复杂，质量要求越来越高，因此对电子产品结构的要求也越来越高。对整机结构的基本要求如下：结构紧凑，布局合理，能保证产品技术指标的实现；操作方便，便于维修；工艺性能良好，适合大批量生产或自动化生产；造型美观大方。而电子产品的生产与发展和电子装配工艺的发展密切相关，任何电子设备，从原材料进厂到成品出厂，要经过千百道生产工序。在生产过程中，大量的工作是由具有一定技能的工人，操作一定的设备，按照特定的工艺规程和方法去完成。

电子整机装配工艺过程可分为装配准备、联装(包括安装和焊接)、总装、调试、检验、包装、入库或出厂几个环节。下面重点介绍装配准备、装配过程和检验过程三部分。

5.2.1 装配准备

装配准备阶段，必须准备好整机装配使用的各种工艺文件。主要有两大类，一类是产品技术工艺文件，另一类是组织生产所需的工艺文件。本节重点讨论产品技术工艺文件，特别是一些常用工艺文件中的简图(各种装配图)和表格。它是设计者对产品性能、技术要求等以图形语言表达的一种方式，是指导工人操作、组织生产、确保产品质量、提高效益、安全生产的文件，也是技术人员与工人交流的工程语言。它包括的内容很广泛，涉及产品的所有资料，从绘制方法和表达内容上又可分为两大类：一类是以投影关系为主绘制的图纸，用以说明产品加工和装配要求等，如零件图、印制电路板装配图等。另一类是以图形符号为主绘制的图纸，用以描述电路的设计内容，如系统图、方框图、电路图、接线图等。现以 BJ－1 八路数字显示报警器的装配准备为例，说明产品技术工艺文件的准备。

1) 方框图

我们在设计或读复杂电子产品图时，首先要描出或读方框图，以了解电路的全貌、主要组成部分、各级功能等。方框图是由带注释的方框概略地表示电子产品的基本组成、相互关系和主要特征的一种简图。方框图是一种说明性图形，简单明了，“方框”代表一个功能块，连线代表信号通过电路的路线或顺序。方框图为编制更详细的工艺文件提供了基础，也可作为调试和维修的参考文件。图 5－1 为 BJ－1 八路数字显示报警器方框图。

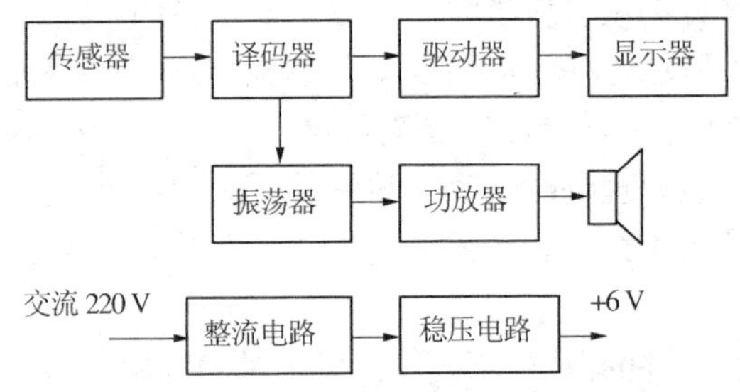

图 5－1 BJ－1 型八路数字显示报警器原理框图

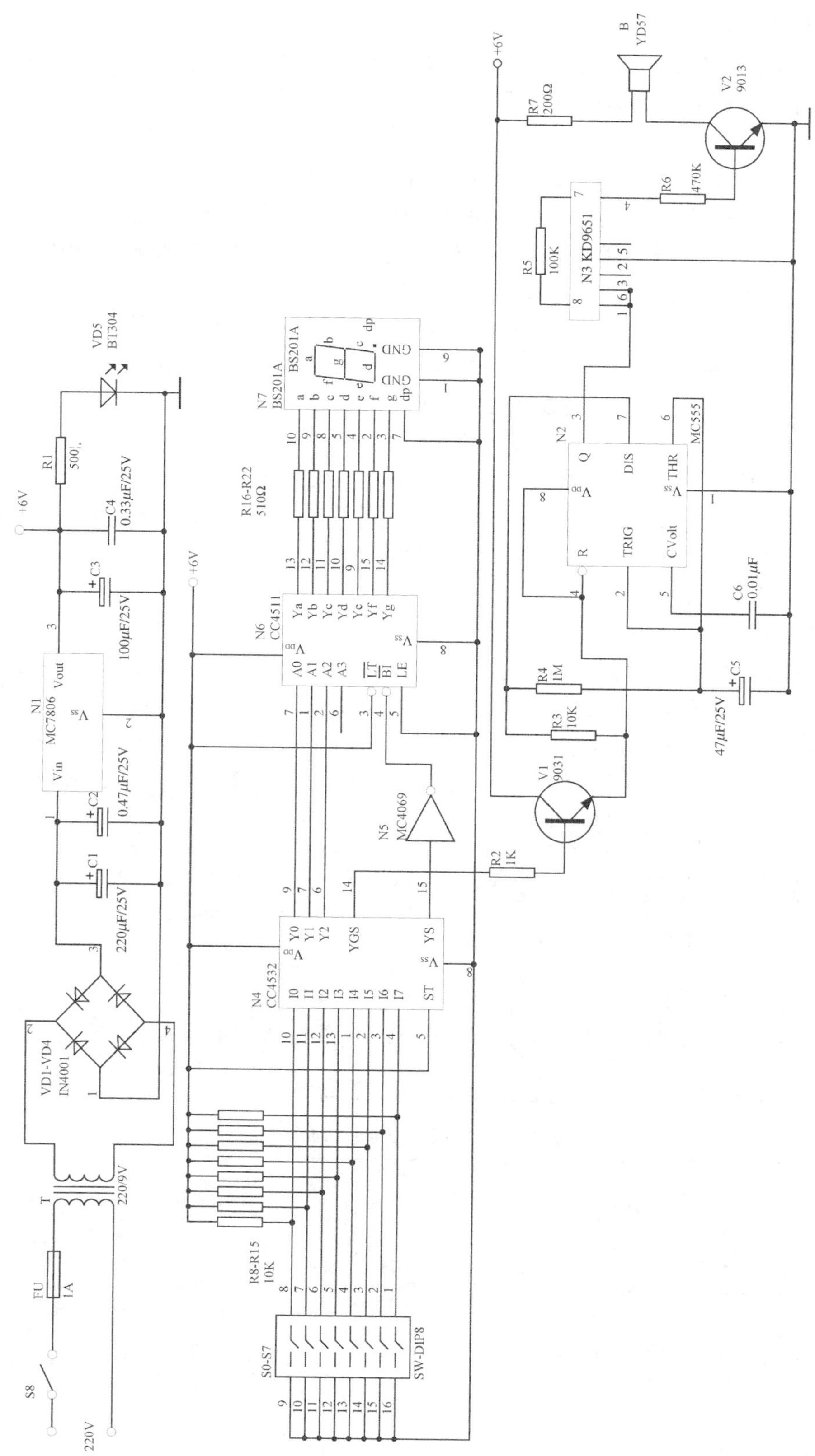

图5-2　BJ-1型八路数字显示报警器原理图

2）电路原理图

电路原理图是详细说明产品各元器件、各单元之间的工作原理及其相互之间连接关系的图纸，要求按电路工作的顺序排列。图中用符号代表各种电子元器件，但它不表示电路中元器件的形状和尺寸，也不反映元器件的安装、固定情况。电路原理图是在方框图的基础上绘制出来的，是设计、编制接线图和电路分析及维护修理时的依据。

BJ－1 八路数字显示报警器的电路原理图如图 5－2 所示。由图可以看出，电路原理图清楚地表明了电路的工作原理，是分析和计算电路参数的依据，也为测试和维修提供了大量的信息，并可以电路原理图为依据编制其他工艺文件。

电路原理图的绘制要求准确、美观，布局合理。输入信号一般放在电路原理图的左边，输出信号放在电路原理图的右边。元器件的符号要符合绘图的要求；元器件串并联时，位置要对称；同一元器件符号自左至右或自上而下按顺序号编排。由多个单元组成的产品，往往在其符号前面加上该单元的项目代号，如 5C2 表示第 5 单元的第 2 个电容，3R8 表示第 3 单元的第 8 个电阻；电路图中各元器件之间的连线表示导线，两条或几条连线的交叉处标有“·”(圆实点)，表示两条或几条导线的金属部分连接在一起，不相连的线交叉处不能标注“·”；电路图中“地”用符号“⊥”表示，所有的“地”都要用导线连接起来。

(1) 集成电路介绍

① CD4511：4 线-7 段锁存器/驱动器

CD4511 是 BCD-7 段锁存译码驱动器，其引脚功能如图 5－3 所示，功能逻辑表如表 5－9 所示。在同一单片结构上由 MOS 逻辑器件和 NPN 双极型晶体管器件构成。这些器件的组合，使 CD4511 具有低静态耗散和高抗干扰及源电流高达25 mA的性能。由此可直接驱动 LED 及其他显示器件。$\overline{LT}$、$\overline{BI}$、LE 输入端可分别检测显示、亮度调制、存储或选通 BCD 码等功能。当使用外部多路转换电路时，可多路转换和显示几种不同的信号。

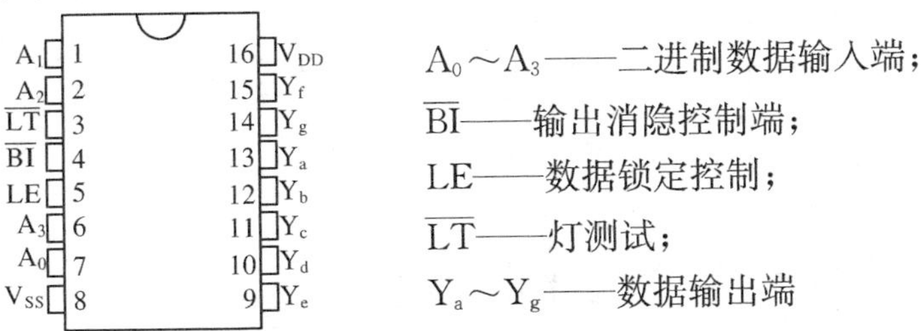

$A_0 \sim A_3$——二进制数据输入端；

$\overline{BI}$——输出消隐控制端；

LE——数据锁定控制；

$\overline{LT}$——灯测试；

$Y_a \sim Y_g$——数据输出端

图 5－3　CD4511 的逻辑功能

表 5－9　CD4511 的逻辑功能

输入							输出						
LE	$\overline{BI}$	$\overline{LT}$	A_3	A_2	A_1	A_0	Y_a	Y_b	Y_c	Y_d	Y_e	Y_f	Y_g
×	×	L	×	×	×	×	H	H	H	H	H	H	H
×	L	H	×	×	×	×	L	L	L	L	L	L	L
L	H	H	L	L	L	L	H	H	H	H	H	H	L

续表 5－9

输入							输出						
LE	$\overline{BI}$	$\overline{LT}$	A_3	A_2	A_1	A_0	Y_a	Y_b	Y_c	Y_d	Y_e	Y_f	Y_g
L	H	H	L	L	L	L	L	H	H	L	L	L	L
L	H	H	L	L	H	L	H	H	L	H	H	H	H
L	H	H	L	L	H	H	H	H	H	H	L	L	H
L	H	H	L	H	L	L	L	H	H	L	L	H	H
L	H	H	L	H	L	H	H	L	H	H	L	H	H
L	H	H	L	H	H	L	L	L	H	H	H	H	H
L	H	H	L	H	H	H	H	H	H	L	L	L	H
L	H	H	L	L	L	L	H	H	H	H	H	H	H
L	H	H	L	L	L	H	H	H	H	L	L	H	L
L	H	H	H…H	L…H	H…H	L…H	L	L	L	L	L	L	L
H	H	H	×	×	×	×	*	*	*	*	*	*	*

注：* 输出状态锁定在上一个 LE＝L 时，A_0～A_3 的输出状态。

② CD4532：8 线－3 线优先编码器

CD4532 引脚功能如图 5－4 所示，逻辑功能表如表 5－10 所示。它可将最高优先输入 I_7～I_0 编码为 3 位二进制码，8 个输入端 I_7～I_0 具有指定优先权，I_7 为最高优先权，I_0 为最低。当片选入 ST 为低电平时，优先译码器无效。当 ST 为高电平，最高优先输入的二进制编码呈现于输出线 Y_2～Y_0，且组选线 Y_{GS}为高电平，表明优先输入存在，当无优先输入时，允许输出 Y_s 为高电平，如果任何一个输入为高电平，则 Y_s 为低电平且所有级联低阶无效。

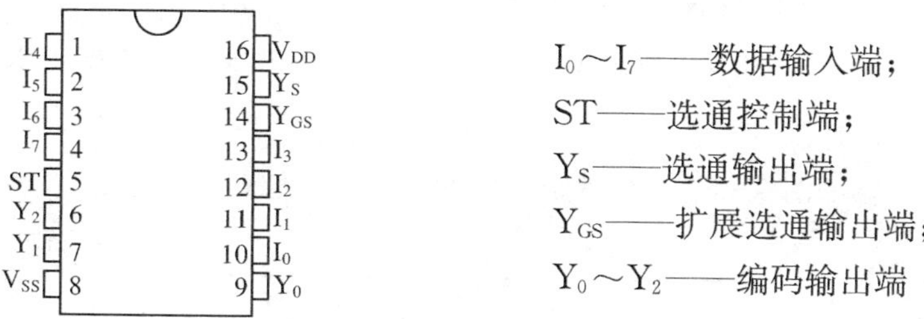

图 5－4　CD4532 引脚功能图

表 5－10　CD4532 的逻辑功能

输入									输出				
ST	I_7	I_6	I_5	I_4	I_3	I_2	I_1	I_0	Y_{GS}	Y_S	Y_2	Y_1	Y_0
L	×	×	×	×	×	×	×	×	L	L	L	L	L
H	L	L	L	L	L	L	L	L	L	H	L	L	L

续表 5-10

输入									输出				
ST	I_7	I_6	I_5	I_4	I_3	I_2	I_1	I_0	Y_{GS}	Y_S	Y_2	Y_1	Y_0
H	H	×	×	×	×	×	×	×	H	L	H	H	H
H	L	H	×	×	×	×	×	×	H	L	H	H	L
H	L	L	H	×	×	×	×	×	H	L	H	L	H
H	L	L	L	H	×	×	×	×	H	L	H	L	L
H	L	L	L	L	H	×	×	×	H	L	L	H	H
H	L	L	L	L	L	H	×	×	H	L	L	H	L
H	L	L	L	L	L	L	H	×	H	L	L	L	H
H	L	L	L	L	L	L	L	H	H	L	L	L	L

③ MC4069：六反相器

六反相器的引脚功能如图 5-5 所示。

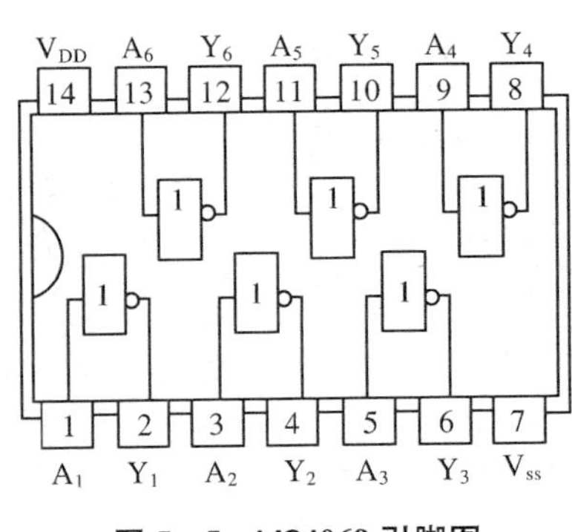

图 5-5　MC4069 引脚图

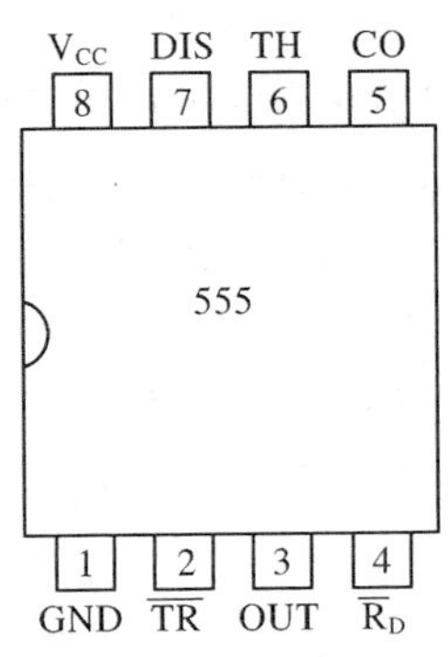

图 5-6　MC555 引脚图

④ MC555：定时器

MC555 的引脚如图 5-6 所示，其定时器的原理框图如图 5-7 所示。

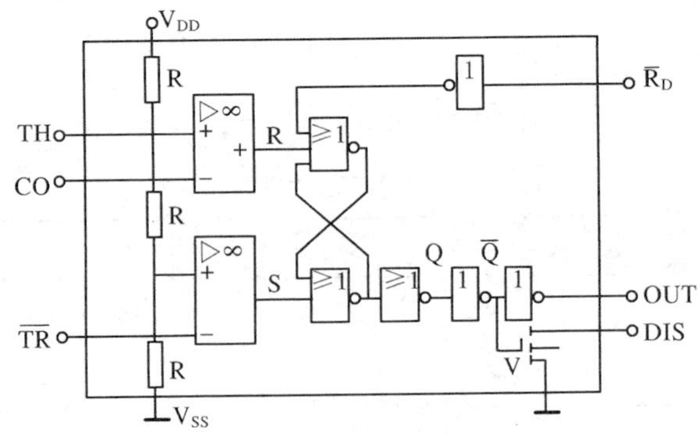

图 5-7　MC555 定时器原理框图

⑤ BS201A：半导体数码管

BS201A 半导体数码管的引脚如图 5－8(a)所示，其等效电路图如图 5－8(b)所示。

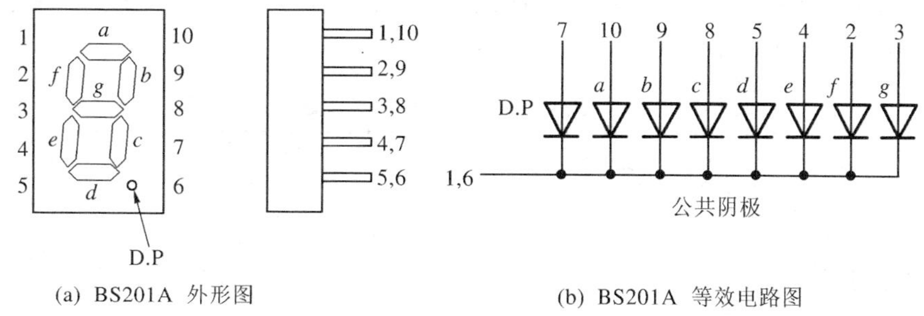

(a) BS201A 外形图　(b) BS201A 等效电路图

图 5－8　BS201A 数码管

(2) 工作原理

① 电源工作原理

如图 5－2 所示，220V 的交流电压经插头进入本机后，开关 S8 闭合，220 V 流过保险丝(1 A 的保险丝 FU 起保护作用，防止电路中出现短路烧坏机器)，加到变压器上，变为 9 V 的交流电，再经过 $VD_1 \sim VD_4$ 桥式整流，C1、C2 滤波，产生约 12V 的直流电压，经 N1(MC7806)稳压的直流电压，再经过 C3、C4 滤波，输出 6V 的直流电压，提供给报警器工作，同时经 R1 加到发光二极管上，二极管发光。

② 报警器工作原理

· 静态分析：

S0～S7 表示 7 根导线，分别固定在不同的门窗上。若无小偷破坏，则 S0～S7 都是导通的，电源电压 6 V 分别经电阻 R8～R15 到"地"，即 MC4532 的输入端 I0～I7 输入低电平，选通控制端 ST 为高电平"1"时，MC4532 编码器正常工作，输出端 Y2～Y0 输出为低电平"0"，选通输出端 Y_S 输出高电平"1"，扩展输出端 Y_{GS}输出低电平"0"。

当选通输出端 EO 输出高电平"1"，经 MC4069 反相器，送到 MC4511 的亮度控制端 BI 端为低电平"0"，而 LT 接电源高电平"1"，此时不论其端电压如何变化，输出端都为"0"，则数码管都不发光。

同时扩展输出端 Y_{GS}输出低电平"0"，则 V1 截止，MC555 无工作电压停止工作，扬声器无报警声音。

· 动态分析：

MC4532 为 S7～S0 的优先编码器，当 S7 断开为高电平"1"时，不管 S0～S6 断不断开，都是对 S7 优先编码，输出端 Y2～Y0 输出为高电平"1"，选通输出端 Y_S 输出低电平"0"，扩展输出端 Y_{GS}输出高电平"1"。

当选通输出端 Y_S 输出高电平"0"，经 MC4069 反相器，送到 MC4511 的亮度控制端 BI 端为低电平"1"，而 LT 接电源高电平"1"，LE 接"地"，低电平"0"，而 MC4532 送来的信号都为"1"，而高位接"地"，即输入码为"0111"，根据 MC4511 的逻辑功能表可知，输出端 $Y_a \sim Y_g$ 分别输出"1110001"，分别加到数码管"7、6、4、2、1、9、10"，此时数码管的"a、b、c、D_P"发光，而"d、e、f、g"不发光，显示"7"。

同时扩展输出端 Y_{GS}输出高电平"1"，则 V1 导通，MC555 获得电压而工作，Q 端输出为"1"，触发音乐块 KD9651 发出报警声音，经 V2 驱动扬声器 B 发声。

3）配套材料明细表

配套材料明细表如表 5－11 所示，列出了“BJ－1 八路数字显示报警器”所需的材料名称、规格、数量和元器件代号，便于单位采购和装配。

表 5－11 BJ－1 八路数字显示报警器配套材料明细表

序 号	规 格	数量(只)	位号或名称
1	电阻器 RJ－0.25－200±5%	1	R7
2	RJ－0.25－510±5%	8	R1、R16～R22
3	RJ－0.25－1k±5%	1	R2
4	RJ－0.25－4.7k±5%	1	R6
5	RJ－0.25－10k±5%	8	R3、R8～R15
6	RJ－0.25－100k±5%	1	R5
7	RJ－0.25－1 M±5%	1	R4
8	电容器 CT4－40 V－0.01μF±10%	1	C6
9	CT4－40 V－0.33μF±10%	1	C4
10	CT4－40 V－0.47μF±10%	1	C2
11	电解电容 CD11－25 V－47μF±10%	1	C5
12	CD11－25 V－100μF±10%	1	C3
13	CD11－25 V－220μF±10%	1	C1
14	二极管 1N4001	4	VD_1～VD_4
15	发光二极管 BJ304	1 套	VD_5(带座)
16	三极管 9013	2	VT_1、VT_2
17	三端稳压器 MC7806	1	N_1
18	时基电路 MC555	1	N_2
19	音响电路 KD9651	1	N_3
20	8 位优先编码器 MC4532	1	N_4
21	六反相器 MC4069	1	N_5
22	译码器 MC4511	1	N_6
23	共阴极数码管 LC5011	1	N_7 20×13
24	接插件 CH2.5－2T	1	X1、X2、X3
25	接插件 CH2.5－9T	3 套	X4
26	10 芯扁平电缆接插件 DB10	1 套	X5
27	接插件 CH2.5－8L	1 套	X6
28	双列直插集成电路插座 8CP	1 套	

续表 5-11

序号	规格	数量(只)	位号或名称
29	DIP 14CP	1	
30	DIP 16CP	1	
31	钮子开关 KD2-1	9	S0～S7
32	扬声器 YD57-8ND-0.4 W-8 Ω	1	B
33	保险丝 BLX-1-0.5 A	1 套	FU
34	220 V 电源变压器 9V/3W	1	T
35	220 V 电源三芯插件	1 套	X7
36	220 V 电源三芯插头	1	X8
37	12 色 ASTVR0.14 聚氯乙烯绝缘软线	500 mm	
38	RWM10 芯扁平电缆线	300 mm	
39	BVV 三芯电源线	1 m	
40	ϕ3 套管	200 mm	
41	印制电路板 8-BJ-Z	1 块	主板
42	印制电路板 8-BJ-X	1 块	显示器
43	PVC 面板(前、后)	2 块	
44	通用型多功能塑料机箱	1 套	
45	紧固件:自攻螺钉 ST2.7-6.5	4	
46	螺钉 M3×8 开槽盘头	2	
47	螺钉 M3×10 开槽盘头	2	
48	螺母 M3	4	
49	垫圈 ϕ4	4	
50	弹垫 ϕ4	4	
51	胶合剂	10 g	

4) 零部件简图

对于各种零部件，为了保证在装配时能正确安装，一般都需绘制出简图。下面主要介绍印制电路板装配图和机箱面板图。

(1) 印制电路板装配图

印制电路板装配图俗称印制电路板图，是表示各元器件及零部件、整件与印制电路板连接关系的图纸，是用于装配焊接印制电路板的工艺图样，如图 5-9 所示为 BJ-1 八路数字显示报警器的印制电路板图。电路原理图与实际电路板之间是通过印制电路板图沟通起来，是电子装配和维修不可缺少的简图。

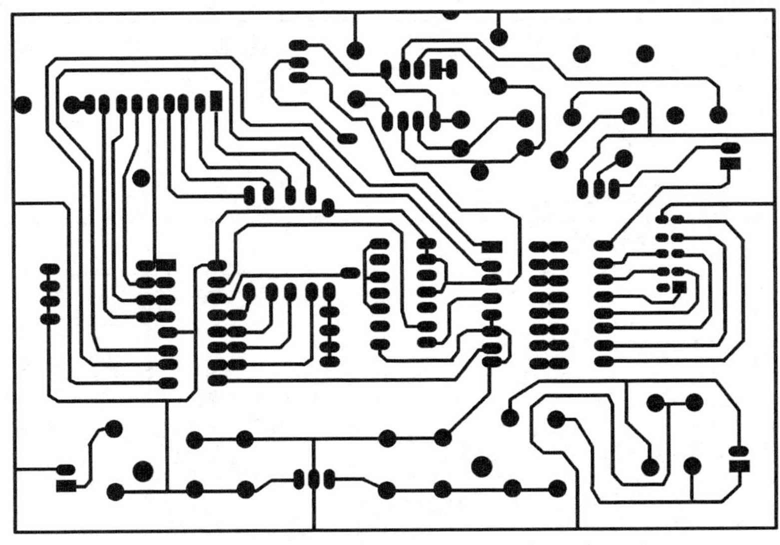

(a) 正面印制线图

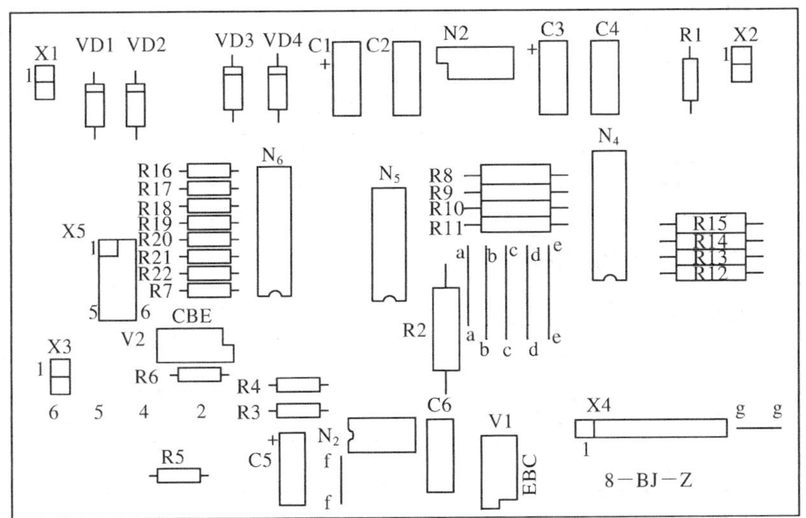

(b) 反面元器件布局图

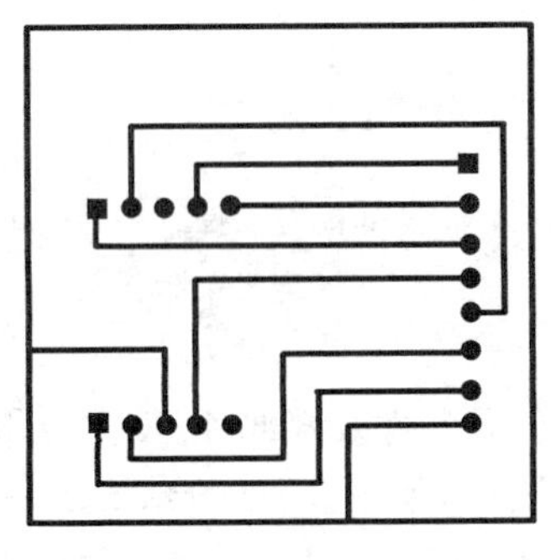

(c) (显示)正面印制线图

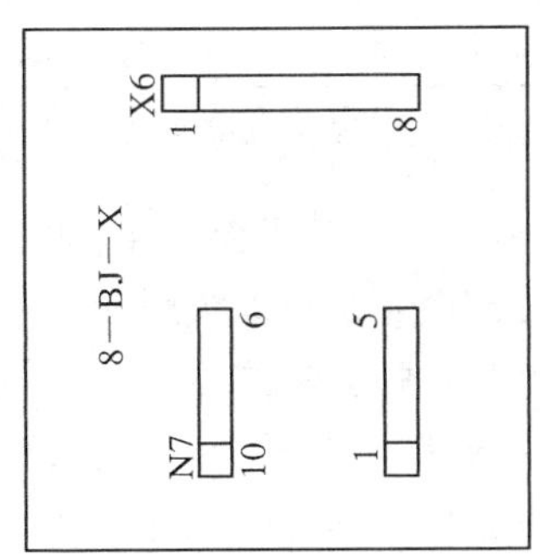

(d) (显示)反面器件分布图

图 5－9　BJ－1 八路数字显示报警器印制电路主板图

印制电路板装配图在绘制时,元器件一般用图形符号表示,有时也用简化的外形轮廓表示,但此时都标有与装配方向有关的符号、代号和文字等,其正面一般给出铜箔连线情况,反面给出了元器件符号和文字,表示装配位置,一般不画印制导线,如果要求表示出元器件的位置与印刷导线的连接情况时,则用虚线画出印刷导线;大面积铜箔都做成了地线,所有的地线一般都是相通的,但电路中若有不同的"地",则需用元器件分开,如开关电源的"热地"与"冷地";对于变压器等大型元器件,除在装配图上表示位置外,还标有引线的编号或引线套管的颜色;多层印制电路板装配图上用实心圆点画出的穿线孔需要焊接,用空心圆画出的穿线孔则不需要焊接。

印制电路板图除用来指导元器件的装配,也有利于测试与维修时查找元器件的位置。

(2) 机箱面板简图

机箱面板简图是显示机箱面板的安装各种零部件的说明图。前面板需安装指示灯、显示器件和输入控制开关;后面板需安装电源线、电源接插件、保险丝和扬声器,如图 5-10 所示。

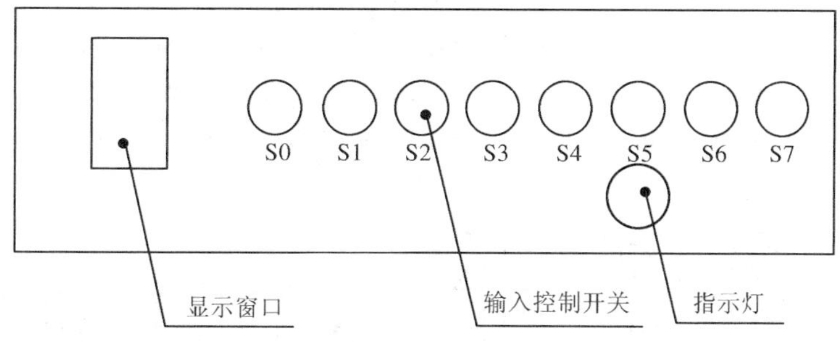

(a) 前面板图

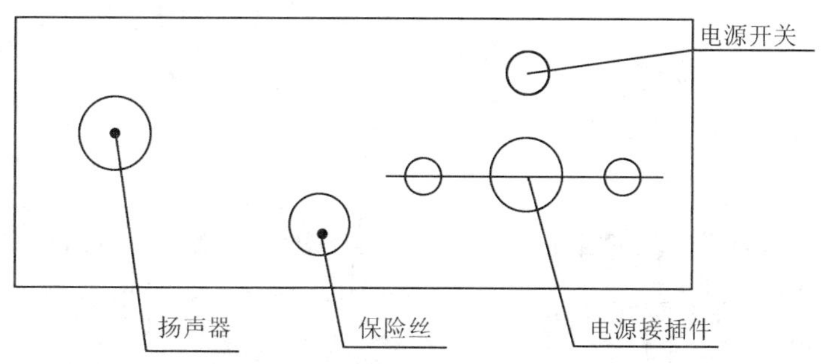

(b) 后面板图

图 5-10　BJ-1 八路数字显示报警器面板图

5) 接线图与接线表

接线图与接线表是电子装配工艺中必不可少的工艺文件。接线图表示了产品装接面上各元器件的相对位置关系和接线实际位置的略图,供产品的整件、部件等之间或内部接线时使用。接线表则针对于接线图中所用的导线或电缆给出了导线或电缆的颜色、规格、型号、数量以及导线或电缆的接线位置。在制造、调整、检查和运用产品时,与电路图一起使用。如图 5-11 所示为 BJ-1 八路数字显示报警器的接线图,其接线表如表 5-12 所示。

绘制接线图时要注意：

(1) 绘制方式

接线图按结构图例方式绘制，即装接元件和接线装置按实际位置以简化轮廓绘制(接点位置应重点表示)，焊接元件以图形符号表示，导线和电缆用单线绘制。与接线无关的元件或固定件在接线图中不予画出，

(2) 导线编号

对简单的接线图，可以不编号，但必须清晰明了；对结构并不复杂的接线图，按接线的顺序对每根导线进行整体编号；对复杂的接线图，可以按单元编号。例如第 5 单元的第 2 根导线，线号为 X5－2；对于特别复杂的产品或接线面不能清楚地表达全部接线关系的接线图，导线或多芯电缆的走线位置和连接关系不一定要全部在图中绘出，可以采用接线表或芯线表的方式来说明导线的来处和去向。

(3) 特殊情况

在一个接线面上，如有个别元件的接线关系不能表达清楚时，可采用辅助视图(如剖视图、局部视图、向视图等)来说明，并在视图旁边注明是何种辅助视图；某些在接线面上的元件或元件的连接处彼此遮盖时，可移动或适当地延长被遮盖导线、元件或元件接线处，使其在图中能明显表示，须加以注明；接线面背面的元件或导线，绘制时可用虚线表示。

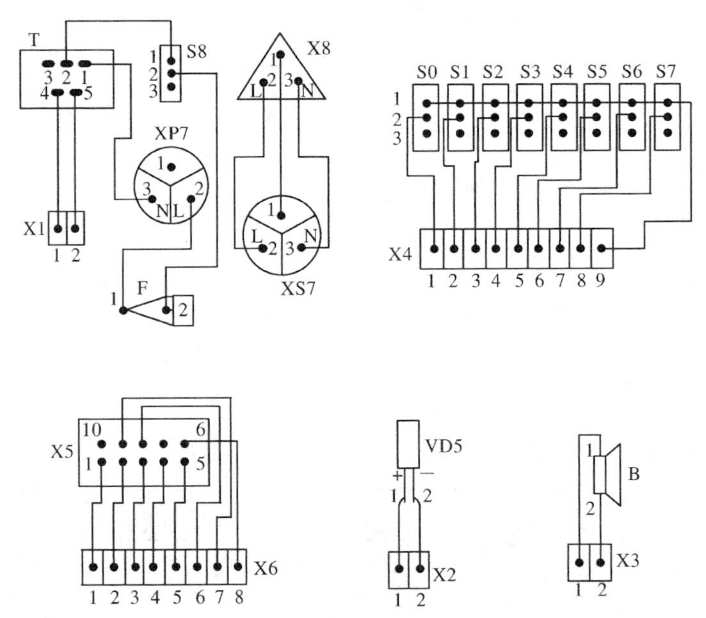

图 5－11　BJ－1 八路数字显示报警器接线图

表 5－12　BJ－1 八路数字显示报警器的接线表

序号	名　称	颜色与类型	来自何处	接到何处	线长(mm)
1	电源线	三色护套线	X8－1	XS－1	1 000
2	电源线	三色护套线	X8－2	XS－2	1 000
3	电源线	三色护套线	X8－3	XS－3	100
4	保险丝连线	软线	XP7－2	F－1	60

续表 5－12

序号	名　称	颜色与类型	来自何处	接到何处	线长(mm)
5	变压器输入线	软线	XP7－3	T－1	100
6	保险丝连线	软线	F－2	S8－2	80
7	变压器输入线	软线	S8－1	T－2	100
8	变压器输出线	双色软线	X1－1	T－4	200
9	变压器输出线	双色软线	X1－2	T－5	200
10	扬声器连线	双色软线	X3－1	B－1	200
11	扬声器连线	双色软线	X3－2	B－2	200
12	传感器输入线	9 色软线	X4－1	S0－2	200
13	传感器输入线	9 色软线	X4－2	S1－2	200
14	传感器输入线	9 色软线	X4－3	S2－2	200
15	传感器输入线	9 色软线	X4－4	S3－2	200
16	传感器输入线	9 色软线	X4－5	S4－2	200
17	传感器输入线	9 色软线	X4－6	S5－2	200
18	传感器输入线	9 色软线	X4－7	S6－2	200
19	传感器输入线	9 色软线	X4－8	S7－2	200
20	传感器地线	9 色软线	X4－9	S0－1	200
21	地线连线	软线	S0－1	S1－1	20
22	地线连线	软线	S1－1	S2－1	20
23	地线连线	软线	S2－1	S3－1	20
24	地线连线	软线	S3－1	S4－1	20
25	地线连线	软线	S4－1	S5－1	20
26	地线连线	软线	S5－1	S6－1	20
27	地线连线	软线	S6－1	S7－1	20
28	发光管连线	双色软线	X2－1	VD5－1	200
29	发光管连线	双色软线	X2－2	VD5－2	200
30	数码管输入线	10 芯扁平电缆	X5－1	X6－1	200
31	数码管输入线	10 芯扁平电缆	X5－2	X6－2	200
32	数码管输入线	10 芯扁平电缆	X5－3	X6－3	200
33	数码管输入线	10 芯扁平电缆	X5－4	X6－4	200
34	数码管输入线	10 芯扁平电缆	X5－5	X6－5	200
35	数码管输入线	10 芯扁平电缆	X5－8	X6－6	200
36	数码管输入线	10 芯扁平电缆	X5－9	X6－7	200
37	数码管输入线	10 芯扁平电缆	X5－6	X6－8	200

6）线扎图

对于并不复杂的产品连线，一般不需绘制线扎图；但对于复杂产品，由于连接导线较多，走线复杂，不便于查找或者影响美观，因此一般要求绘制线扎图。绘制时，可将导线按规定要求绘制成线扎装配图，供绑扎线扎和接线时使用。本例中 BJ－1 八路数字显示报警器的接线就不需线扎图。

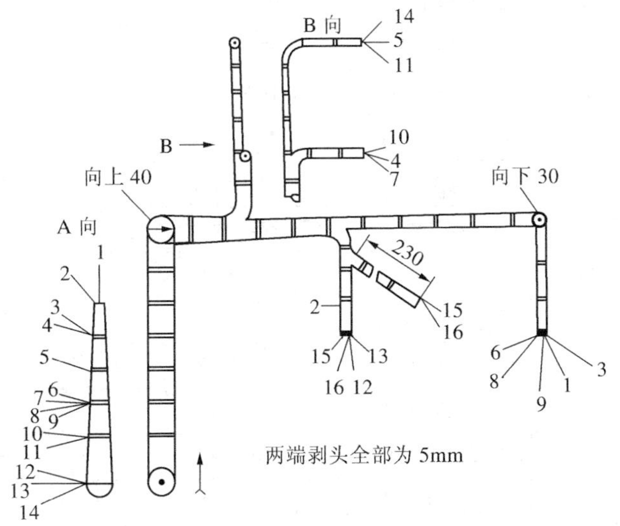

图 5－12　某电子产品线扎示意图

某电子产品的线扎示意图如图 5－12 所示。图中符号"⊙"表示走向出图面折弯 90°，符号"⊕"表示走向进图面折弯 90°，符号"➝"表示走向出图面折弯后方向，线扎装配图均采用 1∶1 的比例绘制，如果导线过长，线扎图无法按照实际长度绘制时，采用断开画法，在其上标出实际尺寸。装配时把线扎固定在设备底板上，按照导线表的规定将导线接到相应的位置上。

7）整机装配图

电子产品的整机装配示意图，指出了各零部件装配位置和整机的全貌，让生产者更加明了装配的工艺。如图 5－13 为 BJ－1 八路数字显示报警器的整机装配图。

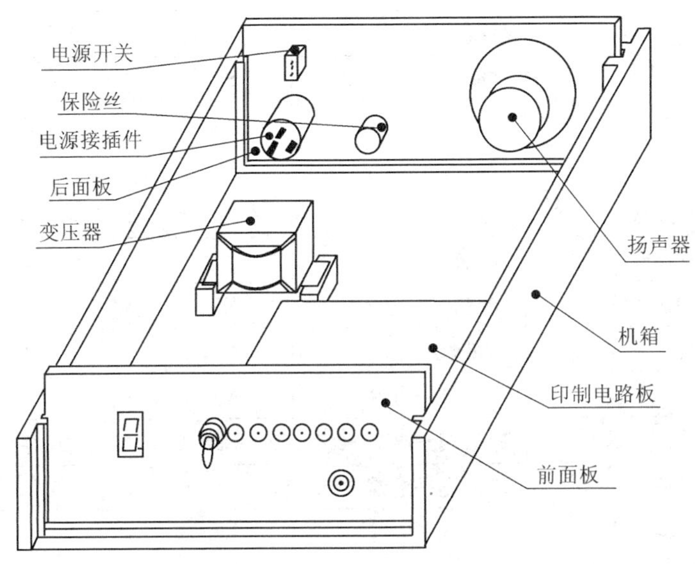

图 5－13　BJ－1 八路数字显示报警的整机装配图

5.2.2 装配阶段

装配阶段是整机装配的主要生产工艺。它的好坏直接决定产品的质量和工作效率，是整机装配的重要环节。

1）元器件的筛选

购买回厂的元器件，要进行认真的检验和筛选，剔除不合格的元器件。

2）零部件的加工

对需要加工的零部件，根据图纸的要求进行加工处理，如需焊接的零部件引脚，需去氧化层、镀锡、清洗助焊剂。

3）导线与电缆的加工

导线与电缆的加工，需按接线表给出的规格、材料下线，根据工艺要求剥线、捻头、上锡、清洗，以备装配时使用。

4）印制电路板的焊接

印制电路板的焊接除需遵守焊接的技术要求外，还需根据不同的电子产品所设计的工艺文件要求进行焊接。如焊接图 5－9“BJ－1 八路数字显示报警器”的印制电路板的焊接需遵守工艺文件图 5－9 所给出的工艺要求。

（1）单板焊接要求

① 电阻 R7、R16～R22 采用立式安装，其余电阻、二极管采用水平安装，紧贴印制电路板，电阻色环方向一致。

② 电解电容尽量插到底部，离线路板的高度不得超过 2 mm，特别注意电解电容的正负极不能插反。片式电容高出印制电路板不超过 4 mm。

③ 三极管采用立式安装，离印制电路板的高度以 5 mm 适中。

④ 集成电路、接插件底座与印制电路板紧贴。

⑤ 接插件要求焊接美观、均匀、端正、整齐、高低有序。

⑥ 焊点要求圆滑、光亮、均匀，无虚焊、假焊、搭焊、连焊和漏焊，剪脚后的留头为 1 mm 左右适宜。

⑦ 图 5－9(b)中的 aa、bb、cc、dd、ee、ff、gg，都需用焊短接线。

（2）插拔式接插件的焊接

① 插拔式接插件的接头焊接，接头上有焊接孔的需将导线插入焊接孔中焊接，多股线焊接要捻头，焊锡要适中，焊接处要加套管。

② 焊接要牢固可靠，有一定的插拔强度。

③ 10 芯扁平电缆的焊接，要用专用的压线工具操作。

5）零部件的装配

（1）面板的装配

根据图 5－10 面板装配图，在前面板上，装配指示灯、显示器件、输入控制开关；在后面板上安装电源开关、电源接插件、保险丝和扬声器。在安装时需注意：

① 面板上零部件的安装都采用螺钉安装，需加防松垫圈，既防止松动，又保护面板。

② 8 路输入控制方向一致。

③ 显示器件、扬声器可加粘胶剂粘贴在面板上，再加装螺钉。

④ 钮子开关的动作要灵活。

(2) 电源变压器的安装

① 变压器的 4 个螺孔要用螺钉固定，并加装弹簧垫圈。

② 引线焊接要规范，并用套管套好，防止漏电。

(3) 印制电路板安装

① 印制电路板安装要平稳，螺钉紧固要适中。

② 印制电路板安装距离机壳要有 10 mm 左右的距离，不可紧贴机壳，以免变形、开裂，影响电气性能。

6) 总装

(1) 将全部零部件按上述规则安装到位后，开始接线，接线图如图 5 - 11 所示。

(2) 机壳的安装，由于 BJ - 1 八路数字显示报警器采用的是通用型机箱，装配相对简单，只需将面板直接插到机箱的导轨就行了。

(3) 装配完毕，安装机箱的螺钉，注意不要拧得太紧，以免损坏塑料机壳。

5.2.3 检验阶段

整机装配过程中，检验是一项极为重要的工作，贯穿于产品生产的全过程。一般可分为装配前的元器件检验、生产中的装配检验和最后的整机检验。

1) 装配前的检验

元器件在包装、存放、运输过程中可能会出现各种变质和损坏的情况，因此在装配前要按产品的技术文件进行外观检验，主要需作以下几项检验：

(1) 表面检验

元器件表面有无损伤、氧化、变形，几何尺寸是否符合要求，型号规格是否与装配图相符。

(2) 抽查检验

抽检元器件的性能，合格率应达到工艺文件的要求。

(3) 老化检验

在检验合格的产品中，对元器件的寿命作老化检验，如晶体管、集成电路等需作温度和功率老化试验。

2) 生产过程中的检验

检验合格的元器件在整机装配的各道工序中，可能因操作人员的技能水平、质量意识及装配工艺、工装条件等因素的影响，使装配后的部件、整机不符合质量要求。因此必须对生产过程中的各道工序进行检验，并建立起操作人员自检、生产班组互检和专业人员抽检的三级检验制度。

(1) 操作人员自检

操作人员每完成一道工序的一步，都必须对自己所做的工序认真检查，如果发现质量问题，应及时向技术人员反映，对主管部门报告，及时查找原因，找出解决的方法。

(2) 生产班组互检

生产班组作为一道或几道工序的集体，要经常组织成员对每位职工所完成的每一道工序进行检查，相互监督，发现问题及时报告。

(3) 专业人员抽检

专业检验人员，其职责就是检验，要对每一道工序进行严格的监控，经常进行抽检，对某些重点工序，或出现过质量问题的工序，要采用普检方式。

对每一次检验，都要作好记录，填写检验单，以便技术人员进行分析与统计，改进技术、调整工艺。

3) 整机检验

整机检验必须由厂属专门机构进行，其检验内容包括外观检验和性能检验。

(1) 外观检验

外观检验的主要内容有：产品是否整洁，面板、机壳表面的涂敷层及装饰件、标志、铭牌等是否齐全，有无损伤；产品的各种连接装置是否完好、是否符合规定的要求；产品的各种结构件是否与图纸相符，有无变形、开焊、断裂、锈斑；量程覆盖是否符合要求；转动机构是否灵活；控制开关是否操作正确、到位等。

(2) 性能检验

经过外观检验后，还要进行整机检验。整机检验及例行试验都应按国家颁发的有关技术标准来进行。电性能检验用以确定产品是否达到国家或行业的技术标准。

性能检验包括一般条件下的整机电性能和极限条件下的各项指标检验。前者检查电子产品的各项指标是否符合设计要求；后者称为例行试验，例行试验用以考核产品的质量是否稳定可靠。操作时对产品常采用抽样检验，但对批量生产的新产品或有重大改进的老产品都必须进行例行试验。

例行试验一般只对主要指标进行测试，如安全性能测试、通用性能测试、使用性能测试等。

主要内容是对整机进行老化测试和环境试验，这样可以提早发现电子产品中一些潜伏的故障，特别是可以发现一些带有共性的故障，从而对其同类产品能够及早通过修改电路和工艺进行补救，有利于提高电子产品的耐用性和可靠性。一般的老化测试是对小部分电子产品进行长时间通电运行，并测量其平均无故障工作时间(MTBF)，分析总结这些电器的故障特点，找出它们的共性问题加以解决。

环境试验一般根据电子产品的工作环境而确定具体的试验内容，并按照国家规定的方法进行试验。环境试验一般只对小部分产品进行，常见环境试验内容和方法有如下：

(1) 对供电电源适应能力试验

如使用交流 220 V 供电的电子产品，一般要求输入交流电压在 220±22 V 和频率在 50±1 Hz之内，电子产品仍能正常工作。

(2) 温度试验

温度试验用以检查温度环境对电子产品的影响，确定产品在高温和低温条件下工作和储存的适应性，它包括高温和低温负荷试验、高温和低温储存试验。温度负荷试验是将样品在不包装、不通电和正常工作位置状态下，把电子产品放入温度试验箱内，进行额定使用的上、下限工作温度的试验。

(3) 振动和冲击试验

把电子产品紧固在专门的振动台和冲击台上进行单一频率(50 Hz)振动试验、可变频率(5～2000 Hz)振动试验和冲击试验，一般在一定频率范围内循环或非重复机械冲击，检验主要技术指标是否仍符合要求。

(4) 运输试验

就是检查电子产品对包装、储存、运输等条件的适应能力。试验过程就是把电子产品捆在载重汽车上奔走几十千米进行试验。

当然，对于不同的电子产品，进行哪些检验，应根据产品的用途与使用条件进行。具体的相关国家标准，种类多而齐全，有兴趣者可上网查询。网址是：http://www.chinarel.com/standardcn.asp。

习题 5

1. 常用工艺文件包括哪两类文件？各类有什么作用？
2. 工艺文件的编制原则是什么？
3. 编制工艺文件有哪些要求？
4. 简述常用工艺文件的类型。
5. 工艺路线表有什么作用？
6. 怎样进行工艺文件的管理？
7. 装配前应有哪些准备？
8. 画出 BJ－1 八路数字显示报警器方框图。
9. 电路原理图有什么作用？
10. 印制电路板装配图在电子装配中起什么作用？
11. 绘制接线图时要注意什么？
12. 装配分为哪几个阶段？
13. 装配前对零部件作哪些检验？
14. 生产过程中的检验是什么？
15. 为什么要作整机检验？

实训 5

一、BJ－1 八路数字显示报警器的装配

1. 实训目的

掌握“BJ－1 八路数字显示报警器”的装配工艺，训练装配的基本技能，提高装配的实际动手能力。

2. 实训仪器与材料

(1) 25 W 直热式电烙铁、万用表、装配工具。

(2) 焊锡丝、松香等助焊剂和有机溶剂。

(3) 表 5－11 中“BJ－1 八路数字显示报警器配套材料”。

3. 实训步骤

见 5.2.2 装配阶段中的步骤。

4. 注意事项

(1) 正确掌握工具的使用，特别是规范化的操作。

(2) 严格按要求步骤进行。

(3) 边操作边检验。

二、敲击式语言门铃的装配

1. 实训目的

训练装配的基本技能，提高装配的实际动手能力。

2. 实训仪器与材料

(1) 25 W 直热式电烙铁、剪线钳、镊子、电工刀等工具。

(2) 焊锡丝、松香等助焊剂。

(3) 敲击式语言门铃的装配材料如表 5-13 所示。

表 5-13 敲击式语言门铃的配套材料明细表

序 号	规 格	数量(只)	位号或名称
1	Z02 型高灵敏度片状振动模块	1	A1
2	HFC5223 语音门铃专用集成电路	1	A2
3	8050	1	V
4	1N4148	1	VD
5	RTX-0.25-7.5k±5%	1	R1
6	RTX-0.25-5.1k±5%	1	R2
7	RTX-0.25-100k±5%	1	R3
8	RTX-0.25-910k±5%	1	R4
9	电容器 CD11-16 V-100μF±10%	1	C1
10	CD11-16 V-4.7μF±10%	1	C2
11	CD11-16 V-100μF±10%	1	C4
12	CT1-40 V-0.1μF±10%	1	C3
13	扬声器 YD57-8ND-0.5 W-8 Ω	1	B
14	装三节电池的电池架	1	G
15	印制电路板(自制)40 mm×30 mm	1	主板
16	通用型多功能小塑料机箱	1 套	
17	紧固件：自攻螺钉 ST2.7-6.5	4	
18	螺钉 M3×8 开槽盘头	2	
19	螺钉 M3×10 开槽盘头	2	
20	螺母 M3	4	
21	垫圈 φ4	4	
22	弹垫 φ4	4	
23	粘合剂	10 g	
24	双色软线 10 cm	2 对	
25	双芯屏蔽线 10 cm	1	

3. 实训步骤

(1) 读懂电路原理图,掌握工作过程。其电路原理图如图 5－14 所示。

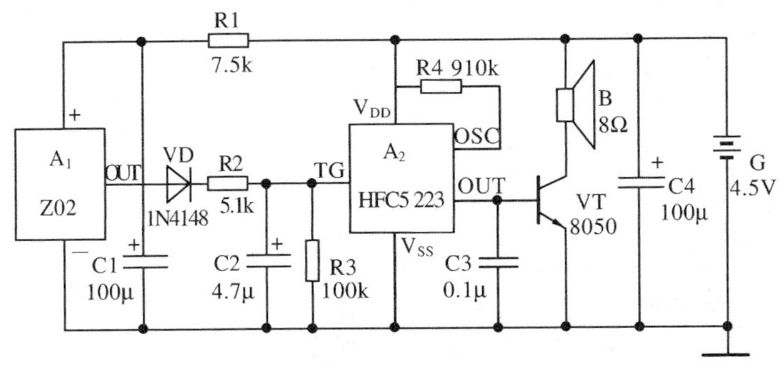

图 5－14　敲击式语言门铃电路原理图

(2) 读懂印制电路板图,弄清元器件的焊接要求。其印制电路板图如图 5－15 所示。

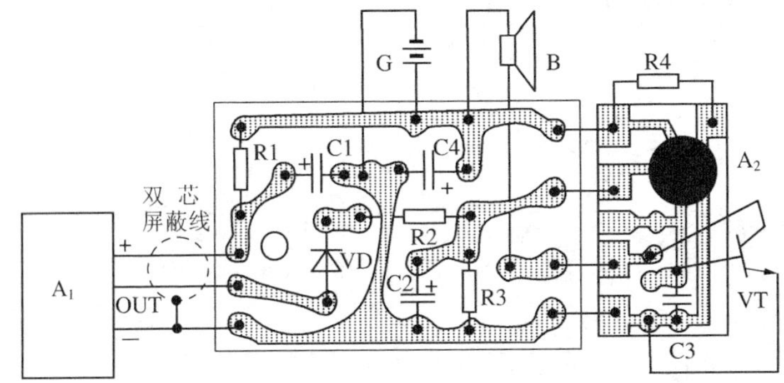

图 5－15　敲击式语言门铃印制电路板图

(3) 根据印制电路板的安装孔距,对元器件加工与成型。

(4) 焊接印制电路板。

(5) 安装电池架、片状振动模块、音乐片和扬声器。

(6) 整机安装。

(7) 调试检验。

4. 注意事项

(1) 实训中培养规范化的操作。

(2) 严格按要求步骤进行。

(3) 焊接音乐块时,需用烙铁的余热焊接,以免烧坏。

(4) 边操作边检验。

6 常用调试仪器

【主要内容和学习要求】

(1) 掌握常用通用仪器的测量原理、适用场合、性能指标；正确使用仪器。掌握6种应用最普遍的仪器(数字万用表、晶体管稳压电源、信号发生器、示波器、晶体管毫伏表、扫频仪)的原理及使用。

(2) 了解虚拟仪器(Virtual Instrument，VI)的相关知识。

俗话说，“工欲善其事，必先利其器”，要做好调试工作，就必须学会正确使用电子测量仪器。电子测量仪器总体可以分为两类，即专用仪器与通用仪器。所谓专用仪器是指为某个或几个产品而设计的仪器，如电视信号发生器、矢量示波器等。而通用仪器具有普遍性，在行业内广泛应用，如万用表、示波器等。

本章主要介绍通用仪器的原理及其使用。通用仪器的类别如表6-1所示。

表6-1 通用仪器的类别及功能

类 别	功 能
函数信号发生器	产生各种调试信号，如音视频、脉冲、正弦等各种波形
参数测量仪器	测量电压、电流、频率、相位等参数，如万用表、数字电压表、频率计等
信号分析仪器	用于观测、分析、记录被测信号，如示波器、逻辑分析仪
元器件测试仪器	测量元器件的参数，如晶体管测试仪、Q表、晶体管图示仪、集成电路测试仪
电路特性测试仪器	对信号通过电路后的一些特性变化进行观测，如扫频仪、失真度测试仪

6.1 万用表

万用表是万用电表的简称，是电子实践必不可少的工具，也是电子实践中用得最多的工具。万用表能测量电流、电压、电阻，有的还可以测量三极管的电流放大系数、频率、电容值、逻辑电位、分贝值等。万用表有很多种，现在最流行的有机械指针式万用表和数字万用表(DMM)。下面以UT-53型数字万用表为例，介绍万用表的工作原理和使用方法。

6.1.1 UT-53型数字万用表面板结构

UT-53型数字万用表的面板如图6-1所示。

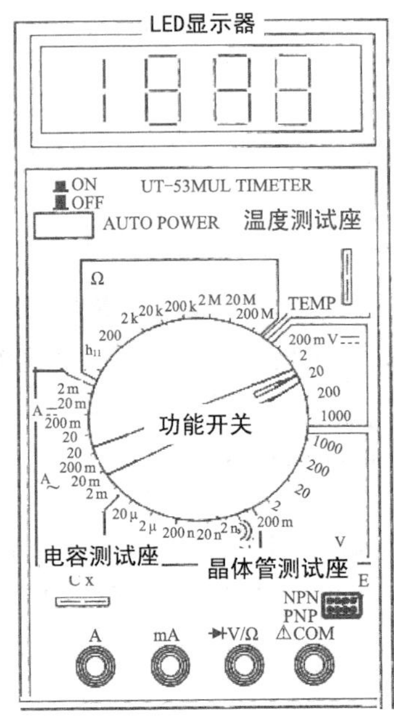

图 6－1　UT－53 型数字万用表面板

6.1.2　工作原理

数字万用表与指针式万用表相比，其在准确度、分辨力和测量速度等方面都有着极大的优势。按工作原理(即按 A/D 转换电路的类型)分，数字万用表有比较型、积分型、V/T 型、复合型等几种类型。使用较多的是积分型，其中 3 $\frac{1}{2}$ 位数字万用表的应用最为普遍。

数字万用表型号很多，功能基本相同，面板结构也大体相同，只是排列位置有所区别。本节主要学习 UT－53 型数字万用表的使用。

UT－53 是 UT50 系列中的 3 $\frac{1}{2}$ 位数字万用表，是一种性能稳定、高可靠性、手持式数字多用表，整机电路设计成大规模集成电路，双积分 A/D 转换器为核心并配以全功能过载保护，可测量交直流电压和电流、电阻、电容、二极管、温度及电路通断，是电子实践中的理想工具。

6.1.3　测量范围和指标

UT－53 型数字万用表的主要性能指标如表 6－2 所示。

表 6－2　UT－53 型数字万用表主要性能指标

功　能	测量范围	精　度
直流电压	200 mV/2 V/20 V/200 V/1 000 V	±(0.5%+1)
交流电压	200 mV/2 V/20 V/200 V/1 000 V	±(0.8%+3)

续表 6-2

功 能	测量范围	精 度
直流电流	2 mA/20 mA/200 mA/20 A	±(0.8%+1)
交流电流	20 mA/200 mA/20 A	±(1%+3)
电容	2 nF/20 nF/200 nF/2 μF/20 μF	±(4%+3)
温度	−20～1 000℃	±(1%+3)
电阻	200 Ω/2 kΩ/20 kΩ/200 kΩ/2 MΩ/20 MΩ/200 MΩ	±(0.8%+1)

UT-53 型数字万用表除了基本测量功能外，还能对电路通断、二极管、三极管进行测试，同时具有低功耗及自动休眠模式。

6.1.4 使用方法

1) 电阻挡的使用

(1) 电阻挡的操作方法：如图 6-2 所示。

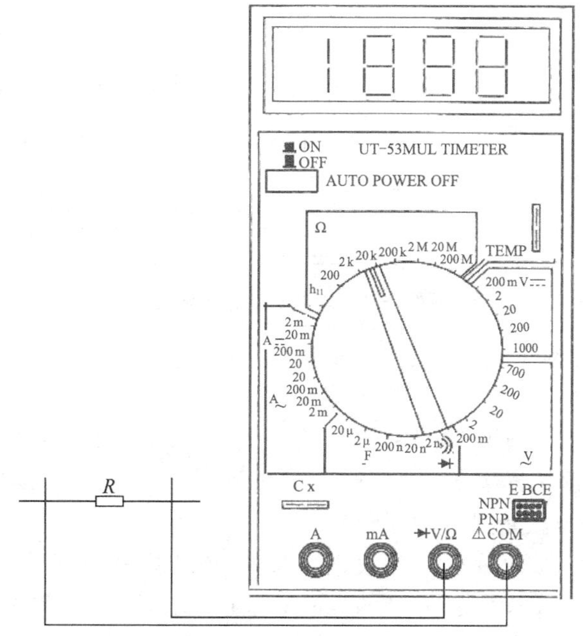

图 6-2 万用表测电阻

① 测量电阻时，应将红表笔插入 V/Ω 插孔，黑表笔插入 COM 插孔。

② 将量程开关置于"OHM" 或"Ω" 的范围内并选择所需的量程位置。

③ 检测时将两表笔分别接被测元器件的两端或电路的两端。

(2) 使用电阻挡注意事项

① 打开万用表的电源，对表进行使用前的检查：将两表笔短路，显示屏应显示 0.00 Ω；将两表笔开路，显示屏应显示溢出符号"1"。以上两个显示都正常时，表明该表可以正常使用，否则将不能使用。

② 检测时:若显示屏显示溢出符号“1”,表明量程选得不合适,应改换更大的量程进行测量。在测试中若显示值为“000”,表明被测电阻已经短路,若显示值为“1”(量程选择合适的情况下)表明被测电阻器的阻值为∞。

2) 电压挡的使用

(1) 直流电压的测量方法

直流电压的测量方法如图 6-3 所示。

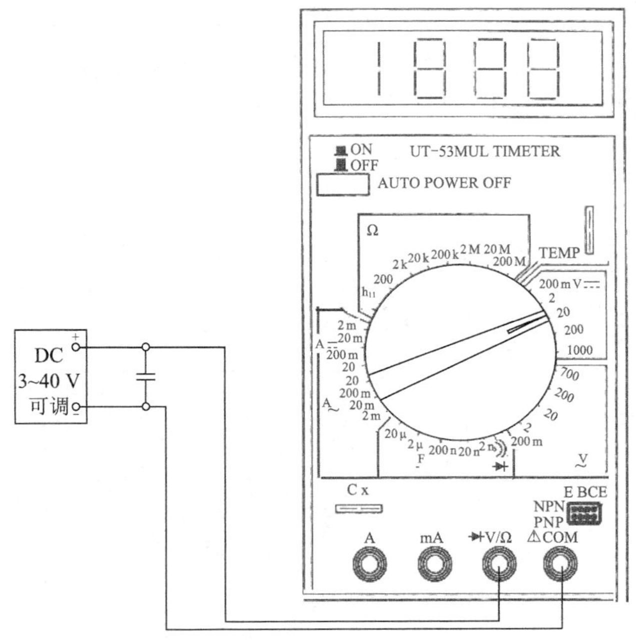

图 6-3　万用表测直流电压

① 将红表笔插入 V/Ω 插孔,黑表笔插入 COM 插孔。

② 将量程开关置于“DCV”或“V⎓”挡的合适量程。

③ 测量时,万用表要与被测电路并联。红表笔所接端子的极性将显示在显示屏。

(2) 交流电压的测量方法

交流电压的测量方法如图 6-4 所示。

① 将红表笔插入 V/Ω 插孔中,黑表笔插入 COM 插孔中。

② 量程开关置于“ACV”或“V～”的合适量程上。表笔并接于测试端。

(3) 使用电压挡注意事项

① 选择合适的量程,当无法估计被测电压的大小时,应先选最高量程进行测试。

② 测量较高的电压时,不论是直流还是交流,都要禁止带电拨动量程开关。

③ 测量电压时不要超过所标示的最高值。

④ 在测量交流电压时,最好把黑表笔接到被测电压的低电位端。

⑤ 数字万用表虽有自动转换极性的功能,为避免测量误差的出现,进行直流测量时,应使表笔的极性与被测电压的极性相对应。

⑥ 被测信号的电压频率最好在规定的范围内,以保证测量的准确度。

⑦ 当测量较高的电压时,不要用手直接去碰触表笔的金属部分。

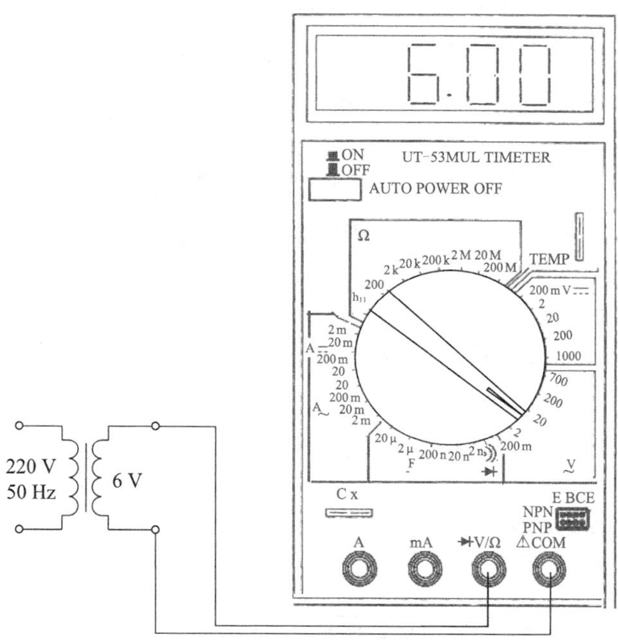

图 6-4 交流电压的测试

⑧ 测量电压时，若万用表的显示屏显示溢出符号“1”时，说明已发生超载。

⑨ 当万用表的显示屏显示“000”或数字有跳跃现象时，应及时更换挡位。

3）电流挡的使用

（1）直流电流挡的操作方法

直流电流挡的操作方法如图 6-5 所示。

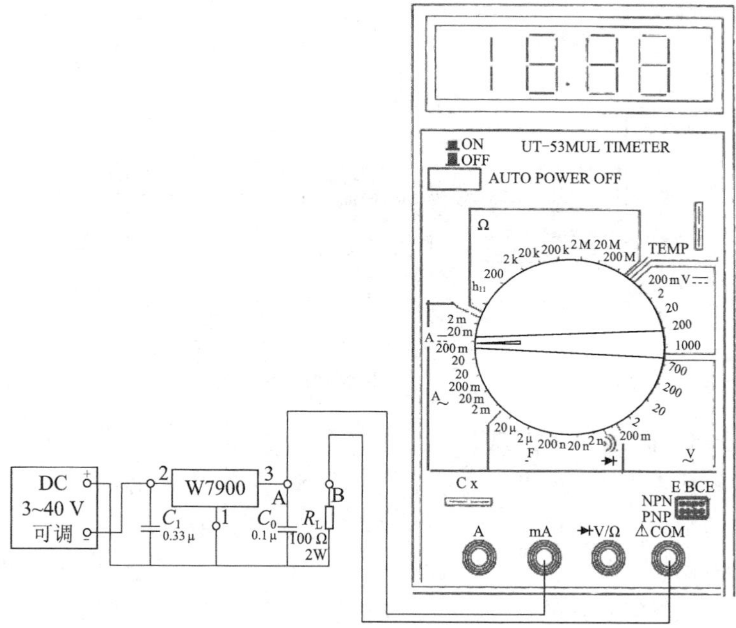

图 6-5 万用表测直流电流

① 将红表笔置于 A 或 mA 插孔,黑表笔置于 COM 插孔。

② 将量程开关置于" DCA"或"A⎓"挡的合适量程。

③ 数字万用表串联到被测电路中,表笔的极性可以不考虑。

(2) 交流电流挡的操作方法

① 将红表笔置于 mA 或 A 插孔,黑表笔置于 COM 插孔。

② 将量程开关置于"ACA"或"A～"挡合适的量程。

(3) 使用电流挡注意事项

① 如果被测电流大于 200 mA 时应将红表笔插入 A 插孔。

② 如显示屏显示溢出符号"1",表示被测电流已大于所选量程,这时应改换更高的量程。

③ 在测量电流的过程中,不能拨动量程转换开关。

4) 二极管挡的使用

(1) 二极管挡的使用方法

二极管挡的使用方法如图 6－6 所示。

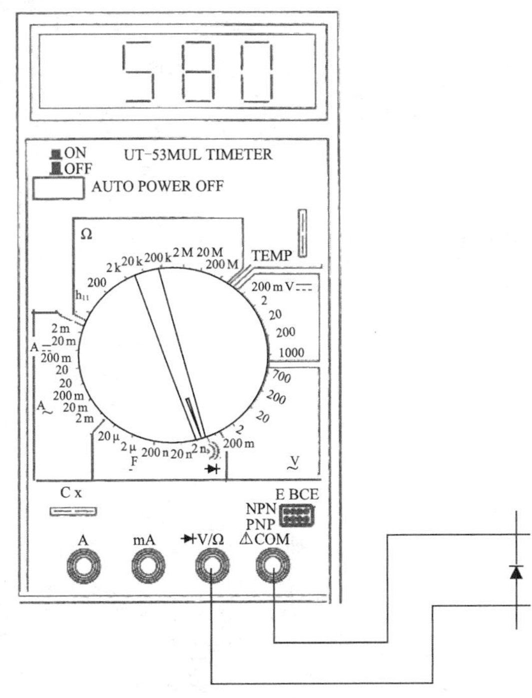

图 6－6　二极管挡的使用

(2) 检测普通二极管好坏的方法

① 将红表笔插入 V/Ω 插孔中,黑表笔插入 COM 插孔中。功能开关置于"▶|、·))"挡。

② 红表笔接被测二极管的正极,黑表笔接被测二极管的负极。

③ 将数字万用表的开关置于 ON,此时显示屏所显示的就是被测二极管的正向压降。

④ 如果被测二极管是好的,正偏时,硅二极管应有 0.5～0.7 V 的正向压降,锗二极管应有 0.1～0.3 V 的正向压降。如果反偏时,硅二极管与锗二极管均显示溢出符号"1。"

⑤ 测量时，若正反向均显示“000”，表明被测二极管已经击穿短路。

⑥ 测量时，若正反向均显示溢出符号“1”，表明被测二极管内部已经开路。

(3) 注意事项

① 使用二极管挡测量 PN 结时，正向导通时显示屏所显示的值是 PN 结的正向导通压降，其单位为毫伏(mV)。

② 正常情况下，硅二极管的正向压降为 0.5～0.7 V，锗二极管的正向压降为0.1～0.3 V。根据这一特点可以判断被测二极管是硅管还是锗管。

③ 将表笔连接到待测线路的两端，如果两端之间的电阻值低于 70 Ω，内置蜂鸣器发声，显示屏显示其电阻近似值，单位为欧姆(Ω)。

5) 电容挡的使用(电容容量的测量)

(1) 测量方法：将电容插入电容测试座中，功能转换开关置电容区。

(2) 注意事项

① 在接入被测电容之前，注意显示值须为“000”，每改变一次量程需一定时间复零。

② 测量前被测电容应先放电，当测试大电容时，需要较长时间方可得到最后稳定读数。

③ 有的仪表电容测量有极性之分，在测量电解电容时，要注意极性。

6) 晶体管 hFE(直流放大系数)测量

测量方法：将开关置于 hFE 挡上，先确定晶体管是 NPN 型还是 PNP 型，再将 E、B、C 三脚分别插入面板上晶体管插座正确的插孔内，此时显示器将显示出 hFE 的近似值。

7) 温度测量

测量温度时，将热电偶传感器的冷端(自由端)插入测试座中(请注意极性)。热电偶的工作端(测试端)置于待测物上面或内部，可直接从显示器上读数，其单位为摄氏度(℃)。

6.1.5　注意事项

(1) 将 POWER 开关按下，检查 9 V 电池，如果电池电压不足，显示器上显示，这时则需更换电池。

(2) 测试笔插孔旁边的符号，表示输入电压或电流不应超过显示值，这是为了保护内部线路免受损坏。

(3) 测试之前，功能开关应置于所需要的量程。

(4) 测量完毕应及时断开电源，长期不用时，应取出电池。

6.2　晶体管稳压电源

稳压电源是实验室中常用的仪器，其作用是提供直流电压。HG6333 型直流稳压电源是高精度、高可靠、易操作的实验室通用电源，产品独特的积木式结构设计提供了从一组到多组电压输出规格，满足用户各种电路实验的要求，可广泛应用于工厂、学校和科研单位的实验和教学。

HG6333 型直流稳压电源具有两组电压和电流连续可调的输出端口。两组输出都具有预置、输出功能和稳压、稳流随负载变化而自动转换的功能。两组输出可独立使用，也可以串联或并联使用，在串联或并联使用时可分别获得最大电压为两组之和或最大电流为两组之和的单组输出。本机的第二组输出具有跟踪功能，在跟踪模式下，第二组输出随第一组输出变化而变化，可获得两组相同的电源输出。显示部分为 4 组 3 位 LED 数字显示，可同时显示两组输出电压和电流。除了具有上述功能外，还设有一组固定的 5 V 输出端口。

6.2.1　面板结构

HG6333 型直流稳压电源面板如图 6－7 所示。

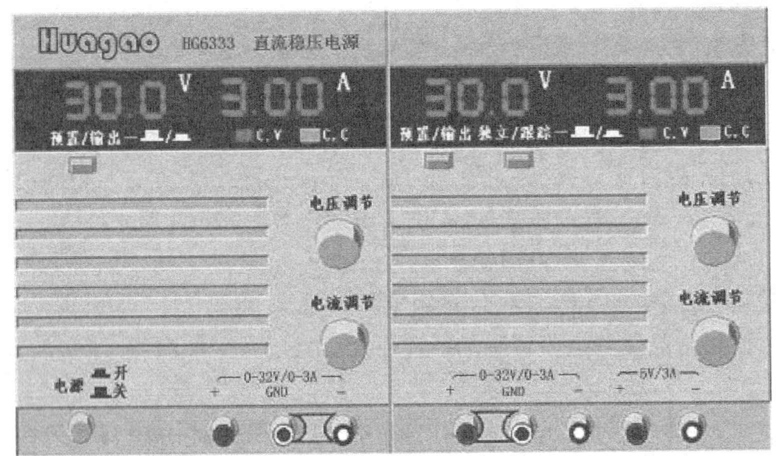

图 6－7　HG6333 型直流稳压电源面板

由于稳压电源的面板两边基本对称，下面以右边为例来介绍面板上各按键及旋钮的功能。这部分面板如图 6－8 所示。

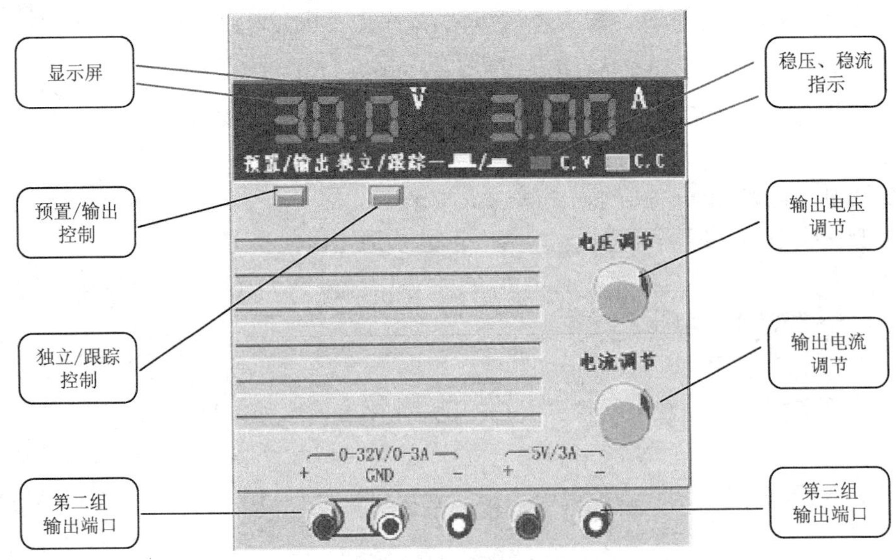

图 6－8　HG6333 型直流稳压电源右面板

1）显示屏

显示输出电压和电流大小。

2）预置/输出控制

该电源具有两种输出状态，“预置”和“输出”。在“预置”状态，输出端开路，此时输出端无电压输出；在“输出”状态，输出端口与负载连接，输出稳定的电压值。

3）独立/跟踪控制

控制第二组电源的输出为“独立”模式，或是“跟踪”第一组输出。

4）输出电压调节旋钮

输出电压调节，用来设定输出电压的最大值。在“跟踪”模式时第二组的该旋钮不起作用，第二组的输出跟随左边第一组的输出。

5）电流调节旋钮

电流调节旋钮用于设定输出电流的最大值。

6）稳压、稳流指示

当负载电流小于设定值时，输出为稳压状态，“CV”指示灯亮；当负载电流大于设定值时，输出电流将被恒定在设定值，“CC”指示灯亮。

7）第一、第二组输出端口

该端口用于输出电压给负载，最大可输出 30 V 电压并连续可调，且为悬浮式端口，中间为“接地”端“GND”（正确理解“Ground”的含义）。

8）第三组输出端口

该端口输出固定 5 V 电压给负载，该组端口的“－”端已在机内接地。注意：机内接地与“GND”含义不同。

6.2.2 主要技术指标

HG6333 型直流稳压电源主要技术指标如表 6－3 所示。

表 6－3 HG6333 型信号源的主要技术参数

项 目		技术参数
第一组和第二组输出	输出电压	0～30 V 连续可调
	输出电流	0～3 A 连续可调
	电源调整率	≤0.01%＋3 mV
	负载调整率	≤0.01%＋3 mV
	纹波及噪声	1 mV_{rms}
	跟踪误差	≤1%±3 个字
	显示方式	4 位 3 组 0.5″LED
	显示误差	≤1%±1 个字

续表 6-3

项　目		技术参数
第三组输出	输出电压	5 V 固定
	输出电流	3 A 固定
	电源调整率	≤1%
	负载调整率	≤2%
	纹波及噪声	≤2 mV_{rms}

6.2.3 使用方法

1) 面板功能检查

在仪器使用前,可按照以下步骤检查仪器的工作状态是否正常。

(1) 将“预置/输出”和“独立/跟踪”开关弹出,仪器处于“预置”和“独立”状态;“输出电压调节”旋钮和“输出电流调节”旋钮调节到最大位置。

(2) 打开电源开关,观察显示屏,两边窗口显示电压应大于 30 V,电流应为 0 A。调节“电压调节”旋钮,显示电压应在 0～30 V 之间变化。

(3) 按压“独立/跟踪”开关,第二组电源跟随第一组电源输出,显示与第一组相同,调节第一组“输出电压调节”旋钮,两组电压显示同时变化。

2) 操作指导

(1) 输出端口的连接

第一组和第二组的输出端口为悬浮式端口,中间为接地端。使用时,可根据需要将接地端的接触片和其中的一个端口连接,以获得所需要的电源极性。

例如,当需要的电源极性为“+”时,应该用接触片将该组输出端的“-”端和接地端连接,连接方法如图 6-9 所示。

当需要的电源极性为“-”时,应该用接触片将该组输出端的“+”端和接地端连接,连接方法如图 6-10 所示。

第三组输出端口为固定+5 V 输出,该组端口的“-”端已在机内接地。

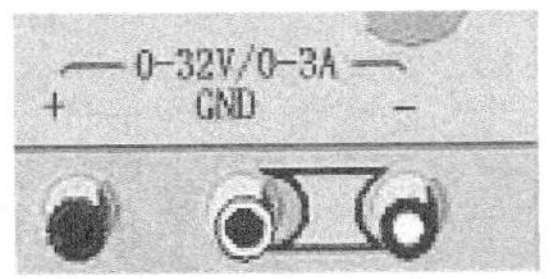

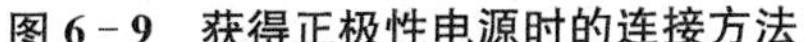

图 6-9　获得正极性电源时的连接方法

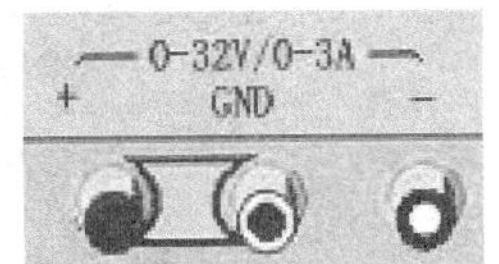

图 6-10　获得负极性电源时的连接方法

(2) 获得一组 0～30 V 范围内的电压输出

将“预置/输出”开关弹出,仪器处于“预置”状态,调节“电压调节”旋钮,使电压指示为所需要的电压。将“预置/输出”开关压入,负载即获得了所需要的电压,此时显示屏将显示负载的实际电流。

注意:“预置/输出”开关在弹出时,输出端没有电压输出。正确使用“预置/输出”开关,可有效地防止因调节不当而对负载产生的不良影响。

(3) 获得两组电压之和的输出

将两组电源的输出端串联连接,可获得最大达 60 V 的电压输出。

操作方法是:将两个接触片悬空,将第一组的“-”端和第二组的“+”端连接,将“独立/跟踪”开关压入,调节第一组“电压调节”旋钮,使电压显示值为所需电压的一半,由第一组的“+”端和第二组“-”端连接负载,负载上将获得两组电压的累加,如图 6-11 所示。

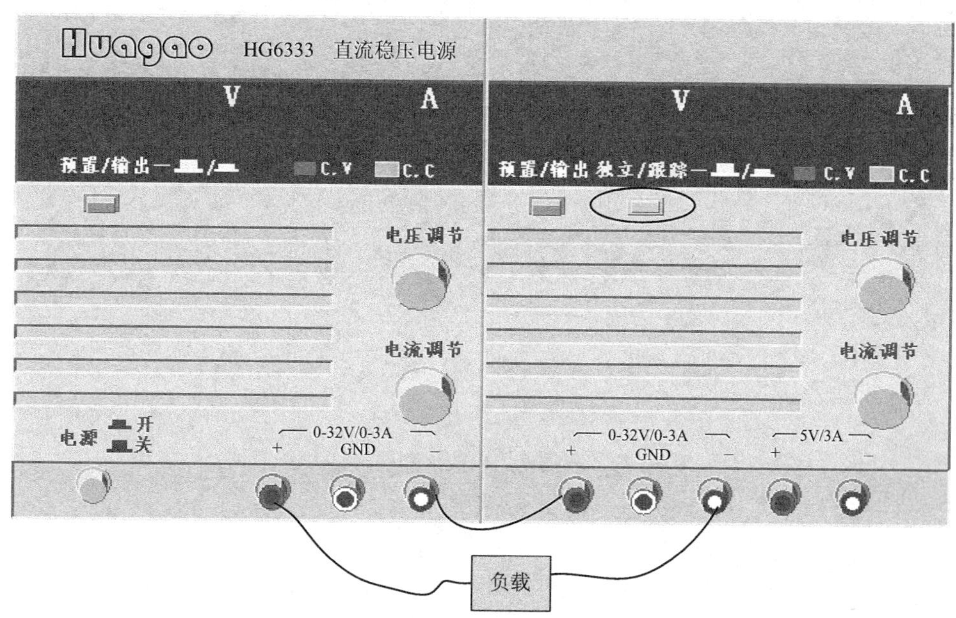

图 6-11　获得两组电压之和的连接方法

(4) 获得两组电流之和的输出

将两组电源的输出端并联连接,可获得最大电流为两组电流之和的输出。

操作方法是:调节第一组“电压调节”旋钮至所需电压,调节第二组“电压调节”使两组的电压一致,一般直接采用“跟踪”模式,保证两电源输出电压相等,将两组同极性的端子并联后连接负载,负载上可获得两组电流的累加。连接方法如图 6-12 所示。

(5) 获得两组电压极性相反的输出

将第一组“-”端和第二组“+”端的接触片分别和接地端连接,即可从第一组和第二组分别获得不同极性的电压输出。当需要两组的电压值相同时,可将第二组的“独立/跟踪”开关压入,第二组的“电压调节”旋钮将不起作用,该组电压将跟踪第一组的电压变化而同时变化。

(6) 电流设定

“电流调节”旋钮用于设定该组的最大输出电流,当负载电流达到或超过设定值时,输出电流将被恒定在设定值,同时输出电压将随负载电流的增加而下降,从而对负载和本机起到了有效的保护作用。当输出电流达到设定值时,“CV”指示灯灭,“CC”指示灯亮。

电流设定方法为:将“预置/输出”开关弹出,调节“电流调节”旋钮至最小位置,用导线将输出端短路，压入“预置/输出”开关，缓慢调节“电流调节”旋钮，观察显示屏，直至电流指示达到需要的值，拆除输出端短路导线，完成电流设定。

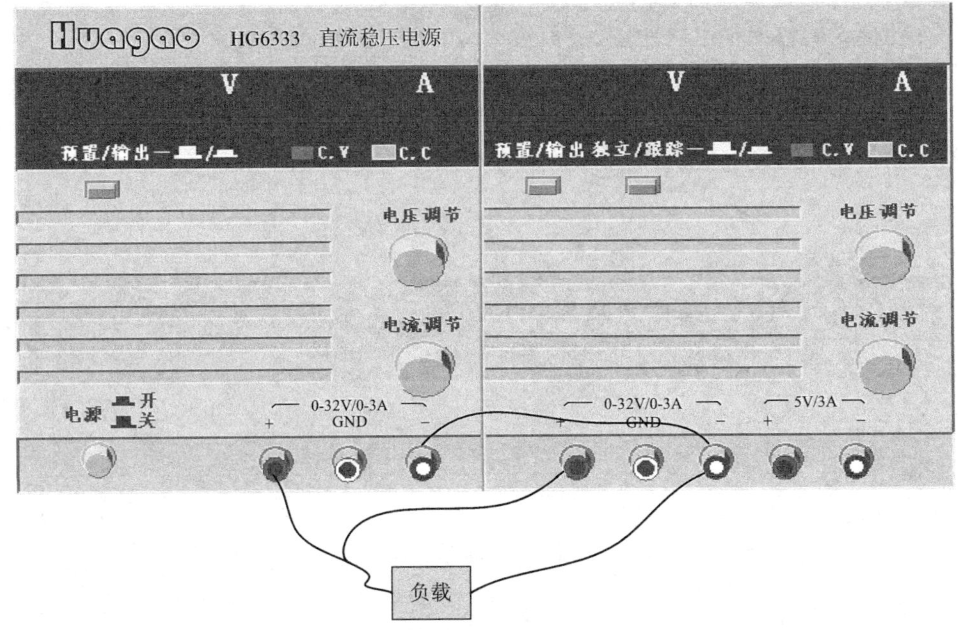

图 6-12　获得两组电流之和的连接方法

6.2.4　注意事项

(1) 若过载或短路，电路保护无输出时，应排除过载短路故障，按“启动”按钮，电源即可输出。

(2) 输出电压由接线柱“＋”、“－”供给，地接线柱应与机壳相连。

(3) 供电电源应有接地线，本仪器内外保护接地线应连接良好，严禁切断接地保护线。

(4) 更换保险管时，应按仪器的铭牌标志要求进行。

(5) 未调好输出电压前，切忌将负载接入，以防输出电压高于所需要的值，损坏负载。

6.3　信号发生器

信号发生器的种类很多，主要有低频信号发生器、高频信号发生器、函数信号发生器等。

6.3.1　低频信号发生器

此处以 XD2 型低频正弦波信号发生器为例。

1) 面板结构图

XD2 型低频正弦波信号发生器的面板如图 6-13 所示。

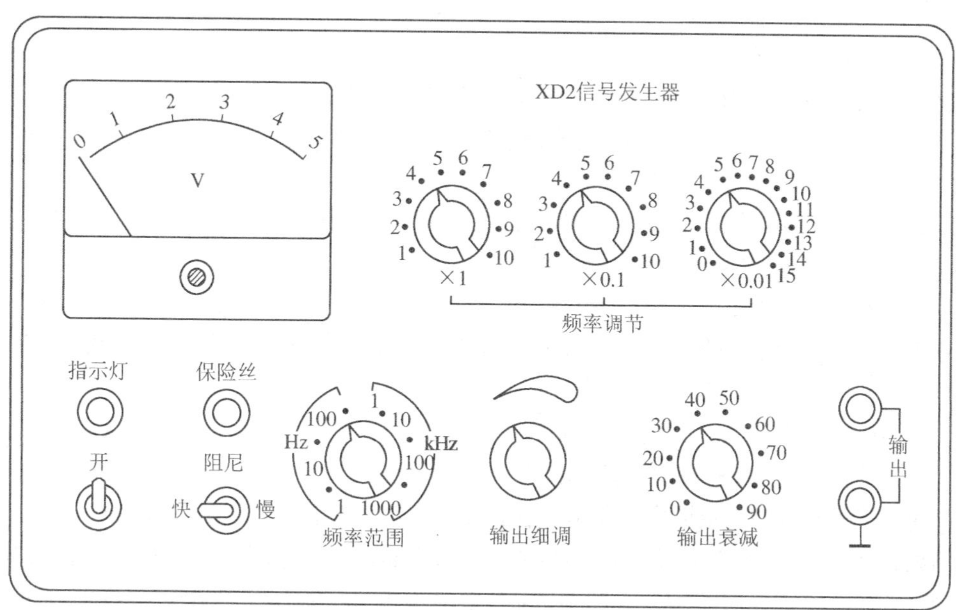

图 6-13 XD2 型低频正弦波信号发生器的面板图

2) 主要性能指标

(1) 频率范围：1 Hz～1 MHz，分为六个波段。

(2) 最大输出电压：5 V。

(3) 输出衰减：粗衰减 0～90 dB，细衰减与粗衰减配合，衰减量连续可调。

(4) 非线性失真：20 Hz～20 kHz 范围内小于 0.1%。

3) 工作原理

XD2 型信号发生器是全晶体管化的低频信号发生器，输出信号为低频正弦波。其原理框图如图 6-14 所示。图中，主振荡器采用文氏电桥振荡电路，产生的正弦波信号通过跟随器并经细衰减器和粗衰减器后输出。其中细衰减器的衰减量由电位器调节，其输出电压幅度直接由电压表指示，粗衰减器是间隔 10 dB 的多挡步进式衰减器，其衰减量直接刻在“输出衰减”旋钮旁。

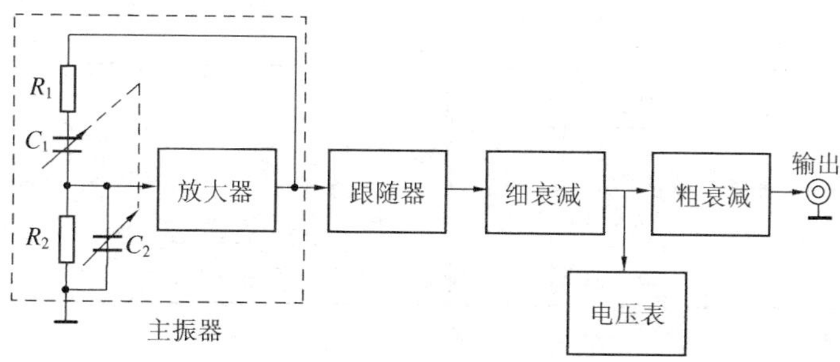

图 6-14 XD2 型信号发生器原理框图

4）使用方法

（1）频率调节和指示

改变文氏电桥的电阻或电容的数值就可改变其振荡频率。面板左下方的“频率范围”波段开关和右上方三个“频率调节”旋钮用来改变不同电容和电阻数值以实现信号频率的调节。根据“频率范围”所在波段和“频率调节”旋钮所在挡位就可直接读出信号频率的大小。

例如，“频率范围”旋钮置于“1～10”kHz，“频率调节”旋钮“×1”置于4，“×0.1”置于5，“×0.01”置于6，则输出信号频率为4.56 kHz。

（2）幅度调节和指示

面板上“输出细调”和“输出衰减”是用来调节输出幅度的两个旋钮，且左上方设有输出电压指示表头。

① 调节“输出细调”使指示表头指针在某一数值。

② 调节用分贝数刻度的“输出衰减”旋钮。

③ 根据“输出衰减”旋钮所在挡位和指示表头指针读数就可确定输出电压值。

例如，“输出衰减”旋钮置于0 dB，这时表头的指示位即为输出电压的有效值；当“输出衰减”旋钮置于10 dB，这时输出电压为表头指示值的0.316倍，也就是将表上读数乘以0.316得到的才是真正测量值。

5）注意事项

（1）由于该仪器输出无隔直电容器，因此，在使用中切忌输出短路，否则将会引起内部电路的损坏。

（2）接通电源，先预热20 min左右使用。

（3）分贝（dB）的定义为：分贝数=20 log(U_2/U_1)，其中U_1为进行比较的基准电压，即电表的指示数，U_2为被比较的电压，即输出电压。

常用的衰减量（分贝值）与电压衰减倍数的关系如表6-4所示。

表6-4　常用的衰减量（分贝值）与电压衰减倍数的关系

衰减分贝数	电压衰减倍数	衰减分贝数	电压衰减倍数
0	1.000 0	−7	0.446 7
−1	0.891 3	−8	0.398 1
−2	0.794 3	−9	0.354 8
−3	0.707 9	−10	0.316 2
−4	0.631 0	−11	0.281 8
−5	0.562 3	−20	0.100 0
−6	0.501 2	−30	0.031 6

6.3.2 高频信号发生器

XFG-7高频信号发生器是一种多功能信号源，它能产生正弦波和调幅波两种信号；当输出正弦波时，其输出信号幅度为0～1 V，信号频率为100 kHz～30 MHz。采用内调制工作方式时，机内提供 400 Hz 和 1 kHz 两种音频调制信号供选择；也可以采用外调制方式，这时可由外部输入音频调制信号进行调制。XFG－7 高频信号发生器是 20 世纪 60 年代电子产品，采用电子管电路，耗电大且笨重，但由于仪器稳定度高，操作方便，目前在国内实验教学中仍得到较广泛应用。

1）面板结构图

XFG－7 高频信号发生器面板结构图如图 6－15 所示。

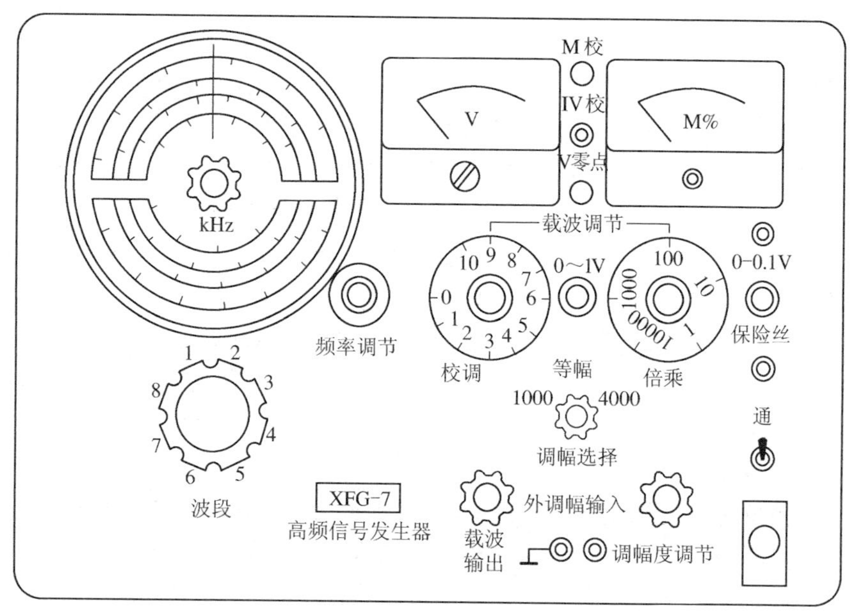

图 6－15 XFG－7 高频信号发生器面板结构

2）主要性能指标

（1）频率范围：100 Hz～30 MHz，共分八个波段。

（2）频率刻度误差：＜±1%。

（3）输出阻抗与输出电压。

① 在“0～1 V”插孔中，开路输出电压为 0～1 V 连续可调，输出阻抗为 40 Ω。

② 在“0～0.1 V” 插孔中，带有分压电阻电缆，其输出电压为：接点“1”，输出电阻40 Ω，输出电压 1 ～100 000 μV 连续可调。

（4）调制频率

① 内部调制频率有 400 Hz 和 1 000 Hz 两挡，均为±5%。

② 外部调制信号可用 XD2 低频信号发生器供给，外部调制频率范围：当载波频率为 100～400 kHz 时，可用 50 Hz～40 kHz 的信号进行外部调制；其他频率范围内，可用 50 Hz～8 kHz 信号进行外部调制。

（5）电源电压：100 V，127 V，220 V，一般采用 220 V。

（6）调幅度范围：0～100%。

3）工作原理

XFG－7 高频信号发生器组成框图如图 6－16 所示。高频振荡器是由 LC 振荡电路组成，它产生的高频正弦信号经放大后可作为正弦波输出，也可以作为调制波的载波信号。如

果改变调谐回路的 L(或 C)的数值,即可改变输出信号的频率。高频放大器既可作缓冲放大器,也可作调制放大器。当信号发生器输出正弦波时,高频放大器作为缓冲器,以减轻负载对高频振荡器工作的影响,从而提高了振荡频率的稳定性。

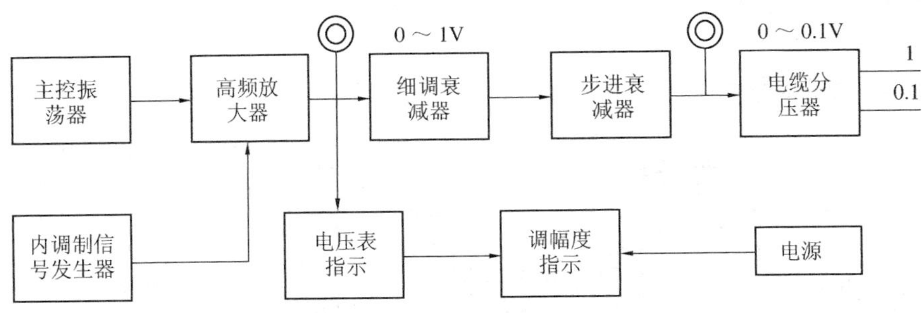

图 6-16　XFG-7 高频信号发生器组成框图

当信号发生器输出调幅波时,高频放大器作为调制放大器,由调制信号发生器或由外部输入的调制信号与高频载波经调制放大器调制后,可以得到调幅波。

高频放大电路输出的正弦波和调幅波均通过细调衰减器(连续可调)和步进衰减器输出,以调节输出信号幅度的大小。在细调衰减器后面接有"0～1"的输出插孔,可输出幅度在 0～1 V之间连续变化的信号。在步进衰减器后面接有"0～0.1"的输出插孔,可输出幅度在 0～0.1 V 之间变化的信号。

输出电压和调制度的指示器接在细调衰减的前面,因此"0～0.1"插孔输出信号的实际幅值,应按照电压指示值并结合步进衰减器的衰减值计算。为了获得更小的输出信号幅度,输出电缆线带有分压比为"1∶1"和"1∶10"的分压器,因此经过电缆线输出的最小信号幅度可达到 0.1 μV。

4) *使用方法*

(1) 开机前的准备工作

① 机壳接地:由于电源变压器进线中接有高频滤波电容,使机壳带有一定的电位,因此仪器机壳应接地线。

② 机械调零:使电压表"V"和调幅度指示器"M%"的指针在零点上。

③ 将"载波调节"、"调幅度调节"、"微调"和"倍乘"等旋钮朝逆时针方向旋至最小位置。

④ 用输出电缆将输出端和被测设备的输入端连接好。当要求输出电压大于 0.1 V 时,输出电缆线接至"0～1 V";当要求输出电压小于 0.1 V 时输出电缆接至"0～0.1 V"插孔,不用的输出孔必须用插孔盖将"0～1 V" 插孔盖紧。

(2) 将电源开关接至"通",指示灯亮,预热 15 min 后即可使用。

(3) 将"波段"开关转在任何两挡的中间,这时高频振荡器的电感不接通,振荡器不工作,因此没有输出信号,调节电压表"V"的零点旋钮使指针指在零点。

(4) 调节"波段"开关和"调谐" 旋钮到所要频率。当频率读数要求精确时,可利用游标刻度旋钮上的刻度读数。

(5) 调节"载波调节"旋钮,使"V"表指针指在 1 V 处(此处特用红线标示)。调节载波输出的"微调""倍乘"旋钮到所需的位置。

输出电压的读数表示:输出插孔接"0～0.1 V","倍乘"置于"1000"挡,"微调"置 5,此时输出电压为 5 000 μV。

(6) 当输出电压不需要调幅时,“调幅选择”旋钮置于“等幅”挡。当需要时,置于相应调制信号频率位置上。

5) 注意事项

(1) 输出电缆的地线一定要和仪器设备的机壳相连接,且地线不能太长,否则输出信号中有 50 Hz 的干扰信号。

(2) 在调制(外或内调制)工作时,因 M%指针指示的调制度,仅在伏特计指在“1”时是正确的。因此,必须随时调节“载波调节”,使伏特计指针始终保持在“1”处。

(3) 在应用“0～1 V”插孔时,须用插孔盖将“0～1 V”插孔盖紧,以防信号泄漏。

6.3.3 函数信号发生器

以 S101 型函数信号发生器为例。S101 型函数信号发生器能产生 1 Hz～1 MHz 的正弦波、方波、三角波信号,是由晶体管构成的小型函数信号发生器。

1) 面板结构图

S101 型函数信号发生器的面板结构如图 6-17 所示。

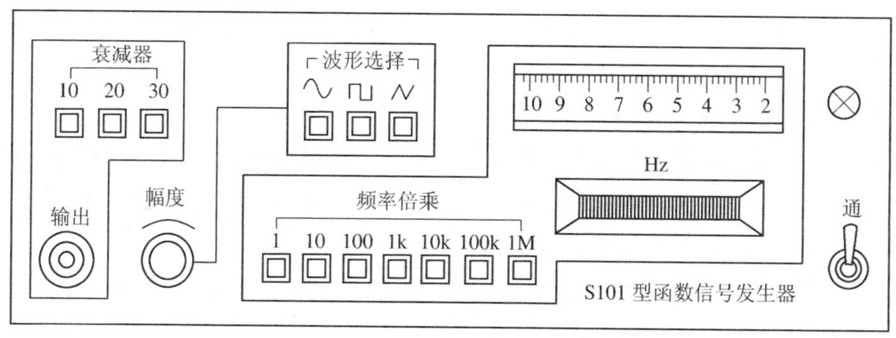

图 6-17　S101 型函数信号发生器的面板结构图

2) 主要技术指标

(1) 频率范围：1 Hz～1 MHz,分为 6 个频段,分别为 1～10 Hz、10 Hz～100 Hz、100 Hz～1 kHz、1 kHz～10 kHz、10 kHz～100 kHz、100 kHz～1 MHz。

(2) 输出波形：分为正弦波、方波、三角波。

(3) 输出电压：空载时,V_{P-P}=20 V;外接 600 Ω 负载时,V_{P-P}=10 V。

(4) 频率度盘精度：1 Hz～100 kHz,<±1.5%;100 kHz～1 MHz,<5%。

3) 工作原理

S101 型函数信号发生器的原理框图如图 6-18 所示。

该仪器采用恒流源充放电原理来产生三角波、方波,再通过波形变换电路将三角波变成正弦波。主振荡器是一个三角波产生器,电流开关将正、负两个恒流源分时地对定时电容器充电和放电,由于恒流源的电流恒定,使充放电均随时间而线性变化,因此电容器 C 两端电压为对称的三角波。三角波的频率粗调是通过改变定时电容来实现的,细调则通过控制恒流源电流大小来实现。电平比较电路是一个差分式电压鉴别电路,两个输入端一个接参考

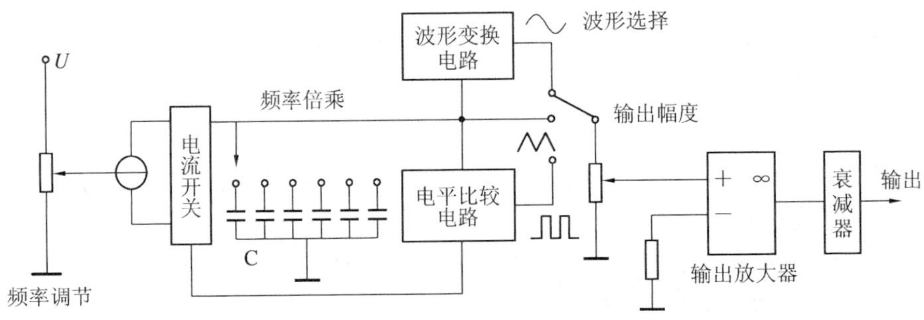

图 6-18　S101 型函数信号发生器的原理框图

电压，另一个接三角波振荡器的输出。随着三角波电压的变化，两个输出端产生的方波一方面去控制电流开关的状态，从而控制定时电容的充放电过程而获得三角波；另一个则作为该仪器的输出方波。波形变换电路是一个分压比受三角波电压控制的可变分压器，在三角波线性上升或下降的过程中，由于分压器的分压比不同，其输出就形成了几段斜率不同的直线所形成的波形，只要各段斜率选择恰当，线段足够多时，分压器的输出就近似为正弦波，其频率与三角波相同。输出放大器是为了满足足够的频带宽度和获得一定功率的输出。

4）使用方法

（1）首先检查电源电压是否与本机工作电压一致，然后开启电源开关，指示灯亮。待仪器预热数分钟后才可稳定使用。

（2）用“波形选择”按键选择所需的波形。

（3）按下适当的“频率倍乘”按键，再调节面板右下侧的旋盘，使其上方的度盘指示读数为所需值。例如，为获得 5 kHz 的输出信号，应首先按下“频率倍乘”按键的“× 1k”挡，再转动拨盘使度盘读数值为 5。

（4）调节 10 dB 步进衰减器，选择适当的衰减量，再通过“幅度”调节旋钮，对输出幅度进行连续调节，从而调节输出信号幅度大小。

5）注意事项

由于输出衰减电阻小，又无隔直电容，因此在无衰减输出时，不要将输出端短路，否则需关机后重新开机。

6.4　示波器

示波器是一种能把随时间变化的电信号变化过程用图像显示出来的电子仪器。用它来观察电压（或转换成电压的电流）的波形，并测量电压的幅度、频率和相位等。因此它被广泛地应用在无线电测试中。

示波器的种类很多，有模拟示波器和数字示波器，有单踪示波器和双踪示波器，有脉冲示波器和存储示波器等，应用最为广泛的还是模拟双踪示波器。下面以 SR-8 型双踪示波器为例，简单介绍示波器的工作原理和使用方法。

SR-8 型双踪示波器是全晶体管化的双踪模拟示波器，它能够将两个不同的信号波形在屏幕上同时显示，以供比较和分析。

6.4.1 面板结构图

SR－8 型双踪示波器的面板结构图如图 6－19 所示。

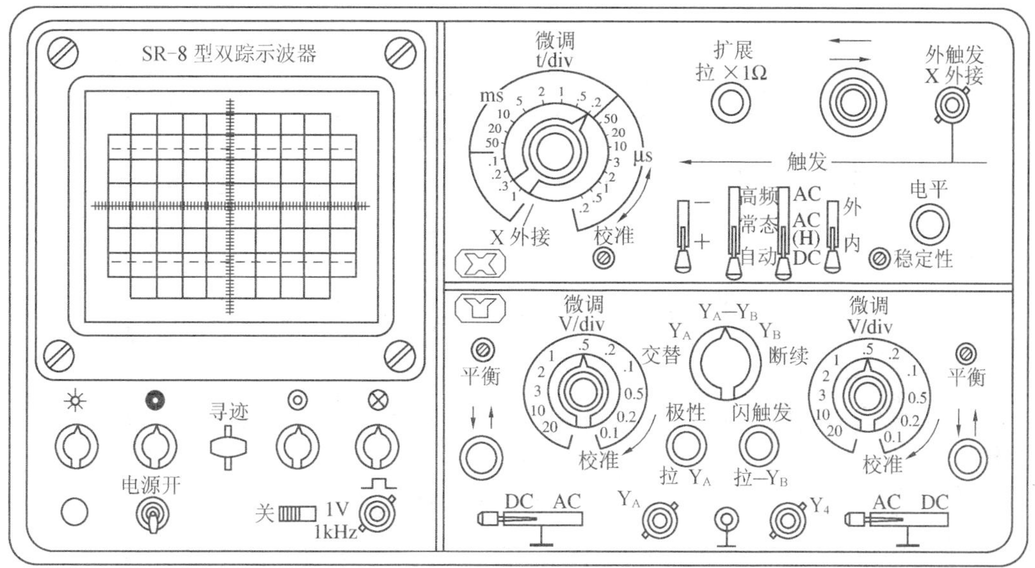

图 6－19 SR－8 型双踪示波器的面板结构图

6.4.2 主要性能指标

1) *Y* 轴系统

输入灵敏度：10 mV/div～20 V/div(格)，分 11 挡。校准后，各挡误差≤±5%。

频率响应：DC～15 MHz，≤3 dB。

输入阻抗：直接耦合 1 MΩ/50 pF；经高频探头耦合(10∶1)10 MΩ/15 pF。

上升时间：≤24 ns。

延迟时间：约 150 ns。

2) *X* 轴系统

X 轴扫描速度：0.2 μs/div ～1 s/div，分 21 挡。校准后，各挡误差≤5%。拉出扩展 10 开关时，最快扫速可达 20 ns/div，误差 15%。

X 外接灵敏度：≤3 V/div。

频率响应：100 Hz～250 kHz，≤3 dB。

3) 校准信号

频率为 1 kHz，幅度(峰-峰值)为 1 V 的方波。

6.4.3　工作原理

SR－8 型双踪示波器组成框图如图 6－20 所示。在门电路之前的两个输入电路是完全一样的，而门电路至 Y 轴偏转板之间的电路则是公共的，门电路受电子开关控制。

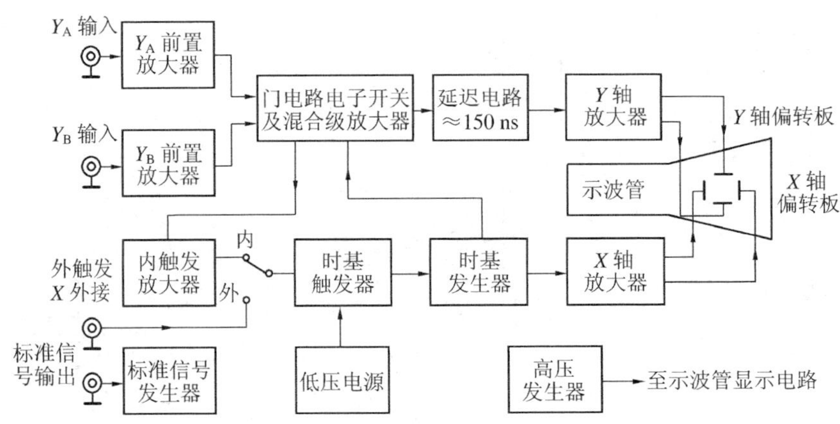

图 6－20　SR－8 型双踪示波器组成框图

电子开关有五个工作状态。当显示方式开关置于不同位置时，情况如下所述：

1）“交替”工作状态

电子开关产生一个在 0～6 V 之间跳变的方波信号。当方波在 0 V 时，门电路只能让 Y_A 通道的信号通过；当方波在 6 V 时，门电路只能让 Y_B 通道的信号通过。由于电子开关的转换速度受到扫描信号的控制，被测信号的频率越高，扫描信号频率也越高，电子开关的转换速度也就越快。由于荧光屏的余晖作用，这种在屏幕上快速交替显示而出现的断续现象也就不会被人眼所感觉。当被测信号频率过低时，电子开关转换速度过低，屏幕上就不可能同时显示出两个信号的波形，所以这种工作状态只适合显示频率较高的信号波形。

2）“断续”工作状态

电子开关不受扫描信号的控制，产生频率固定为 250 kHz 的方波信号。这时，屏幕上显示的两路信号波形将是断续的(尤其是在显示频率较高的信号波形时)。因此，这种工作状态只适合显示频率较低的信号波形。

3）“Y_A”或“Y_B”的工作状态

电子开关或者产生 0 V，或者产生－6 V 的直流信号。这时，屏幕上只能单独显示“Y_A”或“Y_B”通道的信号波形。

4）显示方式开关置于“Y_A+Y_B”的工作状态

电子开关不工作。这时，两路信号均通过门电路和放大器，示波器的屏幕上显示两路信号叠加的波形。

6.4.4 使用方法

1）接通电源，找到光点，调节时基线

各控制键的位置安排如表 6-5 所示。

表 6-5 各控制键的位置

控制键名称	作用位置	控制键名称	作用位置
辉度	适当	DC—⊥—AC	⊥
显示方式	Y_A	触发方式	自动或高频
极性 拉—Y_A	常态	扩展位×10	常态(按)
Y 轴移位↑↓	居中	X 轴移位←→	居中

若找不到光点，可按下“寻迹”板键，以判断光点偏离方向，调节 X 轴和 Y 轴的移位控制键，将光点(或时基线)移至屏幕中心，分别调节辉度控制键，聚焦控制键及辅助聚焦控制键，使亮度适当，波形达到最清晰。当触发开关置于“内”时，将 t/div 旋钮拨至较高扫描挡(例如 1 ms/div 挡)，这时屏幕上显示一条细而清晰的水平扫描基线。

2）观察被测信号波形

在被测信号未接入前，应将灵敏度选择开关 V/div 置较大量程挡，避免发生过载危险。接入被测信号后，分别调节灵敏度选择开关 V/div 及其微调和扫描速率开关 t/div 及其微调使荧光屏上显示有合适的高度(一般为 4 div 以上)和适当波形个数(一般为 3～5 个波形)。

3）测量信号幅度

为了定量读数，应将 Y 轴灵敏度微调旋钮置于“校准”位置(灵敏度微调旋钮右旋到底，听到“啪”的一声响)，这时 V/div 选择开关所指刻度就是屏幕上纵向每格的电压数。所以被测信号峰-峰值电压等于屏幕上显示波形高度(格数)乘以 V/div 开关所指刻度值。当采用 10∶1 衰减探头时，电压峰-峰值为上述确定值再乘以 10。

4）测量信号时间参数

为了定量读数，应将 X 轴扫描速率微调旋钮组置于“校准”位置(扫描速率微调旋钮右旋到底，听到“啪”的一声响)，这时 t/div 开关所指刻度就是屏幕上横向每 div 的时间数，所以被测信号所占据的时间等于屏幕上显示波形的水平距离(格数)乘以 V/div 所指的刻度值。

5）测量信号频率

一般可用测量时间的方法来测量被测信号的周期，取其倒数即为信号频率。除此之外，还可采用“$X-Y$”法，利用观察李沙育图形来测量频率。采用“$X-Y$”法测量频率时，将已知频率的信号(由信号发生器提供)从“X 外接”端加到水平通道，被测频率的信号从“Y_A(或 Y_B)”输入。这时，屏幕上便显示出被测信号频率和已知频率信号合成的图形。这种图形称为李沙育图形。图 6-21 表示两个信号的频率比 $f_y:f_x=2:1$，相位差为 0 时李沙育图形的形成过程。

不同频率比和不同的相位差，合成的李沙育图形就不同。常见的几种李沙育图形如图 6-22 所示。

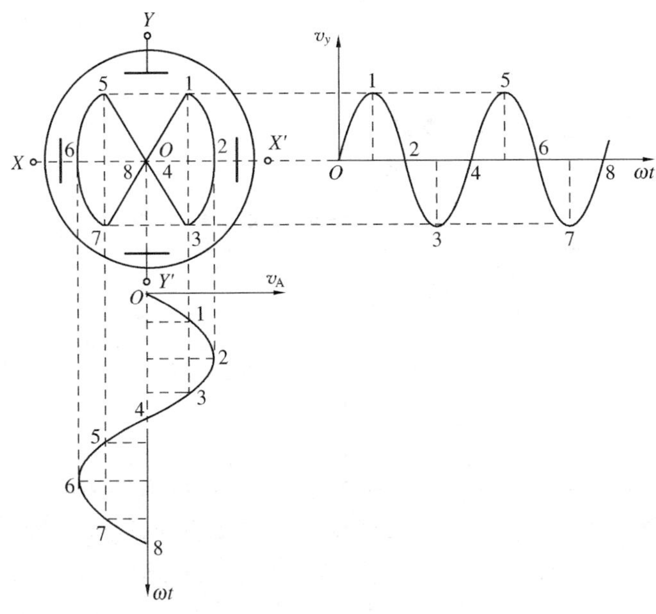

图 6－21　李沙育图形的形成过程

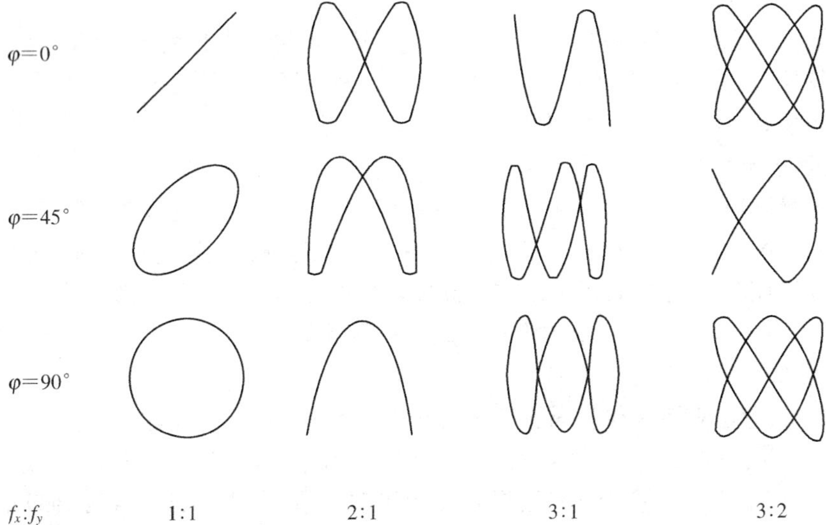

图 6－22　常见的几种李沙育图形及其参考频率比

根据李沙育图形计算被测频率的方法如下：在图上画一条水平线和一条垂直线，它们与图形的交点数分别为 x 和 y，则 $f_x : f_y = y : x$，故有 $f_y = f_x \times y/x$。例如显示的图形如图 6－23所示时，$x=4$，$y=2$，所以被测频率 $f_y = f_x/2$。

6.4.5　注意事项

(1) 当对低电平中包含有高频或低频成分的信号进行观

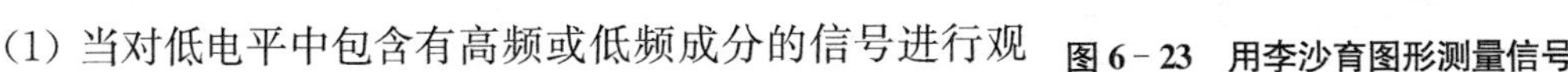

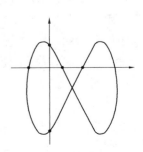

图 6－23　用李沙育图形测量信号

察时,必须使用屏蔽电缆线,电缆线的屏蔽地线应直接接在被测点附近的地线上,否则易造成测量上的误差。

(2) 输入信号最好使用 10∶1 衰减探头,以减少示波器输入电容对被测电路的影响。

(3) 使用示波器时,必须进行校准。

(4) 在测试时,如果测不到波形,要考虑输入是否不匹配。

6.5 晶体管毫伏表

虽然万用表也能测量交流电压,但由于其输入阻抗低,只能测量比较大的电压信号。对于比较小的电压信号,用万用表测量时误差很大,有的甚至测不到信号。所以对于小信号的交流电压一定要用毫伏表或数字电压表来测量。目前在各类学校的实验室中用得较多的还是晶体管毫伏表。下面以 DA－16 型为例,简要介绍毫伏表的工作原理和使用方法。

DA－16 晶体管毫伏表是一种宽带正弦交流电压表,可测量带宽为 20 Hz～1 MHz,有效值在 100 μV～300 V 范围内的正弦电压,具有较高的灵敏度和稳定度,在测量大信号时,也有较好的线性读数,是实验教学中较常用的交流电压表。

6.5.1 面板结构图

DA－16 晶体管毫伏表面板图如图 6－24 所示。

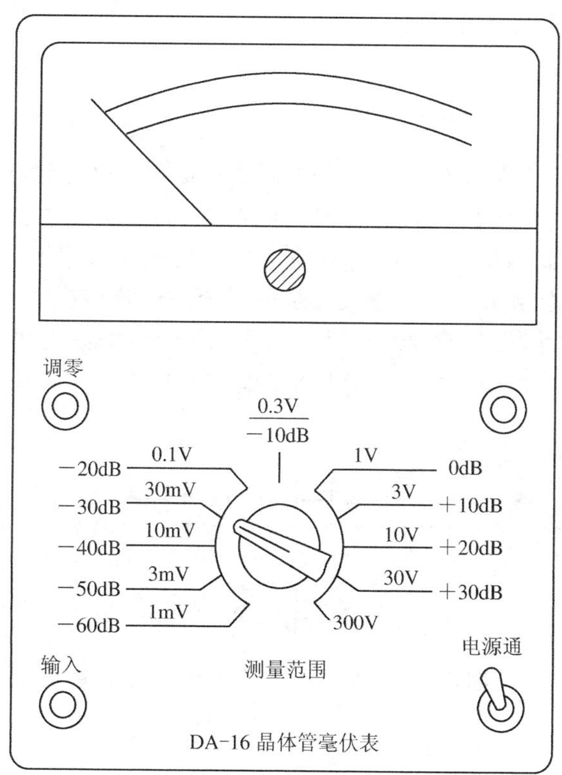

图 6－24 DA－16 晶体管毫伏表面板图

6.5.2　主要性能指标

1）电压测量范围

100 μV～300 V，共分 11 挡：1 mV/3 mV /10 mV/30 mV/100 mV/300 mV/1 V/3 V/10 V/30 V/300 V。

2）电压测量的频率范围

20 Hz～1 MHz。

3）电平测量范围

－72～＋32 dB(600 Ω)。

4）测量误差(以下误差均为满刻度之百分比)

基本误差＜±3％(以 1 kHz 为基准)；

频率附加误差：100 Hz～100 kHz，＜±3％；

20 Hz～1 MHz，＜± 5％；

工作误差极限：± 8％。

5）输入阻抗

输入电阻：1 kHz，＞1 MΩ；

输入电容(包括接线电容)：在1 mV～3 V各挡约为70 pF；在1～300 V各挡约为50 pF。

6）电源

220 V、50 Hz、3 VA。

6.5.3　工作原理

DA－16 晶体管毫伏表是采用放大-检波式工作原理，其电路方框图如图 6－25 所示。它是由高阻分压器、射极输出器、低阻分压器、放大器、检波器和直流电源等部分组成。为保证毫伏表具有较高的输入阻抗，射极输出器采用晶体管串接的射极跟随器，其输出信号经低阻分压器后加到放大器。放大器是由五个晶体管组成的反馈放大器，它不但改善了毫伏表的频率特性，而且有效地克服了检波二极管的非线性失真和温度漂移。检波器采用桥式整流电路。电源为串联型稳压电源，它输出＋12 V 直流电压供射极输出器和放大器使用。

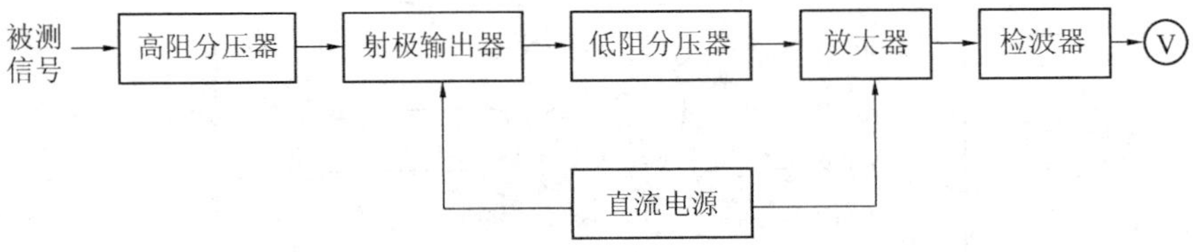

图 6－25　DA－16 晶体管毫伏表原理框图

6.5.4 使用方法

(1) 机械调零。接通电源前对指示电表进行机械零点校准。

(2) 电气调零。接通电源,将输入线短接,等到电表指针波动数次至稳定后,调节“调零”旋钮。电表指针指在零位置,然后便可进行测量。

(3) 将被测信号接至输入电缆的两只鳄鱼夹上,“测量范围”开关放在适当位置,电表的读数即为被测信号电压的有效值。

6.5.5 注意事项

(1) 被测交流电压中所包含的直流分量小于 300 V。

(2) 测量时应先接地线,后接高电位信号线;测量后以相反顺序去掉接线,以免由于人体感应电位使电表指针急速打向满刻度,损坏电表。

(3) 由于电表度盘是以正弦有效值进行刻度的,因此当被测信号为非正弦信号或失真了的正弦信号时,电表读数会有误差。

6.6 频率特性测试仪

频率特性测试仪(又称扫频图示仪,简称扫频仪),是一种可以在示波管屏幕上直接显示被测电路频率特性的专用仪器。目前常用的扫频仪有 BT-3 型(测量中心频率范围为 1～300 MHz),BT-4 型(测量中心频率范围为 200 Hz～2 MHz),BT-5 型(测量中心频率范围为 500 kHz～30 MHz) 和 BT-7 型(测量中心频率范围为 1～300 MHz)等。下面以实验中用得较多的 BT-3 型频率特性测试仪为例作介绍。

6.6.1 面板结构图

BT-3 型频率特性测试仪面板图如图 6-26 所示。

6.6.2 主要性能指标

(1) 中心频率:在 1～300 MHz 内可以任意调节,分三个波段实现(1～75 MHz、75～150 MHz、150～300 MHz)。

(2) 扫频频偏:连续可调,最大频偏±7.5 MHz,最小频偏±0.5 MHz。

(3) 输出扫频信号:输出电压大于 0.1 V(有效值)。

(4) 输出阻抗:75 Ω±20%。

(5) 寄生调幅系数:在最大频偏时小于±7.5%。

(6) 调频非线性系数:在最大频偏时小于 20%。

(7) 频标信号:1 MHz、10 MHz 和外接三种。

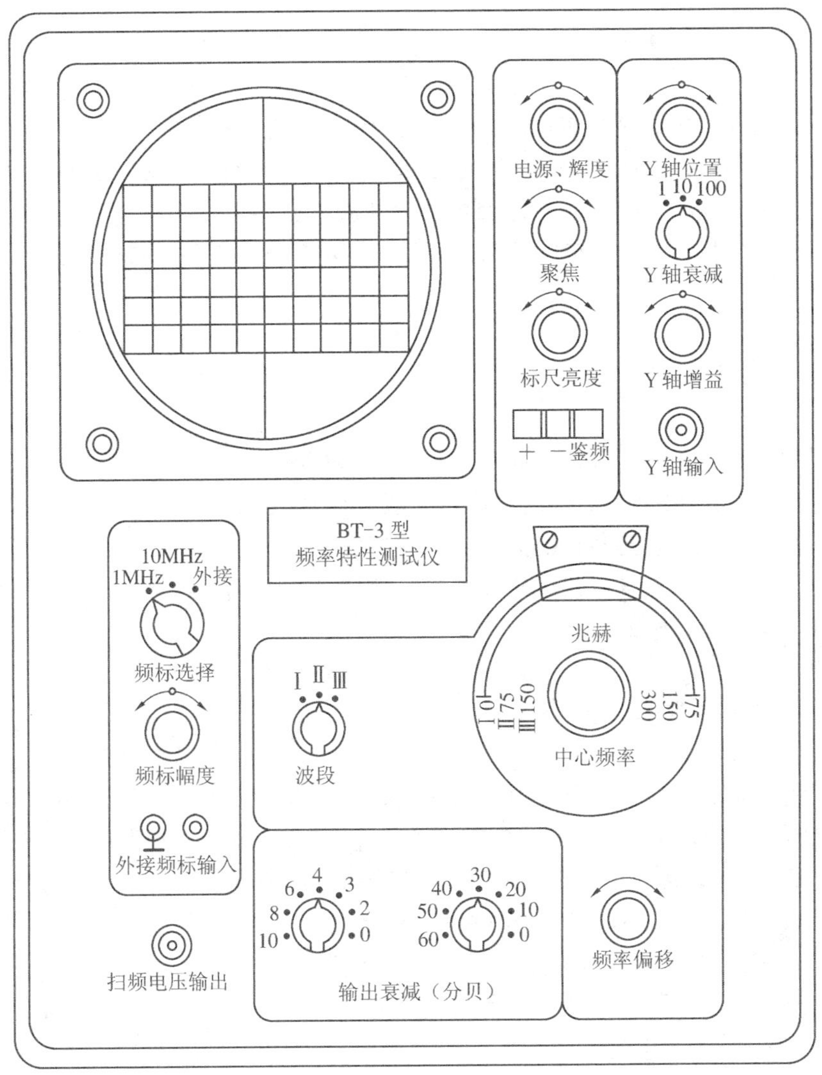

图 6-26　BT-3 型频率特性测试仪面板图

(8) 检波头的主要性能指标：输入电容不大于 5 pF，最大允许直流电压为 300 V。

6.6.3　工作原理

BT-3 型频率特性测试仪原理框图如图 6-27 所示。主要由扫频信号发生器、频标发生器、显示三部分组成。

扫频信号发生器由两组扫频振荡器组成。其中第一组为第 I 波段所专用，它包括两个振荡器，其中一个振荡器产生 270 MHz 的固定频率，另一个振荡器产生中心频率在 195～270 MHz 范围内可调的扫频信号。两者混频后便可得到中心频率为 0～75 MHz 范围内可调的扫频信号。第二组只有一个振荡器，为第 II、III 波段所共用。它能直接输出中心频率为 75～150 MHz 范围内可调的扫频信号，用于第 II 波段，经倍频器后，又可得到中心频率

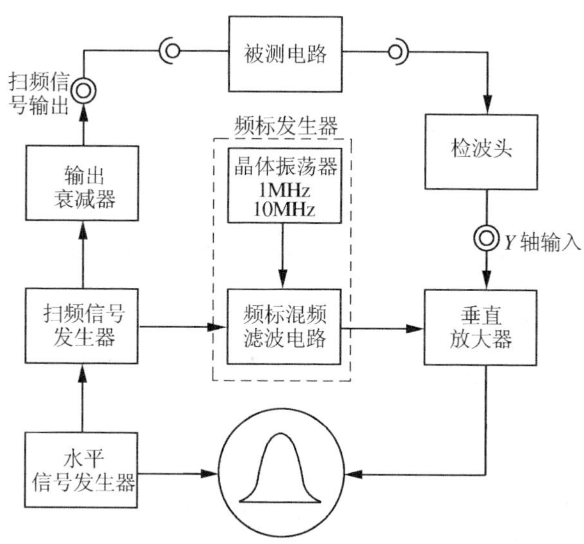

图 6-27 BT-3 型频率特性测试仪原理框图

在 150～300 MHz 范围内可调的扫频信号，用于第 III 波段。为了控制扫频信号输出幅度，设有输出衰减器。面板上用分贝数刻度的“输出衰减”旋钮就是用来调节扫频信号输出幅度的。

频标发生器的作用是产生间隔为 1 MHz 或 10 MHz 的频标信号，供定量测读频率之用。BT-3 型频率特性测试仪能产生 1 MHz 间隔的小频标和 10 MHz 间隔的大频标。若需用别的频率作为频标，可将这种频率的信号从“外接频标输入”接线柱加入，代替仪器内部晶体振荡器产生的频标信号。

BT-3 型频率特性测试仪的显示部分包括扫描信号发生器、垂直放大器及示波管等。其中扫描信号发生器实际上就是电源变压器的次级绕组，扫描信号也就是从该绕组取出的 50 Hz 交流电压。然后将其送至示波管水平偏转板(静电偏转)进行扫描，同时送到扫频振荡器进行调制，使扫描信号与扫频信号保持同步。

6.6.4 使用方法

1) 使用前的检查

接通电源，预热 10 min，调好辉度和聚焦后，可对仪器进行检查。检查的内容与方法如表 6-6 所示。

表 6-6 BT-3 型频率特性测试仪使用前的检查

序号	检查内容	方 法
1	内部频标	将“频标选择”开关置于 1 MHz 或 10 MHz 挡。正常状态是，扫描基线上呈现若干个菱形频标，调节“频标幅度”旋钮，能均匀地改变频标的大小
2	频偏	将“频率偏移”旋钮调至最大，检查屏幕上显示的频标数，使之满足指标要求

续表 6-6

序号	检查内容	方　法
3	扫频信号频率范围	1. 将与 Y 轴输入端相连的检波头电缆直接与“扫频电压输出”端相接，由于等幅的扫频信号经检波后的输出为一直流电压，因此在示波管屏幕上显示出一个方框 2. 将“频标选择”开关拨至 10 MHz 挡，转动中心频率旋钮，检查每波段是否满足规定的频率范围。先从第 1 波段开始，而后在该波段内调节“中心频率”度盘，在屏幕上显示的方框会出现一个凹陷点，这个凹陷点就是扫频信号的零频率点
4	输出扫频电压	将“扫频输出”插孔接终端接有 75 Ω 电阻的电缆，用超高频毫伏表检查电缆输出电压是否大于 0.1 V

2）幅频特性曲线的测量

（1）将被测电路与扫频仪按图 6-28 进行连接。“输出衰减”和“Y 轴增益”旋钮置于合适位置，调节“中心频率”度盘，就能在屏幕显示被测电路的幅频特性曲线。

（2）根据频标，可以直接读出幅频特性曲线的频率值。若测读的频率值不在频标上，则可根据相邻两个频标之间占据的水平距离进行粗略的估算。方法如下：

① 进行 0 dB 校正，即将扫频仪 75 Ω 输出电缆直接与检波头相连。“输出衰减”旋钮置于 0 dB 挡位，调节“Y 轴增益”旋钮，使屏幕上显示的方框占有一定的高度(一般为 5 格)，这个高度称为 0 dB 校正线。

② 按图 6-28 接入被测电路，在保持“Y 轴增益”旋钮不变的情况下，改变“输出衰减”旋钮的挡位，使显示的幅频特性曲线高度处于 0 dB 校正线附近。

③ 如果高度正好和校正线等高，则“输出衰减”旋钮所指分贝的刻度值即为被测电路的增益值。若不在 0 dB 校正线，则可根据每格的增益倍数(根据分贝数换算)进行粗略的估算。

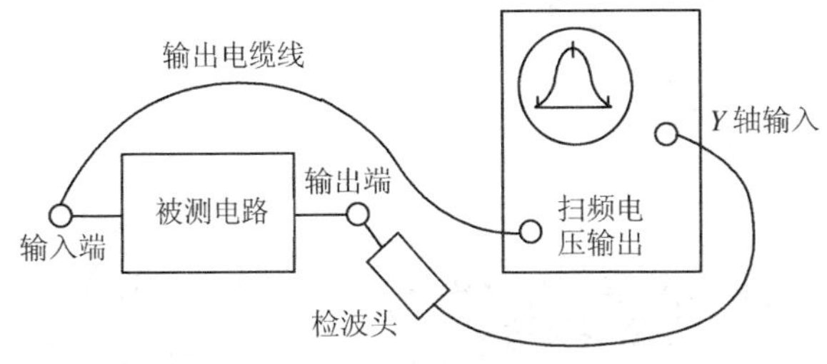

图 6-28　用 BT-3 测幅频特性曲线接线图

3）鉴频特性的测量

测量接线仍如图 6-28 所示，将鉴频器的输入与 BT-3 的扫频电压输出相接，但鉴频器的输出不需经过检波探测器直接与 BT-3 的 Y 轴输入相接(即用开路电缆)。由于仪器的示波管部分采用了钳位电路，鉴频特性的下尖部分会被削去，此时须通过“＋ －鉴频”控制开关进行转换，才可观测下尖部分被削去的波形。

6.6.5　注意事项

(1) 扫频仪与被测电路相连接时，必须考虑阻抗匹配问题。如被测电路的输入阻抗为 75 Ω，应采用终端开路的输出电缆线；如被测电路的输入阻抗很大，应采用终端接有 75 Ω 的输出电缆线；否则应采取阻抗匹配转换的措施。

(2) 若被测电路内部带有检波器，不应再用检波探头电缆，而直接用开路电缆与仪器相连。

(3) 在显示幅频特性曲线时，如发现图形有异常的曲折，则表明被测电路有寄生振荡，应在测试前予以排除。

(4) 测试时，输出电缆和检波探头的接地线应尽量短些，切忌在检波头上加长导线。

(5) 若需要精确测量频率，可采用外接频标信号。

6.7　虚拟仪器

所谓虚拟仪器(Virtual Instrument，简称 VI)就是用户在通用计算机平台上，根据需求定义和设计仪器的测试功能，使得使用者在操作这台计算机时，就如同是在操作一台自己设计的测试仪器。虚拟仪器概念的出现，打破了传统仪器由厂商定义，用户无法改变的工作模式，使得用户可以根据自己的需求，设计自己的仪器系统，在测试系统和仪器设计中尽量用软件代替硬件，充分利用计算机技术来实现和扩展传统测试系统的仪器的功能。“软件就是仪器”是虚拟仪器概念最简单也是最本质的表述。

测试仪器种类很多，功能各异。但不论是何种仪器，其组成都可以概括为信号采集与控制单元、信号分析与处理单元和结果表达与输出单元等三部分。由于传统仪器这些功能基本上是由硬件或固化的软件形式存在，因此只能由生产厂家来定义、设计和制造。从理论而言，在通用计算机平台上增加必要的信号采集与控制硬件，就已经具备了构成测试仪器的基本条件，关键是根据仪器的功能要求设计开发包括数据采集、控制、分析、处理、显示，并且支持灵活的人机交互操作的系统软件。

虚拟仪器概念最早由美国国家仪器公司(National Instruments，简称 NI)，于 1986 年提出，其雏形可以追溯到 1981 年由美国西北仪器系统公司推出的 AppleII 为基础的数字存储示波器。这种仪器与个人计算机的概念相适应，当时被称为个人仪器(Personal Instruments)。个人仪器的设计思想代表了仪器技术与计算机技术相结合的发展趋势，但是由于当时计算机软件发展水平的限制，编写个人仪器的驱动程序和人机交互界面是一项专门的技术工作，须由专业厂商才能完成，这种状况使得个人仪器的推广与应用没有形成工业标准。从 20 世纪 80 年代中期开始，微软公司 Windows 操作系统的出现，使得计算机操作系统的图形支持功能到很大提高。1986 年，NI 公司推出了图形化的虚拟仪器编程环境 Lab View，标志着虚拟仪器设计软件平台基本成型，虚拟仪器从概念构思变为可实现的具体对象。

虚拟仪器实质是一种创新的仪器设计思想，而非一种具体的仪器。换言之，虚拟仪器可以有各种各样的形式，完全取决于实际的物理系统和构成仪器数据采集单元的硬件类型，但是有一点是相同的，那就是虚拟仪器离不开计算机控制，软件是虚拟仪器设计中最重要也是最复杂的部分。

虚拟仪器有多种分类办法，既可以按应用领域分，也可以按测量功能分，但是最常用的还是按照构成虚拟仪器的接口总线不同，分为数据采集插卡式(DAQ)虚拟仪器、RS－232/RS－422虚拟仪器、并行接口虚拟仪器、USB虚拟仪器、GPIB虚拟仪器、VXI虚拟仪器、PXI虚拟仪器和最新的IEEE 1394接口虚拟仪器。

有关虚拟仪器的内容请参考相关书籍，本书只是抛砖引玉。

习题6

1. 双踪示波器的电子开关有连续和断续两挡，其作用如何？
2. 当要同时观察两个频率较低信号的波形时，应用“连续”还是“断续”？同时观察两个频率较高信号的波形时，应用“连续”还是“断续”？
3. 示波器的探头主要有哪些作用？其输入阻抗比一般为多少？
4. 用万用表测量电阻的阻值前应先做哪些准备？
5. 万用表不用时最好摆在哪个挡位上？为什么？
6. 如何用万用表判断二极管的极性？
7. 用万用表测量交流电压，测得的是何值？
8. 用万用表能测量小信号交流电压吗？为什么？
9. 为了准确测量小信号交流电压，常用什么仪器测量？
10. 用示波器观察波形，如线条太粗应调节什么？
11. 示波器打开电源后，显示屏上没有扫描线时应该怎样调节示波器？
12. 用示波器怎样测量信号的幅度？幅度的大小怎样计算？
13. 用示波器怎样测量信号的周期？周期的大小怎样计算？
14. 电子仪器如何防潮、防尘、抗热？
15. 使用示波器要注意哪些问题？
16. 在使用BT－3扫频仪时，输出输入电缆有何要求？
17. 通用示波器的被测信号是从X信道输入的吗？
18. 仪器使用完毕，应先断开低电位端还是先断开高电位端？
19. 双踪示波器是把两个单线示波管封装在同一玻璃壳内同时工作的吗？

实训6

一、SR－8双踪示波器的使用训练

1. 实训目的

掌握SR－8示波器的功能和使用方法，熟悉面板上各旋钮及控制开关的主要作用，并能正确地读出测量数据及记录相关波形。

2. 实训设备

SR－8示波器一台。

3. 实训步骤

(1) 示波器使用前的准备工作

① 先将各旋钮置于如表 6－7 所示位置，然后接通电源，预热数分钟，寻找光点。如果看到了光点，可调节“辉度”，使光点亮度适当。如果看不到光点，则可按下“寻迹”按键，判断光点所在位置，适当调节 Y 轴和 X 轴位移旋钮，使荧光屏上出现光点。

表 6－7 示波器使用前各旋钮位置安排表

控制件名称	作用位置
辉度	适当
显示方向	Y_A
极性，拉 Y_A	按入位置
DC—接地—AC	置于接地
内触发，拉加 Y_B	按入位置
触发方式	常态
Y 轴位移	居中
X 轴位移及微调	居中

② 调节 Y 轴及 X 轴位移旋钮，使亮点移到荧光屏中心位置，然后调节“聚焦”及“辅助聚焦”旋钮，直至光点最小、最清晰为止。

③ 将触发方式开关置于“高频”(这时屏上可能只有光点)，调节触发“电平”旋钮，使屏上出现扫描线(一条水平线)。

④ 将扫描速度开关(t/div)旋到 50 ms，观察扫描线上光点的扫描过程，再旋到 0.5 μs 位置，观察扫描线的扫描过程，比较两次观察到的情况有什么不同。

(2) 脉冲波形的单踪显示

① 将触发方式开关置于“常态”，触发源开关置于“内”、触发耦合方式开关置于“AC”、Y 轴耦合开关“DC—AC”置在“DC”挡、扫描微调置于“校准”位置、Y_A 轴灵敏度开关“V/div”置于 0.2 V 挡，微调置于校准位置，其他旋钮的位置按表 6－7 所列位置。

② 将示波器内产生的 1 V、1 kHz 的方波信号经同轴电缆线接入 Y_A，调节触发电平旋钮，使波形稳定。

③ 观察荧光屏上矩形波的幅度为几格(div)？在水平方向上每格分出几个周期？若再把“t/div”置于 0.5 ms、0.2 ms 挡时，观察波形周期各相应增大几倍？记录相关数据，填入表 6－8 中，并算出其周期、峰-峰值电压。

表 6－8 测量方波信号的幅值和周期记录表

旋钮位置	所显示的格数	信号的峰-峰值	信号的周期	信号的频率
Y_A 轴灵敏度 “V/div”置 0.2 V				
扫描速度开关“t/div”置 1 ms				
扫描速度开关“t/div”置 0.5 ms				
扫描速度开关“t/div”置 0.2 ms				

4. 注意事项

(1) 通电后，先预热几分钟再使用。

(2) 两个重要公式：峰-峰值电压＝Y 轴显示的 div 数× Y 轴灵敏度(V/div)；信号周期＝水平方向 div 数×扫描时间(t/div)。

二、示波器、信号发生器、晶体管毫伏表混合使用训练

1. 实训目的

复习示波器、信号发生器、晶体管毫伏表的使用方法。

2. 实训设备

示波器(SR－8)、信号发生器(XD2)、晶体管毫伏表(DA－16)。

3. 实训步骤

① 将示波器电源接通预热 5 min，调节有关旋钮使荧光屏上出现扫描线。

② 启动信号发生器，调节其输出电压使其指示 1～5 V，频率为 1 kHz，用示波器观察其电压波形。改变信号源频率，再次观测示波器波形显示情况。

③ 将信号源频率变为 1 kHz 、10 kHz、100 kHz，调节示波器有关旋钮使波形清晰、稳定。分别测出其电压幅度和周期，填入表 6－9 中。

表 6－9　用示波器测量信号的周期记录表

信号发生器的输出频率	示波器测得的电压幅度	示波器测得的周期	备注
1 kHz			
10 kHz			
100 kHz			

④ 用晶体管毫伏表测量信号发生器的输出电压。调节信号源“输出微调”旋钮，使其指示为 1 V，将输出衰减开关分别置于 0 dB、20 dB、40 dB、60 dB 的位置，分别测量其对应的输出电压值，填入表 6－10 中。

表 6－10　用晶体管毫伏表测量信号的电压记录表

信号发生器的输出衰减	毫伏表测得的电压值	备注
0 dB		
20 dB		
40 dB		
60 dB		

问：用晶体管毫伏表测到的电压值，是否像示波器测到的一样是信号的峰-峰值(或幅值)？若不是，那它是什么？

4. 注意事项

(1) 测量时，毫伏表的量程要选择适当，以便读数准确。不要过量程，一般从高挡到低挡逐次调节，不使用时放高挡位置。

(2) 接通电源，将输入线短接，等到电表指针拨动数次至稳定后调节“调零”旋钮，电表指针指在 0 位置，然后便可进行测量。

7　调试技术

【主要内容和学习要求】

(1) 电子产品调试的基本概念、一般性方法及规范。

(2) 单元电路调试分静态与动态调试，静态调试指没有外加信号的条件下测试电路各点的直流工作电压与电流；动态调试是指在加入信号(或自身产生信号)后，测量三极管、集成电路等的动态工作情况，以及有关的波形、频率、相位、电路放大倍数等。

(3) 整机调试是在单元调试完成后，对整机的性能调试。其内容包括：① 初调就是对整机的故障进行排除以及外观检查和内部结构的调整；② 细调就是对电路性能指标进行复检调试，同时检查整机性能是否符合设计要求。

(4) 两个典型整机(晶体管收音机、彩色电视机)的调试举例。

7.1　概述

设计出来的电子产品要成为实用产品，需经历从理论模型设计、实验装置到开发样机、电子制作、装配、测试等一系列环节，同时要满足设计前规定的性能指标(大多由产品标准规定)。在这个过程的每个环节都可能会遇到问题，造成这些问题的原因很多，如元器件参数的离散性、装配工艺的局限性及工作环境的不确定性、生产工人的技能等。可以说一个产品在技术方案确定以后，优劣的关键就是如何解决这些问题，防止这些问题的出现的关键在于设计的合理性，整机的调试与检测也是产品质量的重要环节。

对电子整机的调试通常分三步：单元调试、整机调试、整机检测。

1) 单板调试

一部整机一般是由一系列不同功能的单元电路组成的，为减小解决问题的难度，我们往往分开处理，对各单元电路的功能进行调试，内容包括粗调和细调。粗调主要对该单元电路的故障进行排除；细调就是对该单元电路性能指标进行调试，它分静态(即无信号)调试和动态(即有信号)调试。

2) 整机调试

在单元调试结束并装配成整机后进行的调试叫整机调试。其内容是对整台设备的电气性能的调试。在这期间要考虑联调时各单元电路的相互影响及匹配等问题，特别是对于高频电路。

3) 整机检测

整机检测是对调试好的整机进行性能检测，以确定其是否达到产品标准规定性能指标和功能，其内容包括对整机所有技术指标及性能的测试、环境试验与老化试验。

上述过程的每一步都有相应的岗位工艺文件，由调试人员按照工艺卡进行。所以调试人员对电路原理及电子测量技术的理解，及测量仪器的使用是调试和检测的必备要件。

7.2 调试的工艺文件

调试，即调整和测试。调整主要是针对电路各可调元件参数进行，如常用的可变电位器、可变电容器、电感及相关的机械部分进行调整，同时对有故障的电路板进行故障排除等等。测试主要是对电路的各项指标进行测量，同时要判别其测试的数据是否符合要求等。在实际生产过程，这个过程可能是重复而有序的，有时会在多次调整测试后方能达到指标。因此，调试实际是对前面一系列过程的一个总检验，所有的优与劣，在这时都会有所反映。

调试过程的效用如何，在不考虑设计本身和装配水平的情况下，主要取决于调试工艺是否合理。调试工艺文件是调试人员的法规性文件，同时也是调试质量的保证，所以每个调试人员必须熟悉工艺文件，并且在调试工作中必须严格按工艺文件中规定的内容和步骤操作，否则属于违反操作规程，会受到处罚。

1) 工艺文件的内容

一般而言，一份完整的调试工艺文件应包括以下内容：

(1) 确定所要调整的部分、调试工位顺序及岗位数。

(2) 每个调试工位的工作内容，并为每个岗位制定工艺卡，内容包括：工位需要人数及技术等级，工时定额；相关的调试设备、工具、材料；调试接线图；调试所需要的资料及要求记录的数据、表格；调试技术要求及具体的操作方法与步骤。

2) 工艺文件制定的原则

调试工艺要求合理有效，切实可行。具体来说，应遵循如下原则：

(1) 技术性原则

在确定各单元调试要求时，既要考虑本单元的技术指标，更要兼顾整机指标要求。对于整机调试，则按设计的整机性能提出调试的技术指标。

(2) 效率性原则

提高效率是任何人类活动的普遍性原则，在编制工艺文件过程中应考虑到调试设备的选用、调试方案是否简洁可行、调试步骤的合理性等影响效率的可能因素。

(3) 经济性原则

在不影响质量的容限内，尽量降低成本。

7.3 单元电路调试的方法

电子产品调试的方法，可以归纳为四句话：电路分块隔离，先直流后交流；注意人机安全，正确使用仪器。

1) 电路分块隔离，先直流后交流

在比较复杂的电子产品中，整机电路通常可以分成若干个功能模块，相对独立地完成某个特定的电气功能；其中每一个功能模块，往往又可以进一步细分为几个具体电路。细分的界限，对于分立元件电路来说，是以某一、两只半导体三极管为核心的电路；对于集成元件的电路来说，是以某个集成电路芯片为核心的电路。例如，一台分立元件的黑白电视机，可以分成高频调谐、中放通道、视频放大、同步分离、自动增益控制(AGC)、行扫描、场扫描、伴音及电源等几个功能电路模块;对于行扫描电路来说,还可以进一步细分为鉴相器(AFC)、行振荡、行激励、行输出及高中压整流电路。在这几个电路中,都有一、两只三极管作为核心元件。

所谓"电路分块隔离",是在调试电路的时候,对各个功能电路模块分别加电,逐块调试。这样做,可以避免模块之间电信号的相互干扰;当电路工作不正常时,大大缩小了搜寻原因的范围。实际上,有经验的设计者在设计电路时,往往都为各个电路模块设置了一定的隔离元件,例如电源插座、跨接导线或接通电路的某一电阻。电路调试时,除了正在调试的电路,其他各部分都被隔离元件断开而不工作,因此不会产生相互干扰和影响。当每个电路模块都调试完毕以后,再接通各个隔离元件,使整个电路进入工作状态。对于那些没有设置隔离元件的电路,可以在装配的同时逐级调试,调好一级以后再装配下一级。

我们知道,直流工作状态是一切电路的工作基础。直流工作点不正常,电路就无法实现其特定的电气功能。所以,在成熟的电子产品原理图上,一般都标注了它们的直流工作点——晶体管各极的直流电位或工作电流、集成电路各引脚的工作电压,作为电路调试的参考依据。应该注意,由于元器件的数值都具有一定偏差,并因所用仪表内阻和读数精度的影响,可能会出现测试数据与图标的直流工作点不完全相同的情况,但是一般说来,它们之间的差值不应该很大,相对误差至多不应该超出±10%。当直流工作状态调试完成之后,再进行交流通路的调试,检查并调试有关的元件,使电路完成其预定的功能。这种方法就是"先直流后交流",也叫做"先静态后动态"。

2) 注意人机安全,正确使用仪器

在电路调试时,由于可能接触到危险的高电压,要特别注意人机安全,采取必要的防护措施。例如,在电脑显示器(彩色电视机)中,行扫描电路输出级的阳极电压高达 20 kV 以上,调试时稍有不慎,就很容易触碰到高压线路而受到电击。特别是近年来一般都采用高压开关电源,由于没有电源变压器的隔离,220 V 交流电的火线可能直接与整机底板相通,如果通电调试电路,很可能造成触电事故。为避免这种危险,在调试、维修这些设备时,应该首先检查底板是否带电。必要时,可以在电气设备与电源之间使用变比为 1∶1 的隔离变压器。

正确使用仪器,包含两方面的内容:

(1) 能够保障人机安全,否则不仅可能发生如上所说的触电事故,还可能损坏仪器设备。例如,初学者错用了万用表的电阻挡或电流挡去测量电压,使万用表被烧毁的事故是常见的。

(2) 正确使用仪器,才能保证正确的调试结果,否则,错误的接入方式或读数方法会使调机陷入困境。例如,当示波器接入电路时,为了不影响电路的幅频特性,不要用塑料导线或电缆线直接从电路引向示波器的输入端,而应当采用衰减探头;在测量小信号的波形时,要注意示波器的接地线不要靠近大功率器件,否则波形可能出现干扰。又如,在使用频率特性测试仪(扫频仪)测量检波器、鉴频器,或者当电路的测试点位于三极管的发射极时,由于这些电路本身已经具有检波作用,就不能使用检波探头,而在测量其他电路时均应使用检波探头;扫频仪的输出阻抗一般为 75 Ω,如果直接接入电路,会短路高阻负载,因此在信号测试点需要接入隔离电阻或电容;仪器的输出信号幅度不宜太大,否则将使被测电路的某些元器件处于非线性工作状态,造成特性曲线失真。

7.4 单元调试

单元电路调试包括静态调试和动态调试。静态调试是指在没有外加信号的条件下测试电路各点的直流工作电压与电流，如晶体管的静态工作点，测出的数据与设计数据相比较，若超出规定的范围，则应分析其原因，并作适当调整，直到符合设计要求为止。动态调试指在加入信号(或自身产生信号)后，测量三极管、集成电路等的动态工作情况，以及有关的波形、频率、相位、电路放大倍数，在这期间要通过调整相应的可调元件，使其每项指标都符合设计要求。若经过动、静态调试后仍不能达到原设计要求，应深入分析其测量数据，并要作出修正。

7.4.1 静态调试

晶体管、集成电路等有源器件都必须在一定的静态工作点才能正常工作，电路才有好的动态特性，所以在动态调试与整机调试之前必须要对各单元电路的静态工作点进行测量与调整，使其符合设计要求，以提高调试效率。

1) 直流电路调试

直流电路是最基本的电子电路，因此直流电路测试技术是调试人员最基本的技术。调试直流电路首先要对电路进行测试，而测试直流电路的基本依据是电路基本参数之间关系，如欧姆定律、KVL、KCL 等。基本的直流电路有串联电路、并联电路和混联电路三种形式。利用电压表、电流表及相关电路的理论，这类测试是最基本的，如测量电压，要用电压表并接在其测试的两端，测量电流要用电流表串在回路中，等等，此处不作详述。

2) 晶体管放大电路的静态调试

晶体管电路是电子设备中的常用电路，其功能多，分类广，下面以单管共射放大电路(NPN 型三极管)为例，介绍其调试要点，如图 7-1 所示。将放大电路输入短路，即 3 与 2 之间用导线连接起来，用万用表的直流电压挡测出 U_B(B 点到地之间)、U_C(C 点到地之间)、U_E(E 点到

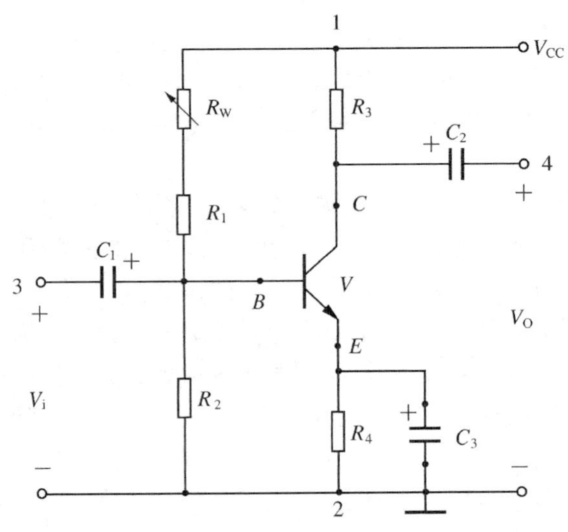

图 7-1 单管共射电路(NPN)

地之间），用公式 $I_C=(V_{CC}-U_C)/R_3$ 和 $U_{CE}=U_C-U_E$ 计算出三极管的静态工作点 I_C、U_{CE}。用 I_C、U_{CE} 的数值对三极管的工作状态进行判别，判别的规律如下：若测得 U_C 等于电源电压 V_{CC}，或 $U_E=0$，或 $I_C=0$，则说明晶体管工作于截止态，若测得 U_{CE} 很小（小于 1 V），则说明工作点过高，晶体管工作在饱和状态或接近饱和状态。正常的情况下 U_{BE} 约为 0.2 V（锗管）或 0.7 V（硅管），U_{CE} 约为 3 V 以上。在工作点测定后，将理论计算或图解法得到值与之相比较，这时可能出现的情况有：工作点过低、工作点过高、工作点与理论值相差甚远。调整的方法是通过调节电位器 R_W，达到改变 I_B、I_C 及 U_{CE} 的目的，从而使其参数符合要求。

当然也可通过测量三极管集电极静态电流来确定工作点中的电流分量，测量方法有两种：

(1) 直接测量法：把集电极铜线断开，然后串入万用表，用电流挡测其电流。不过在实际工作中很少用这种方法，因为在已焊接好的电路中，串接电流表是比较麻烦的，除非要精确测量其电流。

(2) 间接测量法：通过测量三极管集电极电阻上或发射极电阻上的电压，然后根据欧姆定律，计算出集电极静态电流。

3) 集成电路静态调试

集成电路是将晶体管、电阻器等元件及其相互间的连线集中制作于一块硅片上，并实现一定功能。在电子设备的设计中，已占主导地位，其静态调试要点如下：

(1) 集成电路各引脚电位的测量：集成电路内的晶体管、电阻、电容都封装在一起，无法进行调整。一般情况下，集成电路各脚对地电压基本上反映了其内部工作状态是否正常。在排除外围元件损坏（或插错元件、短路）的情况下，只要将所测得电压值与正常电压进行比较，即可做出正确判断。

(2) 集成电路静态工作电流的测量：有时集成电路虽然正常工作，但发热严重，说明其功耗偏大，是静态工作电流不正常的表现，要测量其静态工作电流。测量时断开集成电路供电引脚铜线，串入万用表，使用电流挡来测量；若是双电源供电（即正负电源），则必须分别测量。

4) 脉冲与数字电路的静态测试

正常情况下，数字电路只有两种电平即高电平与低电平，对一系列的逻辑电路都有一套标准参数，都会给出输入、输出的高电平电压值和低电平电压值标准。以 74 系列 TTL 电路为例，其标准参数为：

(1) $V_{OH\,min}$ 输出高电平下限＝2.4 V；

(2) $V_{OL\,max}$ 输出低电平上限＝0.4 V；

(3) $V_{in\,min}$ 输入高电平下限＝2.0 V；

(4) $V_{in\,max}$ 输入低电平上限＝0.8 V。

从中可见，该系列的输出低电平时的电压应小于等于 0.4 V，输出高电平时电压应大于等于 2.4 V。电压在 0.4～2.4 V 之间电路状态是不稳定的，所以该电压范围是不允许的。假如调试过程中输出电平出现 0.4～2.4 V 的电压，说明电路有故障。对于不同类型数字电路的高低电平界限及电源供电电压有所不同，可通过查阅集成电路参数手册获取。

在测量数字电路的静态逻辑电平时，先按标准参数的要求，在输入端加入高电平或低电平，然后再测量各输出端的电压是高电平还是低电平，并作好记录。测量完毕后分析其状态电平，判断是否符合该数字电路的逻辑关系，若不符合，则要对电路引线作一次详细检查，或者更换该集成电路。

因集成电路的引脚之间靠得很近，在测量集成电路的参数时，特别注意不要让引脚短路，以免损坏集成电路或者使测试不正确。

7.4.2 动态调试

动态测试与调整是确保电路各项参数、性能、指标正确的重要步骤。其测试与调整的项目内容包括：动态工作电压、输出功率、波形的形状观测、频率特性等。

1) 动态工作电压及波形的调试

测试内容包括晶体三极管的各极电压和集成电路各引脚对地的动态工作电压。动态电压与静态电压同样是判断电路是否正常工作的重要依据，例如有些振荡电路，当电路起振时测量其直流电压，万用表指针会出现反偏现象。利用这一点可以判断振荡电路是否起振。

对波形的动态观测，也是动态调试的重要方法。如对于音频放大电路，通常加入一个频率为 1 kHz，幅度按电路指标给定的正弦交流信号，然后用示波器观测放大电路的输出波形。

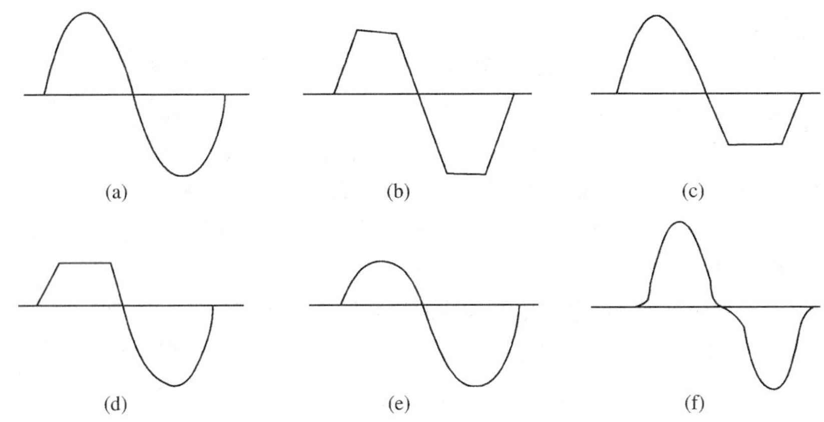

图 7－2　正常波形与失真波形对比

波形失真或波形不符合设计要求，必须根据波形特点而采取相应的处理方法。如图 7－2 所示的波形，图 7－2(a)是正常波形，图 7－2(b)属于对称性削波失真，通过适当减少输入信号，即可测出其最大不失真的输出电压，这就是该放大器的动态范围，该动态范围与原设计值进行比较，若相符，则图 7－2(b)波形也属正常。而图 7－2(c)、(d)两种波形均可能是由于互补输出级中点电位偏离所引起，所以检查并调整该放大器的各点电位(一般都有电位器可进行调整，若没有，可改变输入端的偏置电阻)使输出波形对称。如果中点电位正常，而出现上述波形，则可能是由于前几级电路中或前级工作点不正常引起的。对此只能进行逐级测量，直到找到出现故障的那一级放大器为止，再调整其静态工作点，使其恢复正常工作。图 7－2(e)所示的波形主要是输出级互补管特性差异过大所致。对于图 7－2(f)所示的波形是由于输出互补管静态工作电流太小所致，称为交越失真，此时应调大静态工作电流。在增大静态工作电流的同时，可观察到波形交越失真逐渐减少直至消失，此时的静态工作电流达到最佳。必须指出的是，静态工作电流过大，会使输出级的效率下降，而且静态偏置电流与中点电位的调整是互相影响的，必须反复地调整，使其达到最佳工作状态。

此外，在观测动态波形时，还可能出现其他问题，如表 7－1 所示指出了波形失真及其解决方法。

表 7-1 波形失真及其解决方法

可能的情况	解决方法
测量点无波形	应重点检查电源、静态工作点及测试电路的连线等
波形幅度过大或过小	应重点检查电路增益控制元件
波形时有时无、不稳定	元件或引线接触不良所致，若是振荡电路，可能是电路处于临界状态，调整其静态工作点或一些反馈元件，或者检查元件是否存在虚焊现象
有干扰波混入	1. 排除外来的干扰，即要做好各项屏蔽措施 2. 检查电路是否处于自激振荡状态，加大消振电容、加大电路的输入输出端对地电容、三极管 bc 间电容，集成电路消振电容（相位补偿电容）等 3. 检查接地点是否合理
电压波形频率不准确	调整可调动态元件，如可调电容

2）频率特性的调试

频率特性是电子电路的重要技术指标。频率特性包括幅频特性和相频特性。所谓幅频特性是指一个电路对不同频率的输入信号所产生的输出信号的幅度变化与频率的关系。而相频特性是指一个电路对不同频率的输入信号所产生的输出信号的相位变化与频率的关系。此处仅介绍前者。

根据测量原理的不同，有两种方法：点频测试和扫频测试，下面分别加以简单介绍。

（1）点频法

测试电路如图 7-3 所示。

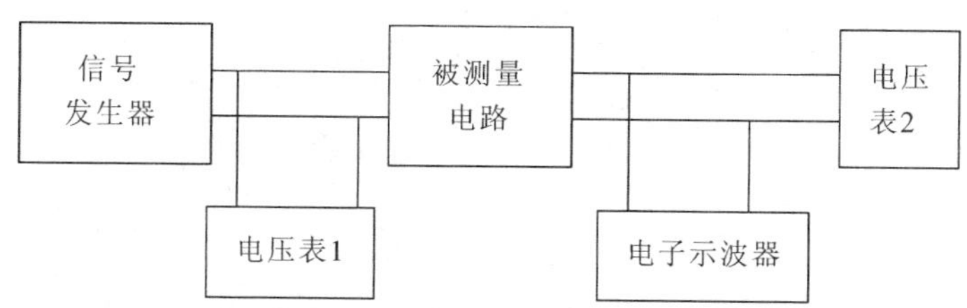

图 7-3 点频法频率特性的测试接线图

测试步骤：

① 按图 7-3 电路接线，将电路及相关仪器连接好。

② 调节信号发生器，使之产生一个一定频率和幅度的信号，并用电压表测出输出端的输出电压 U_o，记录之，在保持输入电压幅度不变的情况下，按一定的频率间隔改变输入信号的频率，例如一个频带宽度指标为 30～16 000 Hz 的被测音频放大电路，可参考选择以下频率（如表 7-2），用电压表或示波器测出在各频率点的电路输出电压值 U_o'，并记录于下表中（$f_{U_o}=1$ kHz）。

表 7-2 不同频率下输出电压及相对电压记录表

频率(kHz)	0.03	0.06	0.12	0.25	0.5	1.0	2.0	…	8.0	16.0
输出电压(V)										
相对电压(dB)										

③ 计算相对电平：本例中以 1 kHz 时的输出电压为参考电压，然后按下列公式求出各

频率点电压的相对电平：

$$相对电平=\frac{20\lg(被测输出电压值)}{参考电压值}$$

④ 以频率为横坐标，输出电压的相对电平为纵坐标，把表中的数据描点到坐标纸上，然后用一条光滑曲线连接起来，即得幅频特性。

此方法的优点是可以通过通用的测量仪器进行测试，但测量精度是由取样点的多少决定的，因而测量过程较繁琐，有时可能因所取点频数不当漏掉细节。下面介绍另一种较简单的方法。

(2) 扫频法

这种方法要用到频率特性测试仪（又称扫频仪），此法较点频法而言测试过程更便捷，测试结果更直观，调整更方便。测量电路连线如图 7－4 所示。

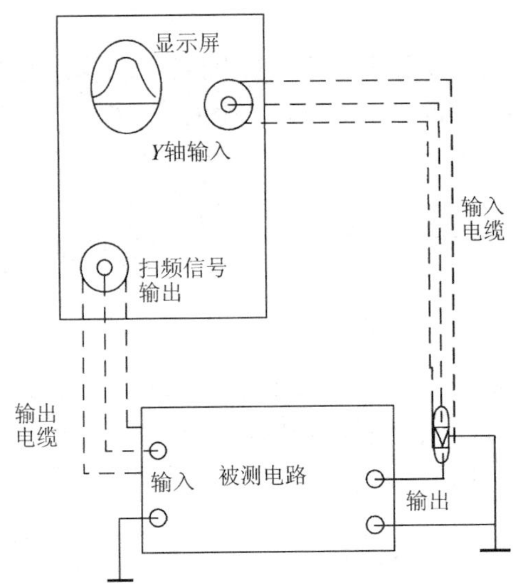

图 7－4　扫频法测量电路连线

将扫频仪的扫频输出电压加到被测电路的输入端，根据被测电路的频率响应范围选择一个恰当的中心频率，用检波探头将被测电路的输出电压送至扫频仪的 Y 轴输入端，在示波管屏幕上就显示出相应的频率特性曲线。（扫频仪的使用方法参考 6.6 节。）

3) 方波响应与频率特性的关系

在工程测试中，一般不要求进行精密的测试和精确的计算，只要求给出粗略的数值即可。由于用方波信号进行测试，其操作简便、直观，又能反映电路的频率响应，所以在实际工作中经常通过测试方波来定性检查电路的频率特性。频谱及分析如图 7－5 所示。

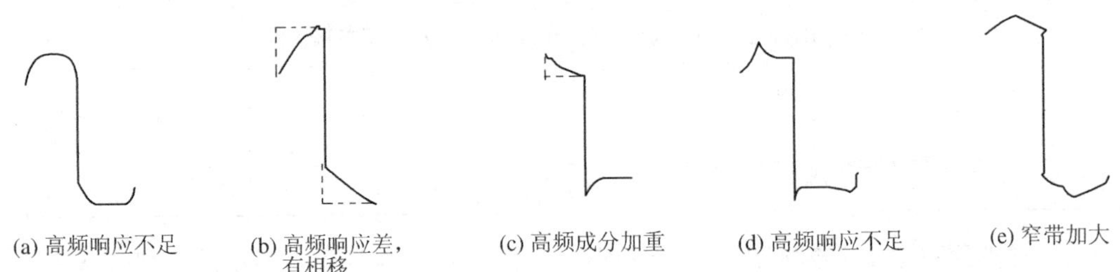

(a) 高频响应不足　(b) 高频响应差，有相移　(c) 高频成分加重　(d) 高频响应不足　(e) 窄带加大

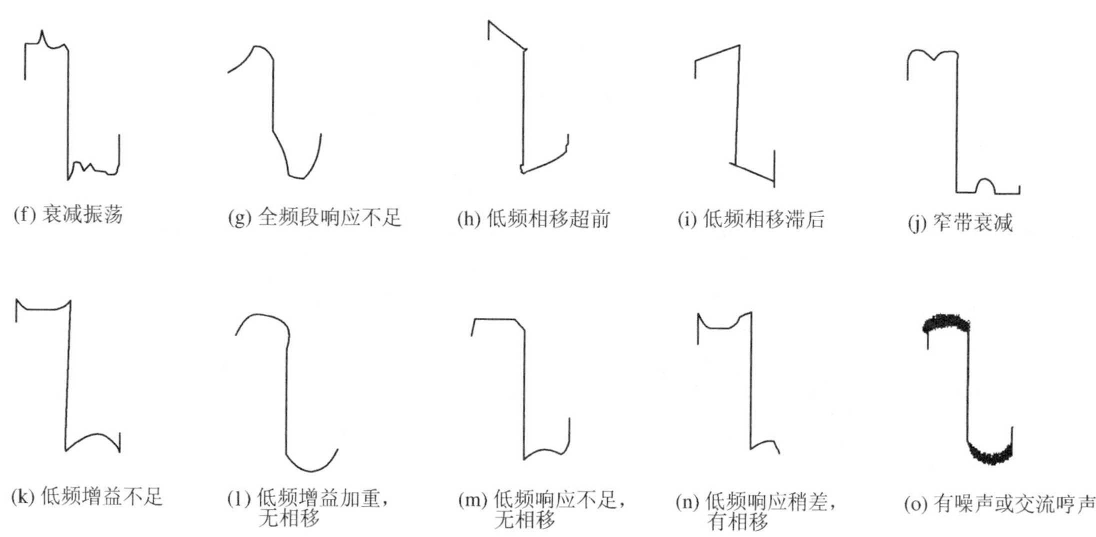

图 7－5 方波响应与频率特性的关系图谱

7.5 整机调试

整机调试是在单元调试完成、且各单元电路进行整机装配后进行的调试。其目的是使电子产品完全达到原设计的技术指标和要求(或产品标准规定的指标)。由于较多调试内容已在单元调试中完成,整机调试只需检测整机技术指标是否达到原设计要求即可,若不能达到要求,则再作适当调整。整机调试流程一般有以下几个步骤:

1) 整机外观的检查

整机外观的检查主要是检查外观部件是否齐全,外观调节部件和内部传动部件是否灵活。

2) 整机内部结构的检查

整机内部结构的检查主要是检查其内部连线的分布是否合理、整齐,内部传动部件是否灵活、可靠,各单元电路板或其他部件与机座是否紧固,以及它们之间的连接线、接插件有没有漏插、错插、未插紧的情况。

3) 对单元电路性能指标进行复检调试

该步骤主要是针对各单元电路连接后产生的相互影响而设置的,主要目的是复检各单元电路性能指标是否有改变,若有改变,则须调整有关元器件。

对已调整好的整机必须进行严格的技术测定,以判断它是否达到原设计的技术要求。如收音机的整机功耗、灵敏度、频率覆盖等技术指标的测定。不同类型的整机有各自的技术指标,并规定相应的测试方法(在产品标准中有规定)。

7.6 电子整机调试与检测举例

本节将以晶体管收音机及电视机为例,详细介绍这两个典型设备中一些关键部分的调试技术指标、调试方法和调整措施。

7.6.1 超外差式晶体管收音机的调试

1) 超外差式晶体管收音机的原理

收音机的任务是接收广播电台发射的无线电波，从中取出音频信号加以放大，然后通过扬声器还原为声音。图 7-6 是超外差式晶体管收音机方框图和各级信号输出波形示意图。

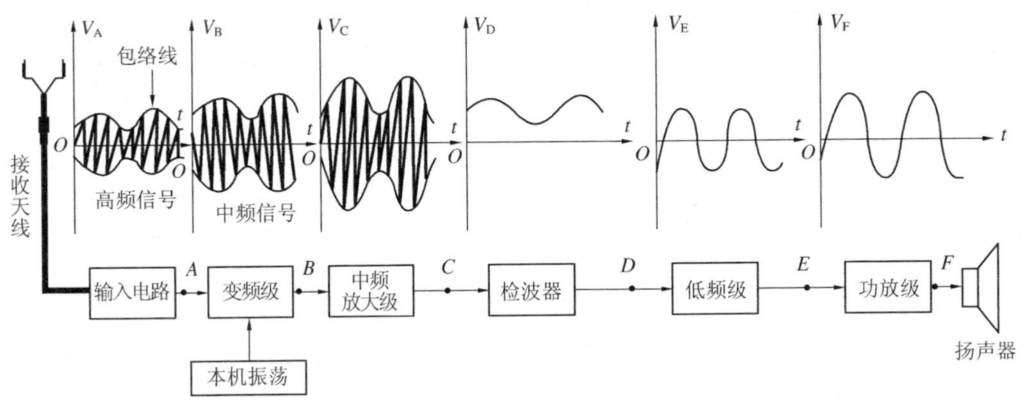

图 7-6　超外差式晶体管收音机方框图和各级信号输出波形示意图

一部刚安装好的收音机，在保证元件完好、接线无差错情况下，通常还应进行工作点调整、中频调整以及频率跟踪调整等步骤后，才能保证稳定工作。

2) 超外差式晶体管收音机的调试

(1) 调试内容：静态工作点、中频 465 kHz 调试、统调。

(2) 仪器设备：如表 7-3 所示。

表 7-3　超外差式晶体管收音机的调试仪器设备列表

名　称	参考型号	数量	用途
示 波 器	COS5020B	1	观察波形
高频信号发生器	XFG-7	1	调幅信号源
万 用 表	MF-47	1	测量晶体管工作点
六管式收音机电路板		1	测试用

3) 调试方法

六管式收音机原理图如图 7-7 所示，其中 V_1 为变频(混频)管，V_2、V_3 组成二级单调谐中放级(中频频率为 465 kHz)，V_4、V_5、V_6 组成低放和功放级。为便于测试，实验板上装有测量孔，例如分别将开关 S_2～S_6 打开，可直接用万用表测量集电极电流。

(1) 认真查对收音机原理图与实验电路板上各元件是否符合参数的标称值，熟悉各测试点的位置。

(2) 调整静态工作点。

(3) 先将本振回路短路(S_1 接通)，在无信号情况下，按表 7-4 要求调整各级集电极电流。

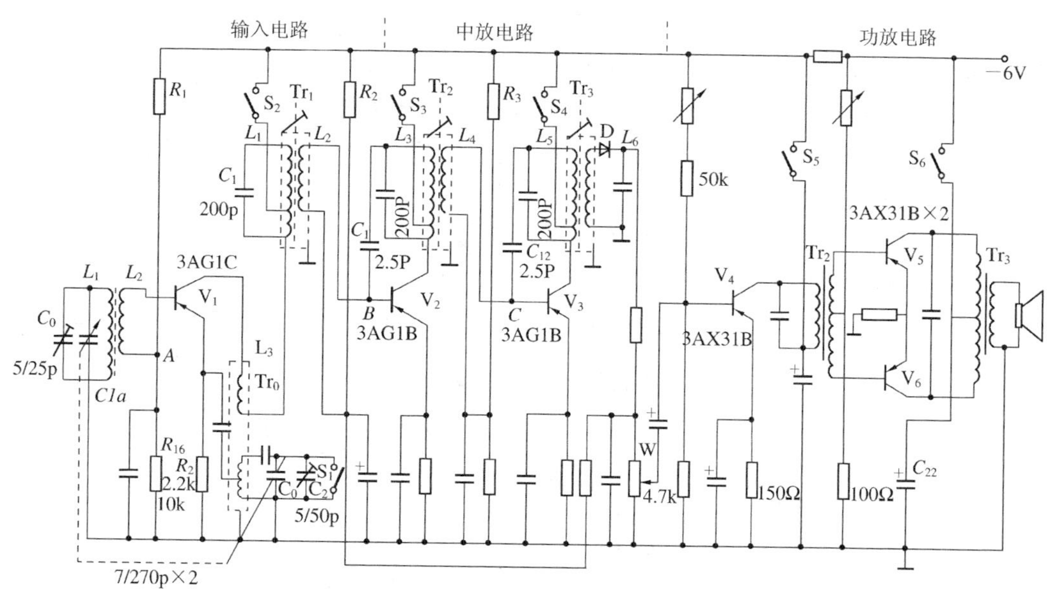

图 7－7　六管式收音机原理图

表 7－4　集电极电流参考值

晶体管	V_1	V_2	V_3	V_4	V_5	V_6
集电极电流/mA	0.3～0.6	0.4～0.6	0.8～1.2	2.0	4.5	4.5

变频级包括本机振荡和混频两方面的作用，混频要求管子工作在输入特性非线性区域，工作电流宜小，而振荡则要求工作电流大些，为了兼顾二者，一般取 I_{C1} 在 0.3～0.6 mA 内。中频放大有两级，前级加有自动增益控制，要求晶体管工作在增益变化剧烈的非线性区域，I_{C2} 一般取 0.4～0.6 mA，后级以提高功率增益为主，I_{C3} 取 0.8～1.2 mA。

（4）调整中放（俗称调中周）

调整的目的是将 Tr_1、Tr_2、Tr_3 谐振回路都准确地调谐在规定的中频频率 465 kHz 处，尽可能提高中放的增益。调试方法如下：

① 先将双联电容器(C_1)的动片全部旋入，并将本振回路中电感线圈 L_4 初级短接(即 S_1 接通)，使它停振。再将音量控制电位器 W 旋在最大位置。然后调节高频信号发生器，输出一个 465 kHz 标准的中频调幅波信号(调制频率为 400 Hz，调制度为 30%)。仪器连接如图 7－8 所示。

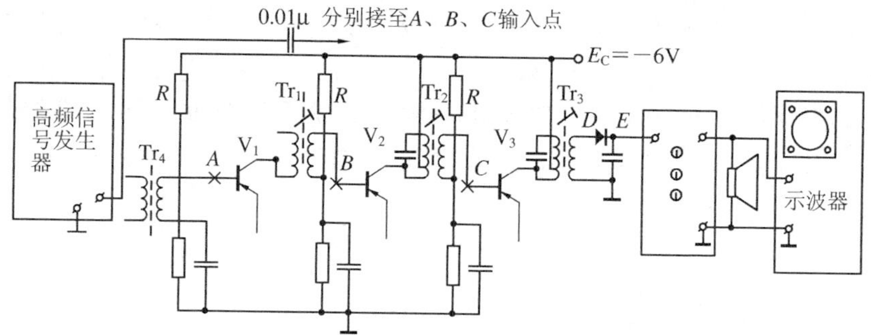

图 7－8　调中周电路

② 将高频信号发生器输出接至 C 点，调节载波旋钮使输出电压为 2 mV，调节中频变压器 Tr_3 磁心使收音机输出最大；然后，调节高频信号发生器输出电压为 200 μV，并将它从 B 点输入，调节中频变压器 Tr_2 的磁心直至收音机输出最大；最后，调节高频信号发生器输出电压为 30 μV，并换至 A 点输入，调节中频变压器 Tr_1 的磁心直至收音机输出最大为止。

③ 记录上述三步相应的输出幅度和输出波形。

④ 用示波器观察并绘下图 7－8 中 A、B、C、D、E 各点的波形。

(5) 调整频率覆盖(即校对刻度)

仪器连接如图 7－9 所示，调节过程中，扬声器用负载电阻 R_L 代替，输出电压用示波器监视。

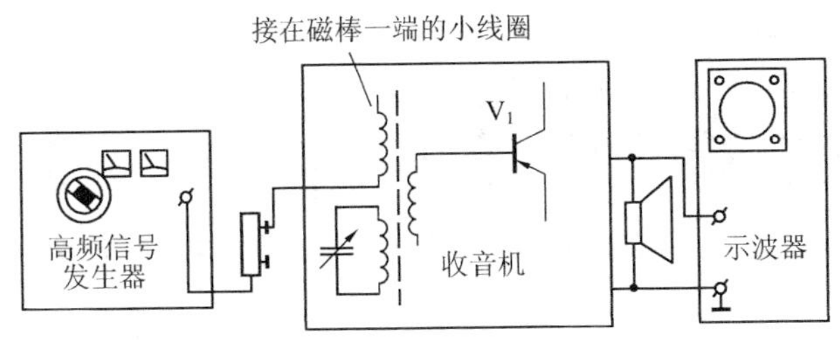

图 7－9 统调仪器连接电路

① 调低端：断开图 7－7 上的 S_1，将双联电容器 C_1 全部旋进，音量电位器 W 仍保持最大。调节高频信号发生器使输出频率为 525 kHz(调制频率为 400 Hz，调制度为 30%)，输出幅度为 0.2 V 的调幅波信号。调节振荡线圈 Tr_1 磁心的位置，使收音机输出最大。若收音机低端低于 525 kHz，振荡线圈磁心向外旋(减少电感量)；若低端高于 525 kHz，磁心位置向里旋(增加电感量)。

② 调高端：将高频信号发生器调到 1 610 kHz，幅度和调制度同①调低端。把双联电容器 C_1 全部旋出，调节振荡回路补偿电容 C_2，使收音机输出最大。若收音机高端频率高于 1 610 kHz，应增大 C_2 容量；反之，则应减小 C_2 容量。实际上，高端与低端的调整过程中互有牵连，因此必须由低端到高端反复调整几次，才能调整好频率覆盖。

(6) 调整输入回路——补偿

① 调低端：仪器接线不变，按图 7－9，调节信号发生器，使输出信号频率在 600 kHz 附近，调制度为 30%，把双联电容器旋至低频端，直至收音机清楚地收听到 400 Hz 调制信号，接着移动磁棒上天线线圈位置，使收音机输出最大，至此低端算是初步调好。

② 调高端：调节高频信号发生器输出载频为 1 500 kHz 附近的信号，把双联电容旋至高频端，使收音机清楚地收听到 400 Hz 调制信号，然后，调节输入回路微调电容 C_0 使收音机输出最大。

与调整频率覆盖一样，调节高端与低端的补偿会互相牵连，必须由低端到高端反复调几次。以上调整时，高频信号发生器输出的信号幅度要适当(不能太强)，以利于调节过程中便于判别收音机输出音量的峰点为准。

7.6.2 彩色电视机的调试

彩色电视机主要由电调谐高频头、中频通道、伴音通道、解码电路、行场扫描电路、开关电源和遥控系统及彩色显像管组成。其具体的原理与论述请参看相关电视原理教材，此处不作介绍。本章以 TA 两片式集成电路彩色电视机的调试为例，原理框图如图 7－10 所示。

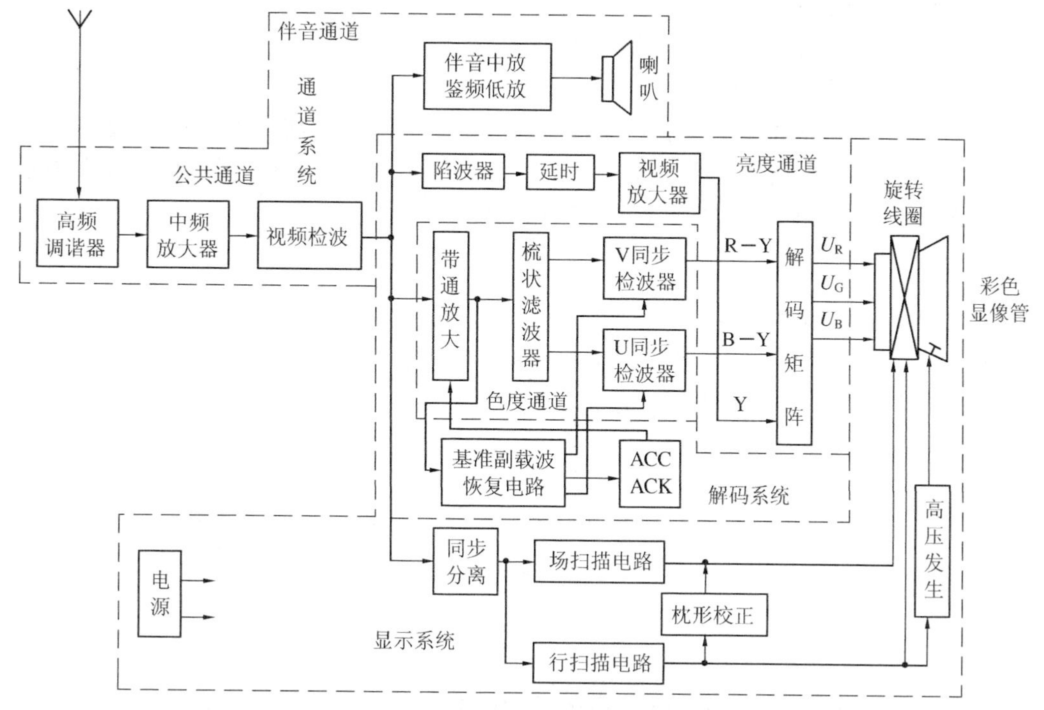

图 7－10　彩色电视机整机方框图

1）彩色电视机典型电路组成

彩色电视机可分为三个系统：

（1）通道系统

通道系统包括高频调谐电路、中频通道和伴音通道。

（2）解码系统

解码系统包括亮度通道（4.43 MHz 陷波器、延时器、视频放大器等）、色度通道（带通放大、梳状滤波器及 H、V 同步检波器等）、副载波恢复（基准副载波恢复和V 副载波恢复等）、解码矩阵（G－Y 矩阵和基色矩阵）及附属电路（ACK 和 ACC 等），这部分电路是彩色电视机特有的电路，它可将彩色全电视信号解调处理恢复三基色信号。

（3）显示系统

显示系统包括同步分离、行场扫描、高压电路、彩色显像管及附属电路等。TA 两片式集成电路彩色电视机整机采用两块大规模半导体集成电路担任整机小信号处理，其中 TA7680AP 为图像中频与伴音中频系统电路，TA7698AP 为解码及扫描系统小信号处理电路。

2）整机调试方法

（1）整机调试内容

高频特性曲线的调试、中放特性曲线的调试、伴音鉴频曲线的调试、行场扫描特性的调试。

(2) 仪器及设备

① BT－3C 型频率特性测试仪；

② 直流稳压电源；

③ 电调谐高频头(以 TDQ－3 为例)。

(3) 高频特性曲线的调试

一般电调谐高频头由VHF(甚高频 1～12 频道)和 UHF(特高频 13～68 频道)两波段组成。其中 VHF 又分成 L 和 H 两频段。下面以 VHF－L 段 2 频道为例，给出调试方案。

测量接线图：如图 7－11 所示。

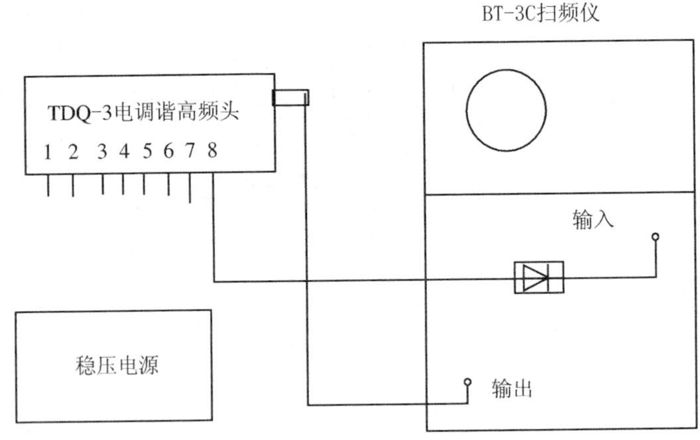

图 7－11 高频特性曲线的调试接线图

(4) 调试步骤

① 按图 7－11 接线，扫频仪的输出端接 TDQ－3 高频头的天线输入孔，高频头的第 8 脚接扫频仪的输入检波电缆。

② 稳压电源按表 7－5 所示为 TDQ－3 高频头提供相应电压。

表 7－5 高频头各端子供电电压

端子	1 脚 BU	2 脚 BT	3 脚 BH	4 脚 AGC	5 脚 BL	6 脚 AFT	7 脚 BM
电压/V	0	5	0	7.5	12	6.5	12

③ 调节扫频仪“中心频率”度盘，使屏幕上显示的频率在 50～70 MHz 之间(以第 2 频道为例，频率范围 56.5～64.5 MHz)。

④ 观测扫频仪的显示屏，可得相应的特性曲线，高频头增益应大于 20 dB。典型的特性曲线如图 7－12 所示。在观测过程中可调节扫频仪的输出电平，使曲线幅度达 1 V(峰-峰)。

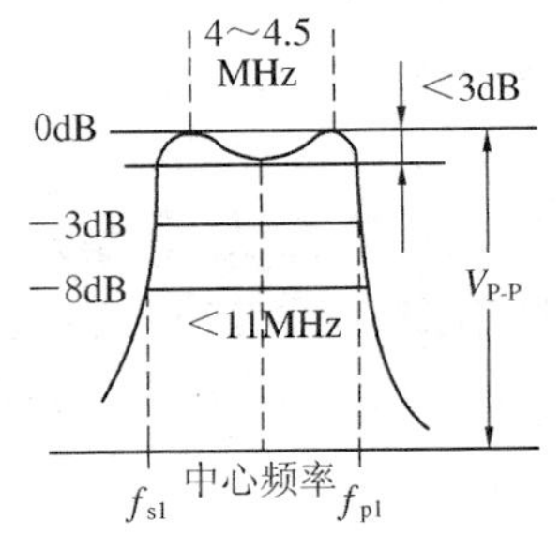

图 7－12 典型高频特性曲线

⑤ 记录测试相关数据及波形记录。

若要测量其他频道的高频特性其方法与上述相同，但要注意以下三点：

· 对于 VHF－H 及 UHF 的各频道，高频头的各脚电压要作相应改变，具体可参考表 7－6。

表 7 - 6　TDQ - 3 型高频头各脚参考电压　V

波段	1 脚 BU	2 脚 BT	3 脚 BH	4 脚 AGC	5 脚 BL	6 脚 AFT	7 脚 BM
VHF—H	0	0.5～30	12	7.5	0	6. 5	12
UHF	12	0.5～30	0	7.5	0	6.5	12

· VHF 与 UHF 的天线输入口不同,在连接时注意区分。

· BT - 3 型扫频仪的有效频率范围是 1～300 MHz,可用来测量 VHF 1～12(48. 5～233 MHz)频道的高放特性。但对于 UHF(471～870 MHz)而言,应选用频率范围更宽的测量仪器。

3）中放特性曲线的调试

中放电路的作用是将高频头混频输出的图像中频及伴音中频信号进行放大。

(1) 仪器及设备

BT - 3C 型频率特性测试仪和电视机各一台。

(2) 调试接线图

调试接线图如图 7 - 13 所示。

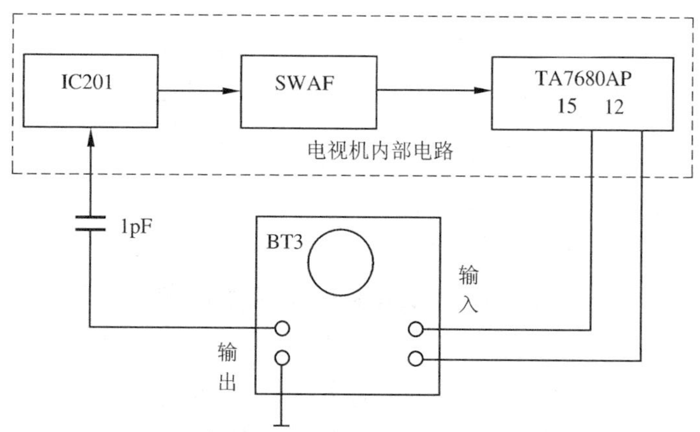

图 7 - 13　中放特性曲线的调试接线图

(3) 调试步骤

① 扫频仪校正后,调节扫频仪中心频率表盘,使屏幕显示的频率在 30～40 MHz 之间。

② 断开高频头 IF 端与中放通道输入端 IC201 的连接,将 75 Ω 输出电缆接至 IC201 的输入端,Y 轴输入由开路电缆接 IC201 的 15 脚视频输出。

③ 调节扫频仪“输出衰减”,计算中放通道的增益。

④ 观察幅频特性曲线的图像中频 38 MHz 是否在曲线幅度的 60%～70%,否则调节 T204 使其符合中放幅频特性的要求。

⑤ 观察 30 MHz、31. 5 MHz、39. 5 MHz 在曲线上是否有吸收点。

⑥ 计算中放曲线的频宽。频宽的计算方法：上限频率是图像中频,下限频率是曲线左边的 70%处对应的频率。典型的中放曲线如图 7 - 14 所示。

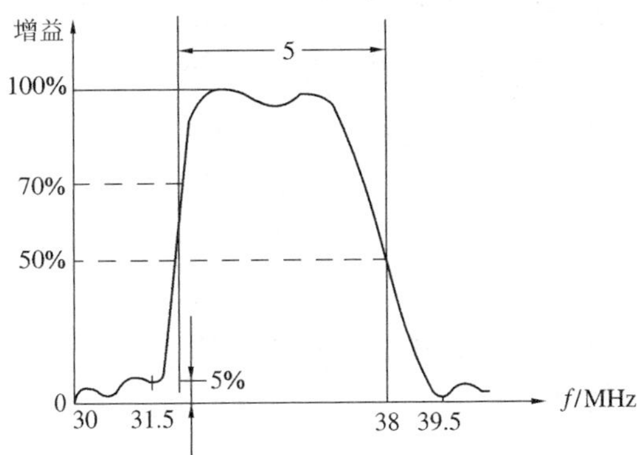

图 7－14　典型的中放曲线

4）伴音鉴频 S 曲线

（1）仪器及设备

BT－3C 型频率特性测试仪、彩电各一台。

（2）调试接线图

如图 7－15 所示，TP302 在 TA7680AP 的 24、23、22 脚附近。

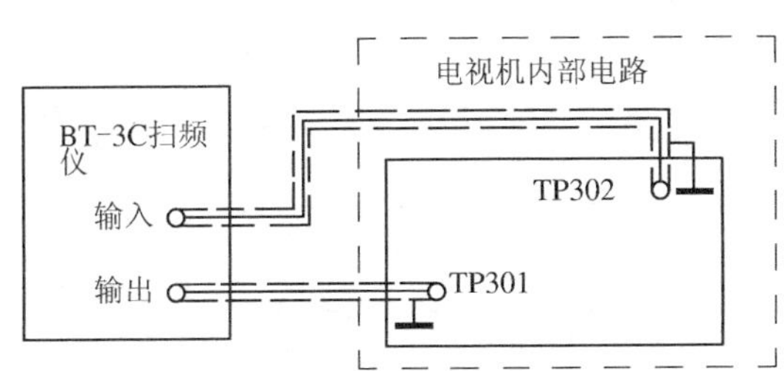

图 7－15　伴音鉴频 S 曲线调试接线图

（3）调试步骤

① 调节扫频仪的“中心频率”度盘，使屏幕上显示的频率在 6～7 MHz 之间。

② 将扫频仪输出电缆接伴音通道输入端 TP301，从鉴频输出端 TP302 输出送回扫频仪 Y 轴输入。

③ 将电视机音量调到适当位置。

④ 观察 S 曲线的中心频率 6.5 MHz 是否在曲线线性部分的中点，否则调节鉴频外接电感 T302，使 6.5 MHz 处在曲线线性部分的中点上，并记录观察到的波形。

5）行场扫描特性调整

（1）行频、行幅及行中心调整

① 将行同步分离输入端通过 10 μF/50 V 电解电容对地短路，然后调节行频控制电位器（R_{626}）使图像稳定，然后去除短路电容，即得水平被同步的图像。

② 短接 TP601 和 TP602；调节 R_{262}（行频控制），使画面正常。

行中心调整（S_{601} 调整）：调节行中心调试开关 S_{601}，使图像的水平中心调至与荧光屏几何中心最接近的位置。S_{601} 的行幅调整（S_{602}）：行幅调整采用改变 S 校正电容的方法，转换 S_{602} 接插件插入方向，接入或断开 S 校正电容 C_{625}。行幅偏大时，断开 C_{625}，偏小时接入 C_{625}。

(2) 场频、场幅和场中心调整

① 场频调整：调节场同步电位器 R_{512}，改变场振荡电路中充放电时间常数来实现对场频的调节。

② 场中心调整：调节 S_{501} 场中心调节开关，切换偏转线圈直流通路的电阻，使图像的场中心调至与荧光屏的几何中心最接近的位置。

③ 场幅调整(R_{503})：调节 R_{503}，通过改变场交流负反馈的大小来实现调节场幅电位器使彩色测试卡的图像刚好不露边，使垂直过扫描控制在 8%以内。

习题 7

1. 画出超外差式收音机的组成框图，并画出每个方框的信号波形。
2. 画出彩电中放频率特性曲线，标出主要频率点的幅度。
3. 调幅中波收音机的本振频率与信号频率有何关系？
4. 调试工艺文件应包含哪些内容？
5. 制定调试工艺文件时要遵循哪些原则？
6. 何为静态调试？何为动态调试？
7. 试判断下列波形的失真类型。产生此种失真的原因是什么？如何解决？

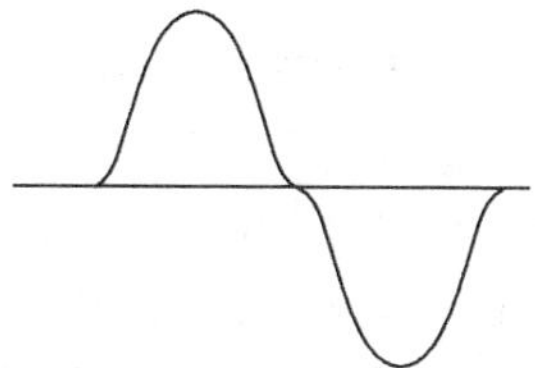

8. 试判断下列波形的失真类型，产生此种失真的原因是什么？如何解决？

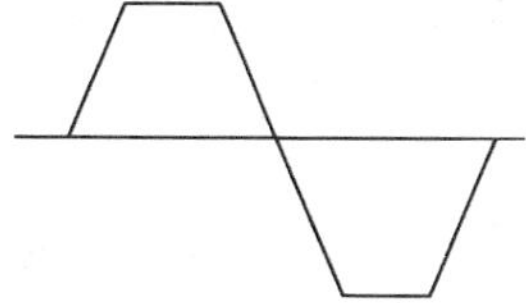

9. 画出典型彩电高放频率特性曲线示意图。
10. 调幅中波收音机的本振频率与信号频率有何关系？
11. 画出彩电中放频率特性曲线，标出主要频率点的幅度。

实训 7

一、收音机调试训练

1. 实训目的

掌握并熟悉收音机的调试方法，复习相关测试仪器的使用。

2. 实训设备

高频信号发生器、万用表、收音机电路板、示波器。

3. 实训步骤

(1) 认真查对收音机实验电路板上各元件,熟悉各测试点的位置。

(2) 调整静态工作点。

(3) 调整中放(俗称调中周)。

(4) 统调。

(具体见本章前述。)

二、高频特性曲线的调试训练(2 频道)

1. 实训目的

掌握并熟悉高频特性曲线的调试方法,复习相关测试仪器的使用。

2. 实训设备

高频头、BT-3C 型频率特性测试仪、直流稳压电源、万用表。

3. 实训步骤

(1) 按图 7-13 高频特性曲线的调试接线图接好相关设备。

(2) 调节扫频仪"中心频率"度盘,使屏幕上显示的频率在 50~70 MHz 之间(频率范围为 56.5~64.5 MHz)。

(3) 用万用表测量高频头各脚直流电压,并作记录与参考值进行比较。

(4) 观测扫频仪的显示屏,可得相应的特性曲线,高频头增益应大于 20 dB。典型的波形如图 7-14 所示。在观测过程中可调节扫频仪的输出电平,使曲线幅度达 1 V(峰-峰)。

4. 注意事项

(1) 不同频道的频率范围有所不同,在调试前要心中有数。

(2) VHF 与 UHF 的天线输入口不同,在连接时注意区分。

(3) BT-3C 型扫频仪的有效频率范围是 1~300 MHz,可用来测量VHF1~12(48.5~233 MHz)频道的高放特性。但对于 UHF(471~870 MHz)而言,应选用频率范围更宽的扫频仪。

三、中放特性曲线的调试训练

1. 实训目的

掌握并熟悉中放特性曲线的调试方法,复习相关测试仪器的使用。

2. 实训设备

BT-3C 型频率特性测试仪、电视机、万用表。

3. 实训步骤

(1) 按图 7-15 中放特性曲线的调试接线图接好相关设备。

(2) 用万用表测量 TA7680AP 各引脚的直流电压并与参考值相比较。

(3) 扫频仪校正后,调节扫频仪中心频率表盘,使屏幕显示的频率在 30~40 MHz 之间。

(4) 断开高频头 IF 端与中放通道输入端 C_{201} 的连接,将 75 Ω 输出电缆接至 C_{201} 的输入端,Y 轴输入由开路电缆接 IC201 的 15 脚视频输出。

(5) 调节扫频仪"输出衰减",计算中放通道的增益。

(6) 观察幅频特性曲线的图像中频 38 MHz 是否在曲线幅度的 60%～70%,否则调节 T_{204} 使其符合中放幅频特性的要求。

(7) 观察 30 MHz、31.5 MHz、39.5 MHz 在曲线上是否有吸收点。

(8) 计算中放曲线的频宽。频宽的计算方法:上限频率是图像中频,下限频率是曲线左边的 70%处对应的频率。典型的中放曲线如图 7－16 所示。

四、伴音鉴频 S 曲线的调试训练

1. 实训目的

掌握并熟悉中放特性曲线的调试方法,复习相关测试仪器的使用。

2. 实训设备

BT－3C 型频率特性测试仪、电视机、万用表。

3. 实训步骤

(1) 按图 7－17 伴音鉴频 S 曲线的调试接线图接好相关设备。

(2) 用万用表测量 TA7680AP 各引脚的直流电压并与参考值相比较。

(3) 调节扫频仪的"中心频率"度盘,使屏幕上显示的频率在 6～7 MHz 之间。

(4) 将扫频仪输出电缆接伴音通道输入端 TP301,从鉴频输出端 TP302 输出送回扫频仪 Y 轴输入。

(5) 将电视机音量调到适当位置。

(6) 观察 S 曲线的中心频率 6.5 MHz 是否在曲线线性部分的中点,否则调节鉴频外接电感 T302,使 6.5 MHz 处在曲线线性部分的中点上,并记录测量波形。

8 质量管理与产品认证

【主要内容和学习要求】

(1) 掌握质量管理体系的概念。

(2) 了解 ISO 9000:2000 标准族主要内容。

(3) 了解一体化管理的概念、卓越绩效评价准则。

(4) 了解质量管理的概念、原则、目标、保证、控制与改进的内容。

(5) 掌握电子装配的质量管理从订单开始,经过采购、生产过程,通过产品交付形成整个制造过程,测量、分析、改进及其面对过程的管理形成了制造过程的质量保证体系。

(6) 了解产品质量认证和质量体系认证、安全认证和合格认证,合格认证是自愿的而安全认证是强制的。

(7) 常见的强制认证有 3C 认证和 CE 认证。

8.1 质量管理体系

8.1.1 概述

质量管理体系(Quality Management System,QMS),ISO 9001:2005 标准将其定义为"在质量方面指挥和控制组织的管理体系",通常包括制定质量方针、目标以及质量策划、质量控制、质量保证和质量改进等活动。实现质量管理的方针目标,有效地开展各项质量管理活动,必须建立相应的管理体系,这个体系就叫质量管理体系。

质量管理是对质量形成的每个环节及其之间的接口进行管理,是企业内部建立的、为保证产品质量或质量目标所必需的、系统的质量活动构成的整个过程体系。它根据企业特点选用若干体系要素加以组合规范,可以从设计研制、生产、检验、销售、使用全过程进行质量管理,成为企业内部质量工作的要求和活动程序。

建立质量管理体系只有本着让客户满意的宗旨。结合本组织、企业实际情况,依据其自身的实际环境,策划、建立和实施对这一过程的管理,用系统的管理方法,突出过程控制和保证良好操作性来建立和完善体系,才能实现其质量方针和质量目标。

目前,尽管质量管理体系多种多样,但主要的有 ISO 9000、一体化管理体系和卓越绩效评价准则。

8.1.2 ISO 9000 质量管理体系

1) ISO 9000 的发展历程

1959 年,美国军方为了解决采购的武器装备通过了最终验收,但在使用过程中经常出现质量故障问题而制定了《MIL－Q－9858A 质量保证大纲》，首次提出在签订合同时，要求军品承制企业在产品设计、生产全过程中每一步都要提供证据，证明真正满足了需方所提出的各种要求，将以往单一的事后检验转变为过程控制加事后检验。这个质量保证大纲成为了世界上最早的关于质量保证的文件。

实施这一质量管理标准之后，美国军方获得了巨大的成功。随后，许多国家根据本国企业成功经验制定出质量管理的国家标准，比较著名的有英国的《BS5750 质量保证标准》，美国的《ANSI/ASQC Z－1.15》等。

在国际贸易中，必须有双方都认同的质量管理标准。为此，1980 年国际标准化组织(International Standardization Organization，ISO)成立了"质量保证技术委员会"(简称TC176，即 ISO 中第 176 个技术委员会)，致力于创建一个全球公认的质量管理标准。1987 年，该委员会完成了 ISO 9000 的 6 个标准。这些标准发布后得到了各个工业化国家的认可，并定为国家标准。我国于 1988 年 12 月参照 ISO 9000 系列标准颁布了等效的 GB/T 10300 系列标准。1992 年又重新颁布了等同采用 ISO 9000 系列标准的 GB/T 19000 新的国家标准，并于 1993 年 1 月 1 日起实施，以此作为评价企业质量管理能力的主要依据。

2) ISO 9000:2000 标准族

ISO 9000 不是指一个标准，而是一个标准族的统称。ISO/TC176 在 1990 年第九届年会上提出的《90 年代国际质量标准的实施策略》中，明确了一个宏伟目标："要让全世界都接受和使用 ISO 9000 族标准，为提高组织的运作能力提供有效的方法；增进国际贸易，促进全球的繁荣和发展；使任何机构和个人，可以有信心从世界各地得到任何期望的产品，以及将自己的产品顺利销往世界各地。"

ISO/TC176 根据上述目标，终于在 2000 年 12 月 15 日正式发布实施了 2000 版的 ISO 9000 族标准。

2000 版 ISO 9000 标准由 4 个核心标准、1 个其他标准、6 个技术报告和 2 个小册子组成。其核心标准如下：

(1)《ISO 9001:2000 质量管理体系——基础和术语》，作为质量管理的基础，阐述了 3 个主题、8 项管理原则、12 条质量管理原理、10 类 80 条质量管理的术语。

(2)《ISO 9001:2000 质量管理体系——要求》，明确指出了日常工作所需要依照的标准和方法，是建立公司级企业标准、体系控制程序、跨部门作业指导书、部门作业指导书、工作记录的重要依据。

(3)《ISO 9004:2000 质量管理体系——指南》，包括了所有 ISO 9001:2000 标准的内容，但在每一条标准中，它提出了更严格的要求，可作为组织业绩改进的指南。

(4)《ISO 19011:2000 质量和环境管理体系审核指南》，提供了审核方案的管理、内部或外部质量和(或)环境管理体系审核的实施以及审核员的能力和评价指南。

ISO 9001 与 ISO 9004 是一对协调一致的标准，ISO 9001 旨在给出产品的质量保证并增强客户满意，而 ISO 9004 则通过使用更广泛的质量管理的观点来提供业绩改进的指南。这两个标准相互补充，也可单独使用。虽然这两项标准具有不同的范围，但却具有相同的结构。

ISO 9000 是质量方面的管理标准，是以"过程方法"管理流程，如图 8－1 所示。整个过程的输入是来自于客户和相关方的需求，经过产品实现过程提供给客户输出的产品。质量体系必须要有数据系统，用于收集产品满足客户需要程度的数据，提供给最高管理者和质量体系控制人员，作为后续工作的方向。

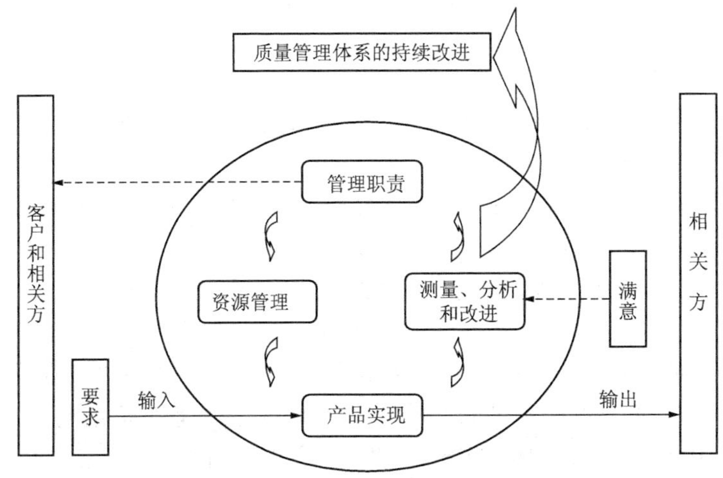

图 8-1　以过程为基础的质量管理体系模式

《ISO9001:2000 质量管理体系——要求》通常用于企业建立质量管理体系并申请认证之用。它主要通过对申请认证组织的质量管理体系提出各项要求来规范组织的质量管理体系。主要分为 5 大模块的要求，这 5 大模块分别是：质量管理体系、管理职责、资源管理、产品实现、测量分析和改进。其中每个模块中又有许多分条款。随着 2000 版标准的颁布，世界各国的企业纷纷开始采用新版的 ISO9001:2000 标准申请认证。ISO 鼓励各行各业的组织采用 ISO9001:2000 标准来规范组织的质量管理，并通过外部认证来达到增强客户信心和减少贸易壁垒的作用。值得注意的是，ISO 9000:2000 标准给出的是一个质量管理最基本的要求。图 8-2 为 ISO 9001 体系认证证书样例。

图 8-2　ISO 9001 体系认证证书样例

8.1.3 一体化管理体系

1）一体化管理的概念

“一体化管理体系”(Integrated Management System)又称为“综合管理体系”、“整合型管理体系”等，也就是指两个或三个管理体系并存，将公共要素整合在一起，在统一的管理构架下运行的模式。

通常的一体化管理理念只整合了ISO 9001(TL 9000)质量管理体系、ISO 14001环境管理体系、OHSAS 18001职业健康安全管理体系、SA 8000社会责任管理体系。尽管该管理理念对企业管理带来了积极的成效，提高了管理效率，但是，站在企业整体的角度，这种“几标”的一体化管理整合，还不能完全满足企业的需要，这种整合解决的仍然只是专业管理体系标准之间的矛盾或重复，未从根本上实现管理系统优化、建立最佳秩序、解决企业整体绩效的问题；而且，随着世界经济一体化、科学管理不断发展，国际、国内规范性的各项专业管理新标准持续推出，这种一体化管理已经不能适应形势发展需要，现在最新推出的是集约型一体化管理体系，虽然仍然叫“一体化管理”，但其内涵和外延与原有的一体化管理有着本质的区别，它能够融合企业或组织所适用的所有国家标准。因此，学习了解原有的一体化管理体系时，应当了解集约型一体化管理体系，这是管理标准的发展趋势。

一体化管理体系的整合不仅仅是在理论上，在近年的实践中已经有明确的要求。尤其是其产品面向欧美市场的出口型企业，大都会被用户要求作一体化管理体系方面的两方审核。这个审核结果将成为是否可以开始或继续商业业务的基本条件。

2）一体化管理标准族

最早的ISO 14001环境管理体系是1996年由ISO/TC 207环境管理标准化技术委员会发布的。这个委员会成立于1993年，当时发布的环境管理体系标准包含5个国际标准：《ISO 14001:1996环境管理体系　规范及使用指南》《ISO 14004:1996环境管理体系　原则、体系和支持技术通用指南》《ISO 14010:1996环境审核指南　通用原则》《ISO 14011:1996环境审核指南　审核程序、环境管理体系审核》《ISO 14012:1996环境审核指南　环境审核员资格要求》。

2004年，ISO/TC 207环境管理标准化技术委员会对《ISO 14001:1996环境管理体系　规范及使用指南》进行了修改，现在的最新版本是《ISO 14001:2004环境管理体系　要求及使用指南》。

《ISO 14001:2004环境管理体系　要求及使用指南》的制定参考了ISO 9001:2000的要求，建立了基于PDCA(又称“戴明环”，P，Plan——计划；D，Do——执行；C，Check——检查；A，Action——行动，对总结检查的结果进行处理，成功的经验加以肯定并适当推广、标准化；失败的教训加以总结，未解决的问题放到下一个PDCA循环里。以上4个过程周而复始，阶梯式上升)的运行模式。由于PDCA可以应用于所有的过程，因此它意味着过程方法也是《ISO 14001:2004环境管理体系　要求及使用指南》实施的基础。

《OHSAS 18001:2007职业健康安全管理体系　要求》是这个标准到2007年为止的最新版本。这个标准体系由两个文件构成：《OHSAS 18001:2007职业健康安全管理体系　要求》和《OHSAS 18002:2007职业健康安全管理体系　实施指南》。

《OHSAS 18001:2007 职业健康安全管理体系　要求》的整体结构与《ISO 14001:2004 环境管理体系　要求及使用指南》保持一致，同样基于 PDCA 的运行模式，适用于过程方法的要求，有很多要求，如方针与目标管理、能力和培训、职责、文件和记录控制、沟通、监视和测量、内部审核、管理评审等与《ISO 9001:2000 质量管理体系——要求》都有共通之处。

《SA 8000:2001 社会责任管理体系》是目前的最新版本，它从结构和内容上与以上标准相差较大，但在目标管理、沟通、文件和记录控制、管理评审等要求上比较接近。《SA 8000:2001 社会责任管理体系》中有关健康与安全方面的要求与《OHSAS 18001:2007 职业健康安全管理体系》中的部分要求是类似的。

尽管上述 3 个标准的共同之处是都要满足当地政府在环境保护、职业健康安全和劳工权利方面的法律法规，但它们的执行要求要比《ISO 9001:2000 质量管理体系——要求》更为复杂、繁多。从审核的角度看，由于不同管理体系依据不同的审核准则(标准)要求，整个审核过程都需要准确界定不同管理体系的界线，并判定文件所描述的整合型管理体系在总体上是否符合各管理体系标准的要求，因此，需要在组织内部进行各部门协同、配合，目标一致的行动才有效果。另外，文件的审核要包括现场审核和过程审核。图 8-3 为 ISO 14001 体系认证证书样例。

图 8-3　ISO 14001 体系认证证书样例

8.1.4　卓越绩效评价准则

1) 卓越绩效评价准则的概念

在过去十几年中，许多国家的政府通过设立国家质量奖的方式来提升本国各类组织的管理水准，强化和提高本国产业的竞争力。除了美日等发达国家和一些欧洲国家外，许多新兴的工业化国家和发展中国家也都开展了国家质量奖计划。全世界目前共有 60 多个国家实施了类似的计划。在所有这些质量奖计划中，最为著名、影响也最大的当推美国马尔科姆·波多里奇国家质量奖、欧洲质量奖和日本戴明奖。

美国马尔科姆·波多里奇国家质量奖的评奖准则被称为卓越绩效准则，它已经成为了经营管理事实上的国际标准。卓越绩效评价准则是质量奖评审的依据，是国家质量奖励制度的技术文件。制定这套标准的目的有两个，一是用于国家质量奖的评价；二是用于组织的自我学习，引导组织追求卓越绩效，提高产品、服务和经营质量，增强竞争优势，并通过评定获奖组织、树立典范并分享成功的经验，鼓励和推动更多的组织使用这套标准。图 8－4(a)所示为波多里奇国家质量奖标志，图 8－4(b)所示为中国质量奖标志。

(a) 波多里奇国家质量奖 (b) 中国质量奖

图 8－4 世界主要质量奖的标志

为了引导组织追求卓越绩效，提高产品、服务和经营质量，增强竞争优势，促进经济持续快速健康地发展，在参照世界著名的质量奖准则并结合我国实践的基础上，从领导、战略、客户与市场、资源、过程管理、测量分析与改进以及经营结果等 7 个方面规定了组织卓越绩效的评价要求，并于 2004 年 8 月 30 日正式发布《GB/B 19580—2004 卓越绩效评价准则》国家标准，2005 年 1 月 1 日起实施。同时，《GB/Z 19579—2004 卓越绩效评价准则实施指南》也开始实施。这标志着这种卓越绩效模式在我国的推广进入了一个新的阶段。该标准的发布迅速引起了企业界及其他相关领域的关注和重视，也预示着会有众多的企业和人员将会投身于这一标准的实施之中。

2) *卓越绩效评价准则的要求*

卓越绩效评价准则并非一种全新的质量管理概念，只是对以往的全面质量管理在实施过程中进行细化，使以往的全面质量管理实践标准化、条理化和具体化。卓越绩效评价准则是建立在一组相互关联的核心价值观的基础之上的，这些核心价值观是企业为实现卓越的经营绩效所必须具备的观念和意识，它贯穿于卓越绩效评价准则的各项要求之中，应体现在全体员工，尤其是企业高层管理人员的行为之中。卓越绩效评价准则的目的旨在通过卓越的过程创造卓越的结果，即针对评价准则的要求，确定、展开组织的方法，并定期评价、改进、创新和分享，使之达到一致和整合，从而不断提升组织的整体结果，赶超竞争对手和标杆，获得世界级的绩效。

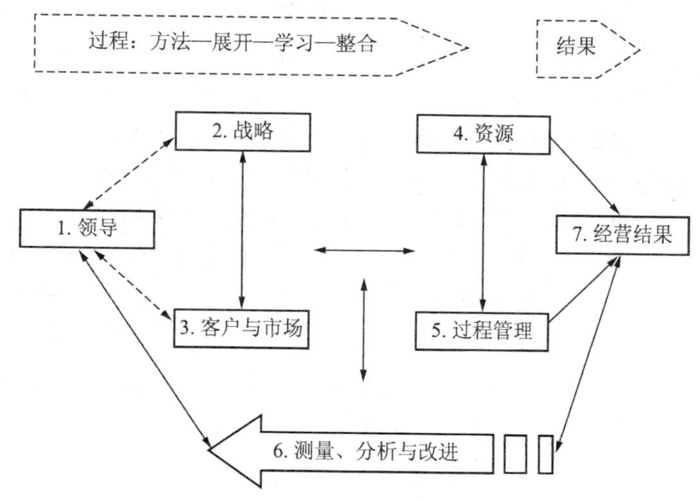

图 8－5 卓越绩效评价准则框图

卓越绩效评价准则框架如图 8－5 所示。有关过程的类目包括 1、2、3、4、5、6，结果类目为 7。过程旨在结果，结果通过过程取得，并为过程的改进和创新提供导向。领导、战略、客户与市场构成领导作用三角。领导掌控着组织前进的方向，并密切关注着经营结果，是驱动性的；资源、过程管理、经营结果构成资源、过程和结果三角，是从动性的；而测量、分析与改进是组织运作之基础，是链接两个三角的链条，并转动着改进和创新的 PDCA 循环。

卓越绩效评价准则是政府引导和企业需求相结合的产物，是国内外许多成功组织的实践经验总结，也是全面质量管理理论的发展和现实相结合的反映，还是国际成功经验和中国国情相结合的成果。实施卓越绩效评价准则标准为组织的自我评价和外部评价提供了很好的依据，可以取得三方面的结果，一是为企业追求卓越提供一个经营模式的总体框架；二是为企业诊断当前管理水平提供一个系统的检查表；三是为国家质量奖和各级质量奖的评审提供是否达到卓越的评价依据。

卓越绩效评价准则标准的制定和实施可帮助组织提高其整体绩效和能力，为组织的所有者、客户、员工、供方、合作伙伴和社会创造价值，有助于组织获得长期的市场成功，并使各类组织易于在质量管理实践方面进行沟通和共享，成为一种理解、管理绩效并指导组织进行规划和获得学习机会的工具。

8.2　质量管理

8.2.1　质量管理的概念

根据 ISO 9000:2000 的定义，质量是一组固有特性满足要求的程度。产品质量指产品满足要求的程度，即满足客户要求和法律法规要求的程度，也可以说质量具有适用性。所谓适用性是指固有的特性，尤其是指在某事或某物中本来就有的、那种永久的特性，包括产品的符合性、可信性、经济性、美观性和安全性，等等。因此质量意味着外部客户与内部客户的满意，而产品特性和无缺陷成为客户满意的主要决定因素。

质量还具有广义性、时效性、相对性。质量的广义性表明质量不仅指产品质量，也可指过程和体系质量。通过对产品生产过程、企业经营体系的控制，对其质量的要求才能最大可能地保证满足客户要求，生产出符合要求的产品。质量的时效性是指由于企业的客户和其他相关方对组织的产品、过程和体系的需求和期望是不断变化的，原先被客户认为是质量好的产品，因为客户要求的提高而不再受到客户的欢迎。质量的相对性是指组织的客户和其他相关方可能对同一产品的功能提出不同的需求，也可能对同一产品的同一功能提出不同的要求。需求不同，质量要求也就不同，只要满足需求就应该认为质量好。

而质量管理是在质量方面指挥和控制组织的协调活动，通常包括制定质量方针、质量目标及质量策划、质量控制、质量保证和质量改进。

(1) 质量策划是致力于制定质量方针和质量目标，并规定必要的运行过程和相关资源以实现质量目标。

(2) 质量保证是致力于增强满足质量要求的能力以及为了使客户确信企业能满足质量

要求，而在质量体系中实施并根据需要进行证实的有计划且系统的活动。

(3) 质量控制是致力于满足质量要求，对质量形成的过程进行监视、检测，并排除过程中影响质量的各种因素，以达到要求所采取的活动。它是企业最基本和最经常的质量管理活动，是保证质量的重要手段。

(4) 质量改进是致力于增强满足要求能力的循环活动。

企业利用质量方针、质量目标、内外部审核结果、统计数据分析，采取纠正和预防措施及管理评审，对质量管理的有效性进行评价并持续改进。

8.2.2 质量管理的原则与目标

1) 质量管理的原则

基于质量管理的理论和实践经验，多年来，经过人们的努力，在质量管理领域形成了一些完整的基本原则。国际标准化组织在吸纳了一批质量管理专家的理念后，结合理论分析与实践经验，用高度概括又易于理解的语言，总结了质量管理的 8 项原则。这些原则适用于所有类型的产品和组织，成为质量管理体系建立的理论基础。

质量管理的 8 项原则旨在帮助组织建立持续改进业绩的框架，提高组织质量管理的水平，使组织达到持续的成功。

(1) 以客户为关注焦点

组织依存于客户，因此，组织应当理解客户当前和未来的需求，满足客户要求并争取超越客户期望。

(2) 领导作用

领导者确立组织统一的宗旨及方向，他们应当创造并保持使员工能充分参与实现组织目标的内部环境。

(3) 全员参与

各级人员都是组织之本，只有他们的充分参与，才能使他们的才干为组织带来收益。

(4) 过程方法

将活动和相关的资源作为过程进行管理，可以更高效地得到期望的结果。

(5) 管理的系统方法

将相互关联的过程作为系统加以识别、理解和管理，有助于组织提高实现目标的有效性和效率。

(6) 持续改进

持续改进总体业绩应当是组织的一个永恒目标。

(7) 基于事实的决策方法

有效的决策是建立在数据和信息分析基础上的。

(8) 与供方互利的关系

组织与供方是相互依存的，互利的关系可增强双方创造价值的能力。

2) 质量管理的目标

质量管理的目标是指确定质量方针、目标和职责，并通过质量体系中的质量策划、控制、保证和改进来使其实现的全部活动，是产品特性的具体指标，因此，评价体系要有有效性、具体性、可操作性和可测量性。可测量性是指可以进行定性或定量的确定，可实施检查、进行比较、通过数据分析实施改进，不是空洞的口号。

质量管理目标应在各相关的职能和层次上加以展开，应在质量管理体系中建立一套质量目标系统，即组织应建立总的质量目标，再进行展开，建立各部门质量目标和各层次质量目标（如决策层、管理层、执行层），其目的是为了有效地实现质量方针，确保体系运行的有效性。

3）常用电子产品质量目标衡量指标

对于一个产品而言，获得客户满意的主要决定因素是产品特性符合客户期望并且无缺陷。如现代电子装联的产品是印制电路板组件，其产品特性主要由产品设计所保证，而无缺陷则主要由制造过程来保证。因此现代电子装联作为一个制造过程，其质量高低的要素是缺陷，质量目标是无缺陷或者零缺陷。根据制造过程的特点和行业惯例，现代电子产品生产质量目标衡量指标通常有以下几个：

（1）直通率

直通率也称首次通过率(First Time Yield，FTY)，指在某个时间段首次通过生产线的印制电路板组件合格率，用百分比表示，即

$$FTY=(\text{通过检查的 PCBA 数}/\text{检查的 PCBA 总数})\times 100\%$$

直通率是对测试结果进行统计的一个指标，反映了材料、工艺的综合质量。它是一个以时间为单位、以不合格产品为缺陷单位进行统计的数据。

（2）焊点不良率

焊点不良率一般用百万焊点中的不良焊点数(PPM)表示，即

$$\text{焊点不良率}=\frac{\sum d_t}{\sum O_t}\times 10^6$$

式中，$\sum d_t$为焊点缺陷数；$\sum O_t$为总焊点数。

焊点不良率是针对不符合要求的焊点进行统计的一个指标，反映了电子产品生产的质量。它不需要对各工序进行缺陷统计和对焊点缺陷原因进行甄别，比较简单，易于操作。但另一方面，它不能完全反映组装全过程各工序的控制水平，不能从过程数据中提取到各工序的每百万机会缺陷率(DPMO)数据，不利于过程的改进。

（3）每百万机会缺陷率(DPMO)

一般用制造过程每百万机会缺陷数表示。根据 IPC－7912 的定义，DPMO 可以用下式表示：

$$DPMO=\frac{\sum d_s+\sum d_p++\sum d_t}{\sum O_s+\sum O_p+\sum O_t}\times 10^6$$

式中，$\sum d_s$为焊膏印刷缺陷数（以印刷缺陷的板数计）；$\sum d_p$为贴片缺陷数（以贴装缺陷的元件数计）；$\sum d_t$为焊点缺陷数（以焊点缺陷数计）；$\sum O_s$为焊膏印刷缺陷机会数（以印刷板数计）；$\sum O_p$为贴片机会数（以贴装元件数计）；$\sum O_t$为焊点机会数（以焊点数计）。

此方法将电子产品生产作为一个过程进行评价，数据的处理比较繁琐，需要收集各工序的工艺缺陷数据，并按照不重复统计的原则进行计算。DPMO 能够真实地反映工艺的控制水平。

对于现代电子产品生产而言，具体质量目标可以技术、市场、行业标杆、历史数据为基础，结合自身质量方针要求和实际情况确定。

8.2.3　质量保证

质量保证(Quality Assurance)是指为使人们确信某一产品、过程或服务的质量所必需的全部有计划有组织的活动。也可以说是为了提供信任表明实体能够满足质量要求,而在质量体系中实施并根据需要进行证实的全部有计划和有系统的活动。

1993年9月1日开始施行的《中华人民共和国产品质量法》明确规定,我国将按照国际通行做法推行产品质量认证制度和质量体系认证制度。无论是产品质量认证还是质量体系认证,取得认证资格都必须具备一个重要的条件,即企业要按国际通行的质量保证系列标准(ISO 9000)建立适合本企业具体情况的质量体系,并使其有效运行。

取得质量认证资格,对企业生产经营有以下作用:

(1) 提高质量管理水平。

(2) 扩大市场需求,不断增加收益。

(3) 保护企业的合法权益。

(4) 免于其他监督检查。

因此,质量保证就是按照一定的标准生产产品的承诺、规范、标准。由国家质量技术监督局提供产品质量技术标准,即生产材料、生产工艺,检验流程,包装及包装容量多少、运输及贮存中注意的问题,产品要注明生产日期、厂家名称、地址等,经国家质量技术监督局批准这个标准后,公司才能生产产品。国家质量技术监督局会按这个标准检测生产出来的产品是否符合标准要求,以保证产品的质量符合社会大众的要求。

质量保证的关键是提供信任,提供信任的对象对内是管理者,对外是客户;对内或对外提供产品质量保证文件、过程监控记录、质量手册或认证证书。质量保证一般有两个方面的含义:一是组织在产品质量方面对客户所作的一种担保,具有"保证书"的含义,这一含义还可引申为上道工序对下道工序提供的质量担保;二是组织为了提供信任所开展的一系列质量保证活动,这种活动对内来说是有效的质量控制活动,对外来说是提供依据以证明企业质量管理工作实施的有效性,以达到使人确信其质量的目的。因此,质量保证包括取信于企业领导的内部质量保证和取信于客户的外部质量保证。

质量保证是采取措施,以确保产品或服务的生产和设计符合性能要求。其中质量控制包括原材料、部件、产品和组件的质量监管,生产和检验流程,或与生产相关的服务和管理。质量控制是为了达到规定的质量要求所开展的一系列活动,而质量保证是提供客观证据证实已经达到规定质量要求的各项活动,并取得客户和相关方面的信任。因此有效地实施质量控制是质量保证的基础。

8.2.4　质量控制

质量控制作为质量管理的一部分,主要是为了达到质量目标和防止发生不利的变化,对质量形成的过程进行监视、检测,并排除过程中影响质量的各种原因,以达到要求所采取的活动。

1) 质量控制过程

质量控制主要包括:确定控制对象,规定控制标准,制定控制方法,明确检验方法,进行检验,检讨差异,改善等内容。因此,质量控制过程是一个反馈环过程,如图 8－6 所示。它包括下列步骤:

(1) 针对某个要控制的过程确定测量手段。

(2) 对实际过程进行测量。

(3) 确定绩效标准。

(4) 将过程测量结果与目标进行比较,得出结论。

(5) 根据比较的结论,采取控制措施对过程进行控制。

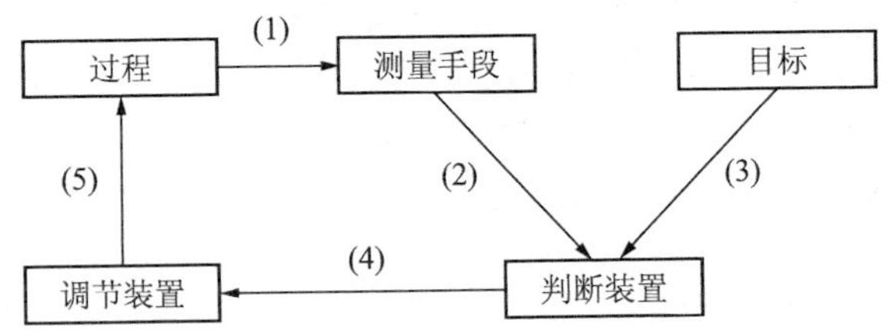

图 8－6　质量控制过程反馈环

在现代电子产品生产中,可制造性设计、工艺试制、工艺监控、物料管理和现场管理是质量控制的 5 个核心方面,按照科学化、规范化、精细化的原则,对影响质量的因素进行管理和控制。如图 8－7 所示,为现代电子装联质量控制体系,可以从工艺规范体系、工艺管理体系和质量评价体系三个方面进行质量管理与控制。

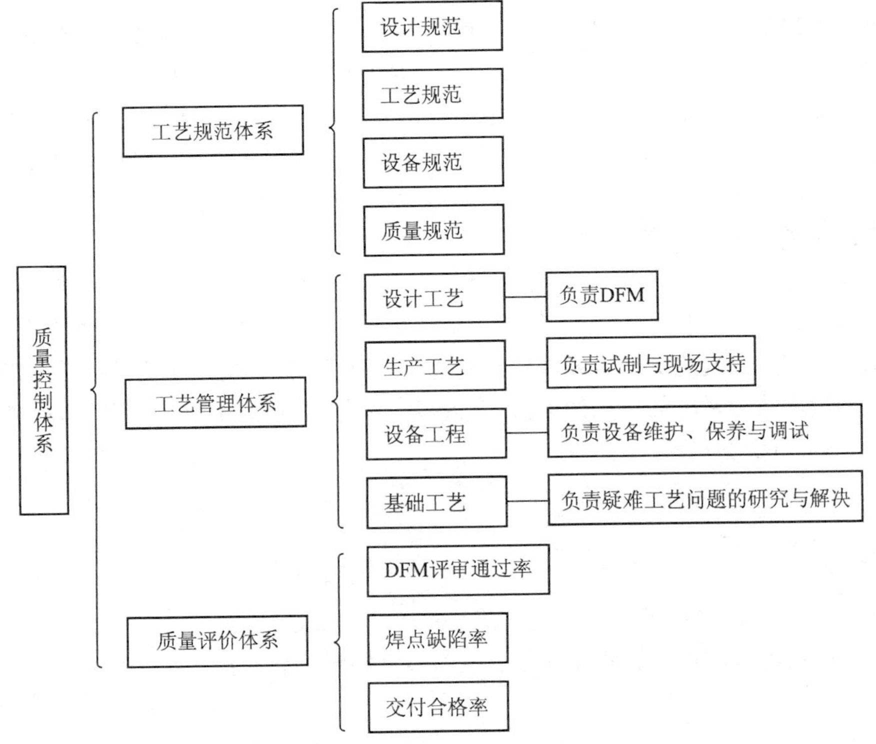

图 8－7　现代电子装联质量控制体系

2）质量控制对象

对于电子产品生产过程来说，质量控制的对象是影响产品质量的人、机、料、法、环 5 大因素。

（1）人

有资格能胜任工作的人员（包括人员对质量的认识、技术熟练程度、身体状况等）。

（2）机

必需的机器设备（包括设备、测试仪器、制造工装的精度和维护保养状况等）。

（3）料

能保证合格质量的必要物料（包括元器件、PCB、工艺材料的成分、物理性能、化学性能、工艺性能等）。

（4）法

质量形成过程中的质量作业文件（包括制造工艺、制造工装选择、操作规程、测量方法等）。

（5）环

合适的生产环境，包括工作地的温度、湿度、照明和清洁条件等。

对这些因素在生产过程中建立测量系统及标准，再将实际测量的结果与标准对比，就可以发现问题，控制这些因素的波动，使生产过程中的产品保持在符合要求的范围内。上述整个循环就形成了生产过程的质量控制过程。

8.2.5　质量改进

质量改进（Quality Improvement）是指为向本组织及其顾客提供增值效益，在整个组织范围内所采取的提高活动和过程的效果与效率的措施。质量改进是消除系统性的问题，对现有的质量水平在控制的基础上加以提高，使质量达到一个新水平、新高度。

质量改进的步骤本身是一个 PDCA 循环，即计划（Plan）、实施（Do）、检查（Check）、处置（Action）。4 个阶段内容如下：制定方针、目标、计划书、管理项目等；按计划去做，落实具体对策；实施了具体对策后，验证其效果；总结成功的经验，实施标准化，以后可以按该标准进行。对于没有解决的问题，转入下一轮 PDCA 循环解决，为制定下一轮改进计划提供资料。

质量改进是由企业各部门内部人员对现有过程进行渐进的持续改进活动的过程。要按照一定的规则进行，否则会影响改进的成效，甚至会徒劳无功。

通常质量问题分为偶发性质量问题和系统性质量问题。

偶发性质量问题又称急性的、短期的质量问题，是指生产现场突然出现质量失控状态，致使产品质量恶化，因而需要通过“治疗”使之恢复原状。由于偶然性质量问题的原因明显，对产品的影响大，因此这类问题比较容易受到重视，常常是以强有力的措施，迅速地进行恢复原状的补救。

系统性质量问题又称慢性的、长期的质量问题，需要通过“诊治”使之改变原状。这个过程就是质量改进。

质量改进是提升制造过程质量保证能力和质量水平的重要手段。现代电子装联质量改进遵循质量改进基本方法，典型的方法主要有 PDCA(戴明环)法、逐个项目法和 Sigma 法。

8.3 电子产品生产质量管理

8.3.1 概述

电子产品生产质量管理是围绕其质量目标所开展的各种质量活动。电子产品生产质量管理从体系层面上遵循现代质量管理模式，以质量方针和目标为纲，通过对电子产品生产过程的质量保证、质量控制和质量改进，持续提升质量水平，以满足客户期望。

电子产品生产作为一个系统过程，具有技术密集、知识密集、设备投资大、技术难度高等特点，其质量状态既涉及复杂工艺、过程，又涉及众多影响因素，产品质量受到整个过程中每个环节和因素的综合影响。预防为主是电子产品生产质量管理的核心理念，对电子产品进行质量管理是保证将这一管理理念贯彻到生产制造过程中。图 8－8 所示为电子产品的生产管理过程，从订单开始，经过采购、生产过程，通过产品交付形成整个制造过程，测量、分析、改进及其面对过程的管理形成了制造过程的质量保证体系，而质量管理体系持续改进可以提升整个系统的能力。

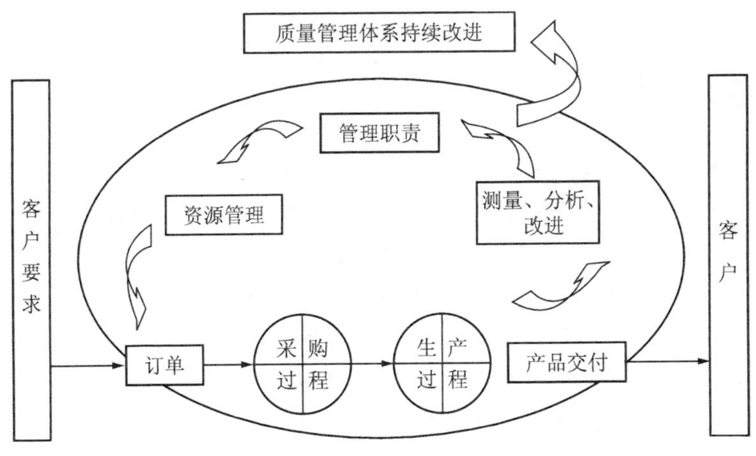

图 8－8　电子产品生产质量管理过程

电子产品生产质量管理具有以下特点：

(1) 电子产品安装形态迅速发展。随着现代科学技术日新月异的发展，现代电子产品的安装结构也迅速朝着高密度、微型化、三元堆叠和系统集成方向发展，这些对电子产品生产质量管理提出了新的挑战。

(2) 现代电子产品系统的制造过程融合了诸多学科的专业知识和先进的工艺。

(3) 电子产品装接互连方法多样，质量要求越来越高。如现代电子产品装联的质量控制的核心目标就是要确保连接点(诸如焊接点、压接点、绕接点、导电胶接点)的连接可靠性，采用软钎接、压接、绕接和导电胶接等互连方法。但这些连接点的可视性差，接点微小，不易检测，因此在生产过程中要加强质量管理，以满足产品的要求。

① 贯彻预防为主的原则：变事后被动检验为事先就对将会发生的各种缺陷进行预测，将影响产品质量的各种不良因素消灭在生产开始之前。

② 从系统工程观点解决问题：由于现代电子产品所需专业技术知识大量扩张，产品生产中出现的一些怪异质量现象的解决难度大幅增加，许多质量问题的最终解决，都必须将其放进一个大系统中去，再运用系统工程的方法来分析、判断，最终才能获得较好的解决效果。

③ 加强制造过程的管理：加强工序质量管理，减少返修和报废，节能减排，最大限度地降低产品的生产成本和对环境的影响，使其最大限度地符合甚至超过设计目标，提高产品制造的可靠性。

8.3.2 电子装配的质量管理

1）原材料质量管理

原材料质量管理要本着先入先出的原则，即先发放离到期时间最近的原材料。

2）生产工艺质量管理

产品质量形成过程中，为了保证质量，必须制定工艺方案，验证工序能力，进行生产过程的控制、质量检验和验证、不合格品的纠正。

由于自动焊接生产线环节很多，涉及方方面面的内容，围绕设备管理范围，应重点抓好丝印机、贴片机和回流炉等设备的监控。

丝印焊膏的效果会直接影响贴片及焊接的效果，尤其是对于细间距元件的影响更为显著。首先要调好焊膏，设置好丝印机的压力、精度、速度、间隙、位移和补偿等各参数，综合效果达到最佳后，稳定工艺设置，投入批量生产。

贴片质量，特别是高速 SMT 生产线贴片机的质量水平十分关键，出现一点问题，就会产生极其严重的后果，贴片程序编制要准确合理，元器件贴放位置、顺序，料站排布，路径安排要尽可能准确、合理，好的程序会在提高贴片效率及合格率，降低设备磨损和元件消耗等方面有显著效果。在进行程序试运行，确认送料元件的正确性后，进行第一块 PCB 贴装，并安排专人全数检查，我们称之为一号机确认，要全面检查位置与参数、极性与方向、位置偏移量、贴装元件是否有损伤等项目。检查合格后，开始投入批量生产。在生产中要加强生产过程的质量监控和质量反馈。

随着生产中元器件不断补充上料和贴片程序的完善调整，会有许多机会可能造成误差而产生质量事故，应建立班前检查和交接班制度，并做到每次换料的自检互检，杜绝故障的隐患。同时要加强 SMT 系统的质量反馈，后道工序发现的问题及时反馈到故障机，及时处理，减少损失。

3）成品过程工艺质量管理

在生产过程中，基板的定位精度，基板制造程序、基板的大小、探针的类型都是影响探测可靠性的因素。

(1) 精确的定位孔。在基板上设定精确的定位孔，定位孔误差应在 0.05 mm 以内，至少设置两个定位孔，且不能对称放置，距离越远越好。定位孔应采用非金属化材料，以防止焊锡镀层的增厚而不能达到公差要求。定位孔环状周围 3.2 mm 以内不可有元器件或测试点。

(2) 测试点的直径不小于 0.4 mm,相邻测试点的间距不要小于 1.27 mm,最好在 2.54 mm 以上。

(3) 在测试面放置的元件高度不得超过 6.4 mm,以免在线测试夹具探针与测试点的接触不良,且测试点周围 1.0 mm 以内不应放置元器件,避免探针和元器件碰击断路。

(4) 测试点应远离 PCB 边缘 4 mm,这 4 mm 通常在输送带式的生产设备与 SMT 设备中被夹具夹持使用。

(5) 所有探测点最好镀锡或选用质地较软、易贯穿、不易氧化的金属传导物,以保证可靠接触,延长探针的使用寿命。

4) 其他质量管理

其他质量管理包括产品的搬运和存储条件、售后服务、收集信息和质量跟踪、测试工艺质量等。

8.4 质量管理体系认证

8.4.1 质量认证

1) 质量认证的概念

质量认证也叫合格评定,是国际上通行的管理产品质量的有效方法。质量认证按认证的对象分为产品质量认证和质量体系认证两类;按认证的作用可分为安全认证和合格认证。产品质量认证是指依据产品标准和相应技术要求,经认证机构确认并通过颁发认证证书和认证标志来证明某一产品符合相应标准和技术要求的活动。

质量体系认证的对象是一个组织的质量体系,或者说是一个组织的质量保证能力。产品质量认证的对象是特定产品包括服务。认证的依据或者说获准认证的条件是产品(服务)质量要符合指定标准的要求,质量体系要满足指定质量保证标准要求。证明获准认证的方式是颁发产品认证证书和认证标志,认证标志可用于获准认证的产品上。产品质量认证又有两种:一种是安全性产品认证,它通过法律、行政法规或规章规定强制执行认证;另一种是合格认证,属自愿性认证,是否申请认证,由企业自行决定。质量体系认证的根据或者说获准认证的条件,是企业的质量体系应符合申请的质量保证标准即 GB/T 19001—ISO 9001 或GB/T 19002—ISO 9002 或 GB/T 19003—ISO 9003 和必要的补充要求。不论是产品质量认证还是质量体系认证都是第三方从事的活动,确保认证的公正性。

2) 质量体系认证的特点

质量体系认证又称质量体系评价与注册。这是指由权威的、公正的、具有独立第三方法人资格的认证机构(由国家管理机构认可并授权的)派出合格审核员组成的检查组,对申请方质量体系的质量保证能力依据三种质量保证模式标准进行检查和评价,对符合标准要求者授予合格证书并予以注册的全部活动。

独立的第三方质量体系认证诞生于 20 世纪 70 年代后期,它是从产品质量认证中演变出来的。质量体系认证具有以下特点:

(1) 认证的对象是供方的质量体系

质量体系认证的对象不是该企业的某一产品或服务，而是质量体系本身。当然，质量体系认证必然会涉及该体系覆盖的产品或服务，有的企业申请包括企业各类产品或服务在内的总的质量体系的认证，有的申请只包括某个或部分产品(或服务)的质量体系认证。尽管涉及产品的范围有大有小，而认证的对象都是供方的质量体系。

(2) 认证的依据是质量保证标准

进行质量体系认证，往往是供方为了对外提供质量保证的需要，故认证依据是有关质量保证模式标准。为了使质量体系认证能与国际做法达到互认接轨，供方最好选用 ISO 9001、ISO 9002、ISO 9003 标准中的一项。

(3) 认证的机构是第三方质量体系评价机构

要使供方质量体系认证具有公正性和可信性，认证必须由与被认证单位(供方)在经济上没有利害关系，行政上没有隶属关系的第三方机构来承担。而这个机构除必须拥有经验丰富、训练有素的人员，符合要求的资源和程序外，还必须以其优良的认证实践来赢得政府的支持和社会的信任，具有权威性和公正性。

(4) 认证获准的标识是注册和发给证书

按规定程序申请认证的质量体系，当评定结果判为合格后，由认证机构对认证企业给予注册和发给证书，列入质量体系认证企业名录，并公开发布。获准认证的企业，可在宣传品、展销会和其他促销活动中使用注册标志，但不得将该标志直接用于产品或其包装上，以免与产品认证相混淆。注册标志受法律保护，不得冒用与伪造。

(5) 认证是企业自主行为

产品质量认证，可分为安全认证和质量合格认证两大类，其中安全认证往往属于强制性的认证。质量体系认证，主要是为了提高企业的质量信誉和扩大销售量，一般是企业自愿、主动地提出申请，是属于企业自主行为。但是不申请认证的企业，往往会受到市场自然形成的不信任压力或贸易壁垒的压力，而迫使企业不得不争取进入认证企业的行列，但这不是认证制度或政府法令的强制作用。

3) 质量认证的步骤

质量认证一般要经过两个阶段：一是认证的申请和评定阶段，其主要任务是受理并对接受申请的供方质量体系进行检查评价，决定能否批准认证和予以注册，并颁发合格证书。二是对获准认证的供方质量体系进行日常监督管理阶段，目的是使获准认证的供方质量体系在认证有效期内持续符合相应质量体系标准的要求。质量认证步骤如图 8－9 所示，主要包括：

(1) 申请

认证申请的提出和认证申请的审查与批准。

(2) 检查与评定

包括文件审查、现场检查前的准备、现场检查与评定、提出检查报告。

(3) 审批与注册发证

审批与注册发证。

(4) 获准认证后的监督管理

供方通报、监督检查、认证暂停或撤销、认证有效期的延长。

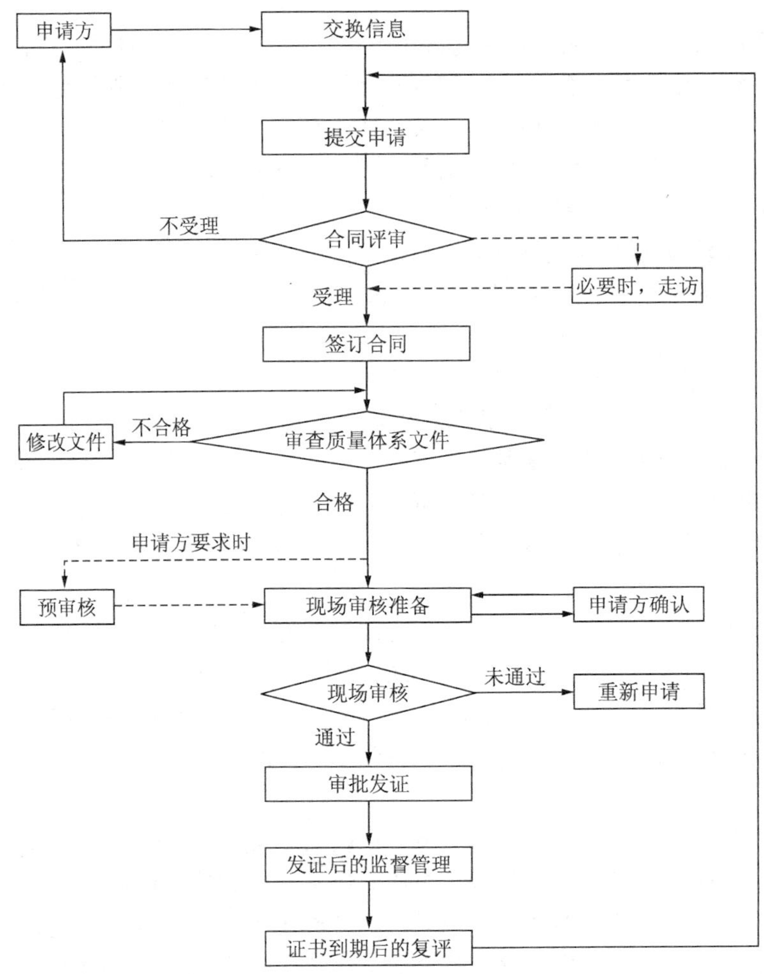

图 8－9　质量认证的步骤

为了顺利通过认证，企业主要应做好两方面的工作：一是建立健全质量保证体系；二是做好与体系认证直接有关的各项工作。关于建立质量保证体系，仍应从质量职能分配入手，编写质量保证手册和程序文件，贯彻手册和程序文件，做到质量记录齐全。与体系认证直接有关的各项工作主要包括以下几个方面：

① 全面策划、编制体系认证工作计划。

② 掌握信息，选择认证机构。

③ 与选定认证机构洽谈，签订认证合同或协议。

④ 送审质量保证手册。

⑤ 做好现场检查迎检的准备工作。

⑥ 接受现场检查，及时反馈信息。

⑦ 对不符合项组织整改。

⑧ 通过体系认证取得认证证书。

⑨ 防止松劲思想不能倒退，继续健全质量体系。

⑩ 进行整改，迎接跟踪检查。

企业取得质量体系认证的关键是领导重视、正确的策划以及部门和全体员工的积极参与。

认证过程是典型的 PDCA 循环。事先必须拟定认证计划。认证实施之后，认证机构的内部还要对认证报告和结果进行评估和审核，确保结果的准确。之后针对审核中出现的问题，对审核过程进行必要的改进。

当认证证书颁发之后，认证机构还应在不超过 10 个月时间内对获得质量管理体系认证证书的组织实行监督审核（现场审核），这也是认证的组成部分。参加认证的审核员必须参加专门的培训，经过考试，获得 CNAT（中国认证人员与培训机构国家认可委员会）颁发的审核员证书。

8.4.2 产品强制认证

产品质量除了自愿性的质量认证外，还有一种是安全性产品认证，它通过法律、行政法规或规章规定强制执行认证，以保护广大消费者人身和动植物生命安全、保护环境、保护国家安全，它要求产品必须符合国家标准和技术法规。强制性产品认证通过制定强制性产品认证的产品目录和实施强制性产品认证程序，对列入目录中的产品实施强制性的检测和审核。凡列入强制性产品认证目录内的产品，没有获得指定认证机构的认证证书，没有按规定加施认证标志，一律不得进口、出厂销售和在经营服务场所使用。

1) 3C 认证

3C 认证（China Compulsory Certification，CCC）也就是“中国强制认证”。3C 认证的标志如图 8－10 所示。3C 认证是国务院授权的国家认证认可监督管理委员会根据《强制性产品认证管理规定》（中华人民共和国国家质量监督检验检疫总局令第 5 号）制定的。因此，国家认证认可监督管理委员会是负责管理全国强制性产品认证工作的机构，其主要职能是：强制性产品认证制度建立和实施；拟定、调整目录并与国家质检总局共同对外发布；拟定和发布目录内产品认证实施规则；制定并发布认证标志，确定强制性产品认证证书的要求；指定承担认证任务的认证机构、检测机构和检查机构；指导地方质检机构对强制性产品认证违法行为的查处等。

图 8－10 3C 认证的标志

强制性产品认证工作由国家认证认可监督管理委员会指定的认证机构负责认证的具体实施，并对认证结果负责；地方质检部门对列入目录内的产品实施监督；生产者、销售者和进口商以及经营服务场所的使用者对生产、销售、进口、使用的产品负责；国家认证认可监督管理委员会指定的标志发放管理机构负责发放强制性认证标志。

(1) 3C 认证规定

① 按照世界贸易组织有关协议和国际通行规则，国家依法对涉及人类健康安全、动植物生命安全和健康以及环境保护和公共安全的产品实行统一的强制性产品认证制度。

② 国家强制性产品认证制度是由国家公布统一的目录，确定统一适用的国家标准、技术规则和实施程序，制定统一的标志标识，规定统一的收费标准。凡列入强制性产品认证目录内的产品，必须经国家指定的认证机构认证合格，取得相关证书并加施认证标志后，方能

出厂、进口、销售和在经营服务场所使用。

③ 根据中国加入世界贸易组织承诺和体现国民待遇的原则,《第一批实施强制性产品认证的产品目录》(以下简称《目录》)覆盖的产品以原来的进口安全质量许可制度和强制性安全认证及电磁兼容认证产品为基础并作了适量增减,列入《目录》的强制性认证产品共有132种。

④ 国家对强制性产品认证使用统一的“CCC”标志。中国强制认证标志实施以后,将逐步取代原来实行的“长城”标志和“CCIB”标志。

⑤ 新的强制性产品认证制度于2002年5月1日起实施,有关认证机构正式开始受理申请。为保证新旧制度顺利过渡,原有的产品安全认证制度和进口安全质量许可制度自2003年8月1日起废止。

(2) 认证的基本程序

包括认证申请和受理、资料审查、样品接收、样品试验、工厂审查、合格评定和批准、获得认证后的监督。

(3) 3C认证的种类

目前的3C认证标志分为4类,分别为CCC+S(安全认证标志)、CCC+EMC(电磁兼容类认证标志)、CCC+S&E(安全与电磁兼容认证标志)、CCC+F(消防认证标志)。这4类标志每类都有大小5种规格,一般贴在产品上面或通过模压压在产品上。

2) CE认证

CE(Conformite Europeenne)标志是一种安全认证标志,是欧盟法律对产品提出的一种强制性要求,其意义在于加贴CE标志的产品符合有关欧洲指令规定的主要要求(Essential Requirements),并用以证实该产品已通过了相应的合格评定程序和(或)制造商的合格声明。凡是贴有CE标志的产品表明产品符合欧盟《技术协调与标准化新方法》指令的基本要求,就可以在欧盟各成员国内销售,无须符合每个成员国的要求,从而实现了商品在欧盟成员国范围内的自由流通。没有CE标志的,不得上市销售;已加贴CE标志进入市场的产品,发现不符合安全要求的,要责令从市场收回;持续违反指令有关CE标志规定的,将被限制或禁止进入欧盟市场或被迫退出市场。

CE认证分为32个指令,每个指令被欧盟授权的认证机构都有数家,可以选择其中的一家进行申请。凡是属于强制性需要notified body参与的产品,必须向欧盟授权的认证机构申请;属于工厂内部质量控制的产品,为了增强公信力,建议向欧盟授权认证机构申请,欧盟也允许工厂通过自我宣告的方式签署DOC后粘贴CE标记,比如LVD、EMC指令。

(1) CE标志

CE认证产品的接受对象为欧盟或负责实行市场产品安全控制的国家监管当局,而非客户。当一个产品已加贴CE标志后,成员国负责销售安全监督的当局应假定其符合指令主要要求,可在欧盟市场自由流通。CE标志是安全合格标志而非质量合格标志。图8-11为CE标志。

图8-11 CE标志

CE认证确保了产品必须不妨碍健康、不危及环境及消费者安全才可以在市场上流通。在某个欧盟国家合法上市的产品,也可在其他成员国销售。制造商可按下列主要步骤操作:

① 根据关于使用CE标志应通过何种合格评定模式的要求、合格评定的原则和93/

465/EEC 号理事会指令，在 8 种认证模式中选取合适的模式。

② 根据指令要求采取自我评定或申请第三方评定或强制申请欧盟通知程序认可认证机构评定后，编制制造商自我评定的一致性声明和(或)认可认证机构的 CE 证书，作为可以或准许使用 CE 标志的前提条件。

③ 由制造商按有关指令规定在通过规定模式的合格评定后，自行制作或加附 CE 标志及有关指令规定的附加信息。

④ 有关指令规定应在 CE 标志部位接着加附认可认证机构的识别编号时，由执行合格评定的认可认证机构自行加附，或授权制造商或其在欧盟的代理商负责加附。对特别危险的产品及指令中规定由强制性认可认证机构进行产品样品试验和(或)质量体系认可的产品，均应先取得评定认可，才能获准使用 CE 标志。

(2) CE 认证流程

① 确定产品符合的指令和协调标准：欧盟协调标准就是用来指导产品满足指令基本要求的详细技术文件。每个指令分别覆盖了不同范围的产品的基本要求。若超过 20 个指令覆盖的产品则需要加贴 CE 标志。

② 确定产品应符合的详细要求：产品必须保证满足欧盟相关法律的基本要求，并满足其所适用的所有协调标准的要求，才被视为符合相关的基本要求。是否适用协调标准完全是自愿的，企业也可以选择其他方式来满足相应的基本要求。

③ 确定产品是否需要公告机构参与检验：每个产品所涉及的每一个指令都对是否需要由第三方公告机构来参与 CE 的审核有详细的规定。并不是所有产品都强制要求通过公告机构认证，所以确定是否真的需要公告机构参与是非常重要的。这些公告机构都是由欧盟委员会授权的，并在 NANDO(新方法指令公告机构及指定机构)的档案中有详细的清单。

④ 测试产品并检验其符合性：制造商有责任对产品进行测试并且检查其是否符合欧盟法规(符合性评估流程)，风险评估是评估流程中的基础规则，满足了欧盟相关协调标准的要求后，才有可能满足欧盟官方法规的基本要求。

⑤ 起草并保存指令要求的技术文件：制造商必须根据产品所符合指令的要求及风险评估的需要，建立产品的技术文件(TCF)。如果相关授权部门要求，制造商须将技术文件及 EC 符合性声明(EC Declaration of Conformity)一起提交检查。

⑥ 在产品上加贴 CE 标志并做 EC 符合性声明：CE 标志必须由制造商或其授权代表加贴在产品上。CE 标志必须按照其标准图样，清楚且永久地贴在产品或其铭牌上。如果公告机构参与了产品的认证，则 CE 标志必须带有公告机构的公告号。制造商有义务起草 EC 符合性声明，并在其上签字以证明产品满足 CE 要求。

经过以上 6 个步骤，贴有 CE 标志的产品就可以在欧洲市场顺利流通了。

习题 8

1. 什么是质量管理体系？常见的质量管理体系有哪几种？
2. ISO 9000:2000 标准族有哪些标准？
3. 电阻器典型参数的标识方法有哪 4 种？
4. 简述一体化管理体系的内容。

5. 简述卓越绩效评价准则的要求。
6. 质量管理包括哪些内容?
7. 质量管理的原则与目标是什么?
8. 简述电子产品生产质量管理的特点。
9. 电子装配的质量管理主要有哪些?
10. 什么是质量管理体系认证?
11. 质量认证的主要内容是什么,如何申请质量认证?
12. 哪些类产品要强制认证?
13. 什么是3C认证? 3C认证有哪些规定?
14. 什么是CE认证? 简述CE认证的流程。

附　录

附录 1　电子设备装接工国家职业标准

1.1　职业概况

1）职业名称

电子设备装接工。

2）职业定义

使用设备和工具装配、焊接电子设备的人员。

3）职业等级

本职业共设五个等级，分别为：初级（国家职业资格五级）、中级（国家职业资格四级）、高级（国家职业资格三级）、技师（国家职业资格二级）、高级技师（国家职业资格一级）。

4）职业环境

室内、外，常温。

5）职业能力特征

具有较强的应用计算机能力和空间感、形体知觉。手臂、手指灵活，动作协调。色觉、嗅觉、听觉正常。

6）基本文化程度

初中毕业（或同等学力）。

7）培训要求

（1）培训期限

全日制职业学校教育，根据其培养目标和教学计划确定。晋级培训期限为：初级不少于 480 标准学时；中级不少于 360 标准学时；高级不少于 280 标准学时；技师不少于 240 标准学时；高级技师不少于 200 标准学时。

（2）培训教师

培训初、中、高级的教师应具有本职业技师职业资格证书或相关专业中级以上专业技术职务资格；培训技师的教师应具有本职业高级技师职业资格证书或相关专业高级专业技术职务任职资格；培训高级技师的教师应具有本职业高级技师职业资格证书三年以上或相关专业高级专业技术职务任职资格。

（3）培训场地设备

理论培训场地应具有可容纳 20 名以上学员的标准教室，并配备合适的示教设备。实际操作培训场所应具有标准、安全工作台及各种检验仪器、仪表等。

8）鉴定要求

（1）适用对象

从事或准备从事本职业的人员。

(2) 申报条件

——初级(具备以下条件之一者)

① 本职业初级正规培训达规定标准学时数,并取得结业证书。

② 在本职业连续从事或见习工作 2 年以上。

③ 本职业学徒期满。

——中级(具备以下条件之一者)

① 取得本职业初级职业资格证书后,连续从事本职业工作 3 年以上,经本职业中级正规培训达到规定标准学时数,并取得结业证书。

② 取得本职业初级职业资格证书后,连续从事本职业工作 5 年以上。

③ 连续从事本职业工作 7 年以上。

④ 取得经劳动保障行政部门审核认定,以中级技能为培养目标的中等以上职业学校本职业(专业)毕业证书。

——高级(具备以下条件之一者)

① 取得本职业中级职业资格证书后,连续从事本职业工作 4 年以上,经本职业高级正规培训达到规定标准学时数,并取得结业证书。

② 取得本职业中级职业资格证书后,连续从事本职业工作 7 年以上。

③ 取得高级技工学校或经劳动保障行政部门审核认定的,以高级技能为培养目标的高等职业学校本职业(专业)毕业证书。

④ 取得本职业中级职业资格证书的大专以上本专业或相关专业毕业生,连续从事本职业工作 2 年以上。

——技师(具备以下条件之一者)

① 取得本职业高级职业资格证书后,连续从事本职业工作 5 年以上,经本职业技师正规培训达规定标准学时数,并取得结业证书。

② 取得本职业高级职业资格证书后,连续从事本职业工作 8 年以上。

③ 取得本职业高级职业资格证书的高级技工学校本职业(专业)毕业生,连续从事本职业工作满 2 年。

——高级技师(具备以下条件之一者)

① 取得本职业技师职业资格证书后,连续从事本职业工作 3 年以上,经本职业高级技师正规培训达规定标准学时数,并取得结业证书。

② 取得本职业技师职业资格证书后,连续从事本职业工作 5 年以上。

(3) 鉴定方式

分为理论知识考试和技能操作考核。理论知识考试采用闭卷笔试方式,考试时间为 90 分钟,技能操作考核采用现场实际操作方式。理论知识考试和技能操作考核均实行百分制,成绩皆达 60 分以上者为合格。技师、高级技师还须进行综合评审。

(4) 考评人员与考生配比

理论知识考试考评人员与考生配比为 1∶20,每个标准教室不少于 2 名考评人员;技能操作考核考评员与考生配比为 1∶5,且不少于 3 名考评员。综合评审员不少于 5 人。

(5) 鉴定时间

理论知识考试时间不少于 90 分钟。技能操作考核:初级不少于 180 分钟;中级、高级、技师及高级技师不少于 240 分钟。综合评审时间不少于 30 分钟。

(6) 鉴定场所设备

理论知识考试在标准教室进行。技能操作考核在配备有必要的工具和仪器、仪表设备及设施，通风条件良好，光线充足，可安全用电的工作场所进行。

1.2　基本要求

1.2.1　职业道德

1) 职业道德基本知识

2) 职业守则

(1) 遵守国家法律、法规和有关规定。

(2) 爱岗敬业，具有高度责任心。

(3) 严格执行工作程序、工作规范、工艺文件、设备维护和安全操作规程，保质保量和确保设备、人身安全。

(4) 爱护设备及各种仪器、仪表、工具和设备。

(5) 努力学习，钻研业务，不断提高理论水平和操作能力。

(6) 谦虚谨慎，团结协作，主动配合。

(7) 听从领导，服从分配。

1.2.2　基础知识

1) 基本理论知识

(1) 机械、电气识图知识。

(2) 常用电工、电子元器件基础知识。

(3) 常用电路基础知识。

(4) 计算机应用基本知识。

(5) 电气、电子测量基础知识。

(6) 电子设备基础知识。

(7) 电气操作安全规程知识。

(8) 安全用电知识。

2) 相关法律、法规知识

(1)《中华人民共和国质量法》相关知识。

(2)《中华人民共和国标准化法》相关知识。

(3)《中华人民共和国环境保护法》相关知识。

(4)《中华人民共和国计量法》相关知识。

(5)《中华人民共和国劳动法》相关知识。

1.3 工作要求

本标准对初级、中级、高级、技师和高级技师的技能要求依次递进，高级别涵盖低级别的要求。

1）初级

表 F1－1 初级工要求

职业功能	工作内容	技能要求	相关知识
工艺准备	识读技术文件	① 能识读印制电路板装配图 ② 能识读工艺文件配套明细表 ③ 能识读工艺文件装配工艺卡	① 电子产品生产流程工艺文件 ② 电气设备常用文字符号
	准备工具	能选用电子产品常用五金工具和焊接工具	① 电子产品装接常用五金工具 ② 焊接工具的使用方法
	准备电子材料与元器件	① 能备齐常用电子材料 ② 能制作短连线 ③ 能备齐合格的电子元器件 ④ 能加工电子元件的引线	① 装接准备工艺常识 ② 短连线制作工艺 ③ 电子元器件直观检测与筛选知识 ④ 电子元器件引线成型与浸锡知识
装接与焊接	安装简单功能单元	① 能手工插接印制电路板电子元器件 ② 能插接短连线	① 印制电路板电子元器件手工插装工艺 ② 无源元件图形，晶体管、集成电路和电子管图形符号
	连线与焊接	① 能使用焊接工具手工焊接印制电路板 ② 能对电子元器件引线浸锡	电子产品焊接知识
检验与检修	检验简单功能单元	① 能检查印制电路板元件插接工艺质量 ② 能检查印制电路板元件焊接工艺质量	① 简单功能装配工艺质量检测方法 ② 焊点要求，外观检查方法
	检修简单功能单元	① 能修正焊接、插接缺陷 ② 能拆焊	① 常见焊点缺陷及质量分析知识 ② 电子元器件拆焊工艺 ③ 拆焊方法

2）中级

表 F1-2　中级工要求

职业功能	工作内容	技能要求	相关知识
工艺准备	识读技术文件	① 能识读方框图 ② 能识读接线图 ③ 能识读线扎图 ④ 能识读工艺说明 ⑤ 能识读安装图	① 电子元器件的图形符号 ② 整机的工艺文件 ③ 简单机械制图知识
	准备工具	① 能选用焊接工具 ② 能对浸锡设备进行维护保养	① 电子产品装接焊接工具 ② 焊接设备的工作原理
	准备电子材料与元器件	① 能对导线预处理 ② 能制作线扎 ③ 能测量常用电子元器件	① 线扎加工方法 ② 导线和连接器件图形符号 ③ 常用仪表测量知识
装接与焊接	安装简单功能单元	① 能装配功能单元 ② 能进行简单机械加工与装配 ③ 能进行钳工常用设备和工具的保养	① 功能单元装配工艺知识 ② 钳工基本知识 ③ 功能单元安装方法
	连线与焊接	① 能焊接功能单元 ② 能压接、绕接、铆接、粘接 ③ 能操作自动化插接设备和焊接设备	① 绕接技术 ② 粘接知识 ③ 浸焊设备操作工艺要求
检验与检修	检验简单功能单元	① 能检测功能单元 ② 能检验功能单元的安装、焊接、连线	① 功能单元的工作原理 ② 功能单元安装连线工艺知识
	检修简单功能单元	① 能检修功能单元安装中的焊点、扎线、布线、装配质量问题 ② 能修正功能单元布线、扎线	① 电子工艺基础知识 ② 功能单元产品技术要求

3）高级

表 F1-3　高级工要求

职业功能	工作内容	技能要求	相关知识
工艺准备	识读技术文件	① 能识读整机的安装图 ② 能识读整机的装接原理图、连线图、导线表	① 整机设计文件有关知识 ② 整机工艺文件
	准备工具	能选用特殊工具与安装	整机装配特殊工具知识
	准备电子材料与元器件	① 能测量特殊电子元器件 ② 能检测电子零部件	① 特殊电子元器件工作原理 ② 电子零部件的检测方法

续表 F1－3

职业功能	工作内容	技能要求	相关知识
装接与焊接	安装整机	① 能完成整机机械装配 ② 能安装特殊电子元器件 ③ 能检查整机的功能单元	① 整机安装工艺知识 ② 表面安装与微组装工艺
	连线与焊接	① 能完成整机电气连接 ② 能画整机线扎图 ③ 能加工特种电缆 ④ 能操作自动化贴片机 ⑤ 能简单维修自动化装接设备	① 绝缘电线、电缆型号和用途 ② 整机电气连接工艺 ③ 自动化焊接设备知识
检验与检修	检验整机	① 能检验整机装接工艺质量 ② 能检测功能单元质量	① 整机装接工艺 ② 整机工作原理
	检修整机	① 能检修特种电缆 ② 能检修整机出现的工艺质量问题	整机维修方法

4）技师

表 F1－4　技师要求

职业功能	工作内容	技能要求	相关知识
工艺准备	编制技术文件	① 能对样机进行工艺分析 ② 能在试生产阶段提出工艺改进建议	① 复杂整机设计文件有关知识 ② 复杂整机工艺文件 ③ 复杂整机装接工艺
	准备电子材料与元器件	① 能备齐复杂整机装配用各种电子材料 ② 能备齐复杂整机装配所需各种电子元器件 ③ 能使用仪表检测特殊电子元器件	① 整机装配准备工艺知识 ② 新型电子元器件工作原理 ③ 仪器、仪表检测方法
装接与焊接	安装复杂整机*	① 能检测复杂整机的功能部件 ② 能安装复杂整机 ③ 能完成试制样机的安装	① 复杂整机装配工艺 ② 机械安装工艺
	连线与焊接	① 能完成复杂整机的电气连线 ② 能完成试制整机的电气连线 ③ 能焊接新型电子元器件 ④ 能使用电子产品专用检测台	① 复杂整机工作原理 ② 电子产品安装与焊接新工艺 ③ 专用检测设备检测原理
检验与检修	检验复杂整机	能检验复杂整机装接过程中出现的工艺质量问题	复杂整机产品检验技术
	检修复杂整机	能处理复杂整机装接过程中出现的工艺质量问题	① 复杂整机产品检验技术 ② 复杂整机产品工作原理

续表 F1-4

职业功能	工作内容	技能要求	相关知识
培训与管理	培训	① 能编写电子产品装接工艺技术培训计划 ② 能在整个电子产品生产过程中知道初、中、高级人员的工艺操作	① 本专业教学培训大纲 ② 职业技术指导方法
	质量管理	① 能发现生产过程中出现的工艺质量问题 ② 能制定各工序工艺质量控制措施	① 生产现场工艺管理技术 ② ISO 9000 质量体系

5）高级技师

表 F1-5　高级技师要求

职业功能	工作内容	技能要求	相关知识
工艺准备	编制技术文件	能在产品设计制造全程参与工艺文件的编制	电子工业产品工艺编制的方法与程序
	准备电子材料与元器件	① 能备齐大型设备系统或复杂整机样机的装配用各种电子材料 ② 能备齐大型设备系统或复杂整机样机装配用各种电子元器件 ③ 能为特殊装接工艺设备准备辅助材料	特殊装接工艺设备使用基础
装接与焊接	安装大型设备系统或复杂整机样机	① 能检测大型设备系统或复杂整机样机的功能模块设备 ② 能安装大型设备系统或复杂整机样机	大型设备系统或复杂整机样机安装工艺技术
	连线与焊接	① 能装接大型设备系统或复杂整机样机的电气连线 ② 能组织协调大型设备系统或复杂整机样机的车间装接和流水线生产 ③ 能使用特殊装配工艺设备 ④ 能常规保养装配工艺设备	① 大型设备系统或复杂整机样机工作原理 ② 电子束焊接原理 ③ 等离子弧焊原理 ④ 激光焊接原理
检验与检修	检验大型设备系统或复杂整机样机	① 能检验大型设备系统或复杂整机样机安装的工艺质量问题 ② 能检测新型特殊电子元器件 ③ 能根据工艺要求搭建检测环境	① 大型设备系统或复杂整机样机安装工艺质量标准 ② 新型电子元器件工作原理 ③ 电子产品检测技术
	检修大型设备系统或复杂整机样机	能处理大型设备系统或复杂整机样机安装过程中出现的工艺问题	大型设备系统或复杂整机样机安装工艺技术

续表 F1－5

职业功能	工作内容	技能要求	相关知识
培训与管理	培训	① 能编写电子产品装接工艺技术培训讲义 ② 能在电子产品制造全程指导本职业初、中、高级人员及技师的实际工艺操作	职业培训教学方法
	质量管理	① 能分析电子产品生产过程中出现的工艺质量问题 ② 能在电子产品生产过程中实施工艺质量控制管理	电子产品技术标准
	生产管理	① 能协调生产调度部门优化电子产品生产工艺流程 ② 能管理电子设备安装工艺活动	生产管理基本知识

1.4 比重表

1）理论知识

表 F1－6 理论知识比重

项目			初级(%)	中级(%)	高级(%)	技师(%)	高级技师(%)
基本要求		职业道德	5	5	5	5	
		基础知识	20	20	20		
相关知识	工艺准备	识读技术文件	5	5	5		
		编制工艺文件				10	5
		准备工具	5	5	5		
		准备电子材料与元器件	10	10	10	10	10
	装接与焊接	安装简单功能单元	10				
		连线与焊接	30				
		安装功能单元		10			
		连线与焊接		30			
		安装整机			10		
		连线与焊接			30		
		安装复杂整机				10	
		连线与焊接				30	
		安装大型设备系统或复杂整机样机					10
		连线与焊接					30

续表 F1-6

项目			初级(%)	中级(%)	高级(%)	技师(%)	高级技师(%)
相关知识	检验与检修	检验简单功能单元	5				
		检验功能单元		5			
		检验整机			5		
		检验复杂整机				5	
		检验大型设备系统或复杂整机样机					5
		检修简单功能单元	10				
		检修功能单元		10			
		检修整机			10		
		检修复杂整机				10	
		检修大型设备系统或复杂整机样机					10
	培训与管理	培训				10	10
		质量管理				10	10
		生产管理					10
合计			100	100	100	100	100

2）技能操作

表 F1-7　技能操作比重

项目		初级(%)	中级(%)	高级(%)	技师(%)	高级技师(%)
工艺准备	识读技术文件	5	5	5		
	编制工艺文件				5	5
	准备工具	10	10	10		
	准备电子材料与元器件	10	10	10	10	10
装接与焊接	安装简单功能单元	20				
	连线与焊接	40				
	安装功能单元		20			
	连线与焊接		40			
	安装整机			20		
	连线与焊接			40		
	安装复杂整机				10	
	连线与焊接				40	
	安装大型设备系统或复杂整机样机					10
	连线与焊接					40

续表 F1-7

项目		初级(%)	中级(%)	高级(%)	技师(%)	高级技师(%)
检验与检修	检验简单功能单元	5				
	检验功能单元		5			
	检验整机			5		
	检验复杂整机				5	
	检验大型设备系统或复杂整机样机					5
	检修简单功能单元	10				
	检修功能单元		10			
	检修整机			10		
	检修复杂整机				10	
	检修大型设备系统或复杂整机样机					10
培训与管理	培训				10	10
	质量管理				10	5
	生产管理					5
合计		100	100	100	100	100

注:本标准中使用了功能单元、整机、复杂整机和大型电子设备系统等概念,其含义如下:

① 功能单元:本标准指的是由材料、零件、元器件和/或部件等经装配连接组成的具有独立结构和一定功能的产品。图样管理中将其称为部件、整件,本标准强调功能,因此称其为功能单元。一般可认为,它是构成整机的基本单元。

功能单元的划分,通常决定于结构和电气要求,因此,同一类型的设备划分很可能都不一样,或大或小,或简单或复杂,不一而足。经常遇到的功能单元大致有:电源和电源模块,调制电路,放大电路,滤波电路,锁相环电路,AFC 电路,AGC 电路,变频器,线性、非线性校正电路,视、音频处理电路,解调器,数字信号处理电路,单板机等。

② 整机:功能单元(整件)作产品出厂时又称整机。一般将其定位于含功能单元较少,电路相对简单,功能较为单一的产品。或者,功能虽然相当复杂,但尺寸较小、电平较低的产品。

③ 复杂整机:由若干功能单元(整件)相互连接而共同构成能完成某种完整功能的整套产品。这些产品的连接,一般可在使用地点完成。

④ 大型设备系统:由若干整机和/或功能单元组成的大型系统。

附录 2　无线电装接工理论复习题

一、选择题

(A) 1. 色环电阻标识是红紫橙银表示元器件的标称值及允许误差为(　　)。

A. 27 kΩ±10%　B. 273 kΩ±5%　C. 273 Ω±5%　D. 27.3 Ω±10%

(C) 2. 市电 220 V 电压是指(　　)。

A. 平均值　B. 最大值　C. 有效值　D. 瞬时值

(A) 3. 2CW10 表示(　　)。

A. N 型硅材料稳压二极管　B. P 型硅材料稳压二极管

C. N 型锗材料稳压二极管　D. P 型锗材料稳压二极管

(D) 4. 为了保护无空挡的万用表，当使用完毕后应将万用表转换开关旋到(　　)。

A. 最大电流挡　B. 最高电阻挡

C. 最低直流电压挡　D. 最高交流电压挡

(C) 5. 通常电子手工焊接时间为(　　)。

A. 越长越好　B. 越短越好　C. 2～3 秒　D. 2～3 分钟

(A) 6. 3DG4C 表示(　　)。

A. NPN 型硅材料高频小功率三极管

B. PNP 型硅材料高频小功率三极管

C. NPN 型锗材料高频大功率三极管

D. PNP 型锗材料低频小功率三极管

(A) 7. 发光二极管的正常工作状态是(　　)。

A. 两端加正向电压，其正向电流为 5～15 mA

B. 两端加反向电压，其反向电流为 10～20 mA

C. 两端加正向电压，其压降为 0.6～0.7 V

D. 两端加反向电压，其压降为 0.6～0.7 V

(A) 8. 某电容的实体上标识为 103 M 表示为(　　)。

A. 0.01 μF±20%　B. 0.1 μF±10%

C. 100 pF±5%　D. 1 000 pF±10%

(A) 9. 在印制电路板焊接中，光铜线跨接另一端头时，如有线路(底部)或容易碰撞其他器件时，应加套(　　)。

A. 聚四氟乙烯套管　B. 热缩套管

C. 聚氯乙烯套管　D. 电气套管

(A) 10. 从对人体危害的角度，我国规定的直流安全电压为(　　)。

A. 48 V　B. 24 V　C. 36 V　D. 72 V

(B) 11. 表面安装器件的简称是(　　)。

A. SMT　　B. SMD　　C. SMC　　D. SMB

(C) 12. 导线线缆焊接时，要保证足够的机械强度，芯线不得过长，焊接后芯线露铜不大于(　　)。

A. 1.2 mm　　B. 1.3 mm　　C. 1.5 mm　　D. 1.6 mm

(C) 13. 电缆端头焊接时，芯线与插针间露线不应大于(　　)，插头固定夹必须有良好的固定作用，但不得夹伤电缆绝缘层。

A. 0.5 mm　　B. 0.8 mm　　C. 1 mm　　D. 1.5 mm

(B) 14. 装配前认真消化图纸资料，准备好需用的装配(　　)，整理好工作台。检查装配用的所有材料。检查机械和电气零部件、外购件是否符合图纸要求。

A. 材料　　B. 工具　　C. 元器件　　D. 零部件

(C) 15. 普通万用表交流电压测量挡的指示值是指(　　)。

A. 矩形波的最大值　　B. 三角波的平均值

C. 正弦波的有效值　　D. 正弦波的最大值

(D) 16. 稳压二极管的工作原理是利用其伏安特性的(　　)。

A. 正向特性　　B. 正向击穿特性　　C. 反向特性　　D. 反向击穿特性

(D) 17. 在装配、调整、拆卸过程中，紧、松螺钉应对称，(　　)分步进行，防止装配件变形或破裂。

A. 同时　　B. 分步骤　　C. 顺时针　　D. 交叉

(B) 18. 一般在焊集成电路时，选用电烙铁的功率为(　　)。

A. 20～50 kW　　B. 20～50 W　　C. 100～150 W　　D. 100～150 kW

(C) 19. 用万用表测量二极管的极性时，万用表的量程应选择(　　)。

A. R×10 K 挡　　B. R×10 挡

C. R×100 挡或 R×1 K 挡　　D. R×1 挡

(C) 20. 集成电路的封装形式及外形有多种，DIP 表示(　　)封装形式。

A. 单列直插式　　B. 贴片式　　C. 双列直插式　　D. 功率式

(B) 21. 欲精确测量中等电阻的阻值，应选用(　　)。

A. 万用表　　B. 单臂电桥　　C. 双臂电桥　　D. 兆欧表

(B) 22. 晶闸管具有(　　)性。

A. 单向导电　　B. 可控单向导电

C. 电流放大　　D. 负阻效应

(D) 23. 焊接电缆的作用是(　　)。

A. 绝缘　　B. 降低发热量　　C. 传导电流　　D. 保证接触良好

(B) 24. 部件的装配略图可作为拆卸零件后(　　)的依据。

A. 画零件图　　B. 重新装配成部件

C. 画总装图　　D. 安装零件

(B) 25. 生产第一线的质量管理叫(　　)。

A. 生产现场管理　　B. 生产现场质量管理

C. 生产现场设备管理　　D. 生产计划管理

(A) 26. 无线电装配中，浸焊焊接电路板时，浸焊深度一般为印制板厚度的(　　)。

A. 50%～70%　　B. 刚刚接触到印制导线
C. 全部浸入　　D. 100%

(A) 27. 超声波浸焊中,是利用超声波(　　)。
A. 增加焊锡的渗透性　　B. 加热焊料
C. 振动印制板　　D. 使焊料在锡锅内产生波动

(A) 28. 波峰焊焊接中,较好的波峰是达到印制板厚度的(　　)为宜。
A. 1/2～2/3　　B. 2 倍　　C. 1 倍　　D. 1/2 以内

(B) 29. 色环电阻中红环在第 2 位表示数值是(　　)。
A. 1　　B. 2　　C. 5　　D. 7

(C) 30. 在电路图中如果电容标注为 0.022,表示电容的容量是(　　)。
A. 22 μF　　B. 22 pF　　C. 0.022 μF　　D. 0.022 pF

(D) 31. 三极管的型号是 2SC1815,表示三极管是(　　)。
A. 大功率管　　B. 高频管　　C. PNP 管　　D. NPN 管

(D) 32. 三极管的型号是 9014,可以代换的三极管是(　　)。
A. 9018　　B. 9015　　C. 2SD2335　　D. 9013

(D) 33. 装配工艺文件不包括(　　)。
A. 接线图　　B. 器件安装图　　C. 总装图　　D. 企业管理规定

(A) 34. 无锡焊接是(　　)的连接。
A. 不需要助焊剂,而有焊料　　B. 有助焊剂,没有焊料
C. 不需要助焊剂和焊料　　D. 有助焊剂和焊料

(A) 35. 插装流水线上,每一个工位所插元器件数目一般以(　　)为宜。
A. 10～15 个　　B. 10～15 种类　　C. 40～50 个　　D. 小于 10 个

(A) 36. 在设备中为防止静电和电场的干扰,防止寄生电容耦合,通常采用(　　)。
A. 电屏蔽　　B. 磁屏蔽　　C. 电磁屏蔽　　D. 无线屏蔽

(C) 37. 为防止高频电磁场或高频无线电波的干扰,也为防止电磁场耦合和电磁场辐射,通常采用(　　)。
A. 电屏蔽　　B. 磁屏蔽　　C. 电磁屏蔽　　D. 无线屏蔽

(B) 38. 理想集成运算放大器应具备的条件中,下述正确的是(　　)。
A. 输出电阻为无穷大　　B. 共模抑制比为无穷大
C. 输入电阻为零　　D. 开环差模电压增益为零

(C) 39. 电源变压器、短路线、电阻、晶体三极管等元器件的装插顺序是(　　)。
A. 电源变压器→电阻→晶体三极管→短路线
B. 电阻→晶体三极管→电源变压器→短路线
C. 短路线→电阻→晶体三极管→电源变压器
D. 晶体三极管→电阻→电源变压器→短路线

(A) 40. 导线捻头时捻线角度为(　　)。
A. 30°～45°　　B. 45°～60°　　C. 60°～80°　　D. 80°～90°

(D) 41. 下列零件中(　　)是用于防止松动的。
A. 螺母　　B. 垫片　　C. 螺钉　　D. 弹簧垫圈

(B) 42. 移开烙铁时应按(　　)。
A. 30°角　B. 45°角　C. 70°角　D. 180°角

(B) 43. 焊接时烙铁头的温度一般在(　　)。
A. 600℃左右　B. 350℃左右　C. 800℃左右　D. 200℃左右

(A) 44. 虚焊是由于焊锡与被焊金属(　　)造成的。
A. 没形成合金　B. 形成合金　C. 焊料过多　D. 时间过长

(B) 45. 元器件引线加工成圆环形,以加长引线是为了(　　)。
A. 提高机械强度　B. 减少热冲击　C. 防震　D. 便于安装

(D) 46. 手工组装印制电路板只适用于(　　)。
A. 大批量生产　B. 中等规模生产　C. 一般规模生产　D. 小批量生产

(A) 47. 使用吸锡电烙铁主要是为了(　　)。
A. 拆卸元器件　B. 焊接　C. 焊点修理　D. 特殊焊接

(B) 48. (　　)是专用导线加工设备。
A. 打号机　B. 自动切剥机　C. 波峰焊接机　D. 吸锡器

(D) 49. 绘制电路图时,所有元器件应采用(　　)来表示。
A. 文字符号　B. 元件参数　C. 实物图　D. 图形符号

(D) 50. 五步法焊接时第四步是(　　)。
A. 移开电烙铁　B. 熔化焊料　C. 加热被焊件　D. 移开焊锡丝

(D) 51. 元器件引出线折弯处要求成(　　)。
A. 直角　B. 锐角　C. 钝角　D. 圆弧形

(C) 52. 大功率晶体管不能和(　　)靠得太近。
A. 大功率电阻　B. 高压电容　C. 热敏原件　D. 导线

(C) 53. 波峰焊接后的线路板(　　)。
A. 直接进行整机用装　B. 无需检查
C. 要进行补焊检查　D. 进行调试

(A) 54. 立式插装的优点是(　　)。
A. 占用线路板面积小　B. 便于散热
C. 便于维修　D. 便于检查

(C) 55. 印制线路板元器件插装应遵循(　　)的原则。
A. 先大后小、先轻后重、先高后低　B. 先小后大、先重后轻、先高后低
C. 先小后大、先轻后重、先低后高　D. 先大后小、先重后轻、先高后低

(D) 56. 下列元器件中(　　)要远离大功率电阻。
A. 瓷片电容　B. 高压包　C. 大功率三极管　D. 热敏电阻

(C) 57. 散热片一般要远离(　　)。
A. 晶体管　B. 电容器　C. 热敏原件　D. 电源变压器

(C) 58. 片式元器件贴片完成后要进行(　　)。
A. 焊接　B. 干燥固化　C. 检验　D. 插装其他元器件

(B) 59. 正方形屏蔽罩比圆形屏蔽罩对振荡回路参数的影响(　　)。
A. 要大　B. 要小　C. 不变　D. 可大可小

(A) 60. 晶体管放大器的印制电路板,应尽量采用(　　)地线。

A. 大面积　B. 小面积　C. 粗导线　D. 细导线

(D) 61. 高频系统中的紧固支撑,零件最好使用(　　)。

A. 金属件　B. 塑料　C. 导电性强材料　D. 高频陶瓷

(B) 62. 钩焊点的拆焊,烙铁头(　　)。

A. 放在焊点边　B. 放在焊点边下边

C. 放在焊点边左侧　D. 放在焊点边右侧

(C) 63. 烧接的缺点是(　　)。

A. 接触电阻比锡焊大　B. 有虚假焊

C. 抗震能力比锡焊差　D. 要求导线是单芯线,接点是特殊形状

(B) 64. 出现连焊会对整机造成(　　)。

A. 尖端放电　B. 损坏元器件　C. 电流忽大忽小　D. 电压忽高忽低

(A) 65. 螺装时弹簧垫圈应放在(　　)。

A. 垫圈上面　B. 垫圈下面　C. 两螺母之间　D. 螺母上面

(B) 66. 绘制电路图时电路的布置应使(　　)。

A. 入端在上,出端在下　B. 入端在左,出端在右

C. 入端在右,出端在左　D. 入端在下,出端在上

(D) 67. 传输信号的连接线需用(　　)。

A. 单股导线　B. 多股导线　C. 漆包线　D. 屏蔽线

(C) 68. 加工导线的顺序是(　　)。

A. 剥头→剪裁→捻头→浸锡　B. 剪裁→捻头→剥头→浸锡

C. 剪裁→剥头→捻头→浸锡　D. 捻头→剥头→剪裁→浸锡

(B) 69. 下列元件中(　　)不适宜采用波峰自动焊。

A. 电阻器　B. 开关　C. 电容器　D. 三极管

(A) 70. MOS 集成电路安装时,操作者应(　　)进行操作。

A. 戴防静电手环　B. 与地绝缘　C. 戴绝缘手套　D. 不戴任何手套

(B) 71. 当 RLC 串联电路谐振时,应满足(　　)。

A. $X_L = X_C = 0$　B. $X_L = X_C$　C. $R = X_L + X_C$　D. $R + X_L + X_C = 0$

(D) 72. 利用半导体的(　　)特性可实现整流。

A. 伏安　B. 稳压　C. 贮能　D. 单向导电

(B) 73. 要对 0～9 十个数字编码,至少需要(　　)二进制代码。

A. 3 位　B. 4 位　C. 5 位　D. 6 位

(D) 74. 一正弦交流电的电流有效值为 10 A,频率为 50 Hz,初相位为−30°,它的解析式为(　　)。

A. $i = 10\sin(314t + 30°)A$　B. $i = 10\sin(314t - 30°)A$

C. $i = 10\sqrt{2}\sin(314t + 30°)A$　D. $i = 10\sqrt{2}\sin(314t - 30°)A$

(D) 75. 阻值为 4 Ω 的电阻和容抗为 3 Ω 的电容串联,总复数阻抗为(　　)。

A. $Z = 3 + j4$　B. $Z = 3 - j4$　C. $Z = 4 + j3$　D. $Z = 4 - j3$

(A) 76. 放大电路的静态工作点,是指输入信号(　　)三极管的工作点。

A. 为零时 B. 为正时 C. 为负时 D. 很小时

(B) 77. TTL“与非”门电路是以(　　)为基本元件构成的。

A. 电容器 B. 双极性三极管 C. 二极管 D. 晶闸管

(B) 78. 或门逻辑关系的表达式是(　　)。

A. $F=AB$ B. $F=A+B$ C. $F=\overline{AB}$ D. $F=\overline{A+B}$

(C) 79. 模拟量向数字量转换时首先要(　　)。

A. 量化 B. 编码 C. 取样 D. 保持

(C) 80. 能完成暂存数据的时序逻辑电路是(　　)。

A. 门电路 B. 译码器 C. 寄存器 D. 比较器

(C) 81. 下列(　　)不可能是计算机病毒造成的后果。

A. 系统运行不正常 B. 破坏文件和数据

C. 更改 CD-ROM 光盘中的内容 D. 损坏某些硬件

(C) 82. 下列(　　)存储器不能长期保存信息。

A. 光盘 B. 硬盘 C. RAM D. ROM

(A) 83. 下列快捷键(　　)是执行粘贴功能的。

A. CTRL+V B. CTRL+C C. CTRL+X D. CTRL+P

(D) 84. 能实现“全 0 出 1,有 1 出 0”功能的门电路是(　　)。

A. 与门 B. 或门 C. 与非门 D. 或非门

(A) 85. 当决定某一事件的所有条件都满足时,事件才发生,这种关系是(　　)。

A. 与逻辑 B. 或逻辑 C. 非逻辑 D. 或非逻辑

(D) 86. 开关电源中调整管必须工作在(　　)状态以减小调整管的功耗。

A. 放大 B. 饱和 C. 截止 D. 开关

(D) 87. 微型计算机的核心部件是(　　)。

A. 控制器 B. 运算器 C. 存储器 D. 微处理器

(B) 88. NPN 和 PNP 型三极管作为放大器时,其发射结(　　)。

A. 均反向偏置 B. 均正向偏置

C. 仅 NPN 型正向偏置 D. 仅 PNP 型正向偏置

(A) 89. 在放大电路中,使输出电阻减小,输入电阻增大的负反馈类型是(　　)。

A. 电压串联负反馈 B. 电压并联负反馈

C. 电流串联负反馈 D. 电流并联负反馈

(D) 90. 负载从电源获得最大功率的条件是(　　)。

A. 阻抗相等 B. 阻抗接近零

C. 阻抗接近无穷大 D. 阻抗匹配

(B) 91. 测得信号的频率为 0.023 40 MHz,其有效数字位数为(　　)。

A. 3 位 B. 4 位 C. 5 位 D. 6 位

(D) 92. 三极管是(　　)器件。

A. 电压控制电压型 B. 电压控制电流型

C. 电流控制电压型 D. 电流控制电流型

(C) 93. 对于放大电路而言,开环是指(　　)。

A. 无负载　　B. 无电源　　C. 无反馈回路　　D. 无信号源

(A) 94. 为了获取输入信号中的低频信号,应选择(　　)滤波电路。

A. 低通　　B. 高通　　C. 带通　　D. 带阻

(B) 95. 对于直流通路,放大电路中的电容应该视为(　　)。

A. 短路　　B. 开路　　C. 直流电流源　　D. 直流电压源

(A) 96. PN 加正向电压时,其空间电荷区将(　　)。

A. 变窄　　B. 基本不变　　C. 变宽　　D. 无法确定

(D) 97. 多级放大器级间耦合需要考虑静态工作点匹配问题的是(　　)。

A. 变压器耦合　　B. 电容耦合　　C. 阻容耦合　　D. 直接耦合

(A) 98. 为了扩展宽带放大器的通频带,突出的问题是(　　)。

A. 提高上限截止频率　　B. 提高下限截止频率

C. 降低上限截止频率　　D. 降低下限截止频率

(C) 99. 测量放大器的增益及频率响应,应选择(　　)。

A. 示波器　　B. 万用表　　C. 扫频仪　　D. 毫伏表

(D) 100. 绝对误差与仪表测量上限之比称为(　　)。

A. 示值误差　　B. 相对误差　　C. 粗大误差　　D. 引用误差

二、判断题

(×) 1. 拆焊主要有分点拆焊法和集中拆焊法。

(√) 2. 手工焊接可分为基本的五步操作法和节奏快的三步操作法。

(√) 3. 手工焊接时,电烙铁撤离焊点的方法不当,会把焊点拉尖。

(√) 4. 元器件的安装高度要尽量低,一般元器件和引线离开板面不超过 5 mm。过高则承受振动和冲击的稳定性变差,容易倒伏或与相邻元器件碰接。

(√) 5. 人体的安全交流电压为 36 V 以下。

(×) 6. 二极管外壳的色环端表示为正极。

(√) 7. 电线类线材有裸导线、绝缘电线和电磁线。

(×) 8. 为了确保无线电产品有良好的一致性、通用性和相符性而制定工艺标准。

(√) 9. 松香经过反复加热以后,会因为碳化而失效。因此,发黑的松香是不起作用的。

(×) 10. 为了确保焊接质量,焊锡加的越多越好。

(×) 11. 焊接 MOS 集成电路时,电烙铁不能接地。

(×) 12. 焊锡熔化的方法一般是先熔化焊锡,再去加热工件。

(×) 13. 在一个焊接点上(不包括接地焊片)最多只能焊 4 根电线。

(√) 14. 零线有工作零线和保护零线之分。

(√) 15. 装配中每一个阶段都应严格执行自检、互检与专职检的"三检"原则。

(×) 16. 玻璃二极管、晶体及其他根部容易断的元器件弯脚时,要用镊子夹住其头部,以防折断。

(×) 17. 装配应符合图纸和设计要求,整机整件走线畅顺,排列整齐,清洁美观。

(×) 18. 将指针式万用表置于 R×1 K 挡,用黑表笔碰某一极,红表笔分别碰另外两极,若两次测量的电阻都小,黑表笔所接管脚为基极,且为 PNP 型。

(√) 19. SMT是表面贴装器件(SMD)、表面贴装元件(SMC)、表面贴装设备、表面贴装印制电路板(SMB)及点胶、涂膏、焊接及在线测试等完整的工艺技术的统称。

(×) 20. 锡焊接时,允许用酸性、碱性助焊剂。

(√) 21. 技术要求是用来说明决定产品质量的主要要求指标及其允许偏差。

(√) 22. 由于装配错误而造成的整机故障用直观检查法比较适用。

(×) 23. 仪器通电后,有高、低压开关的,必须先接"高"压,再接"低"压。

(√) 24. 仪器测试完毕后,应先断"高"压,再断"低"压。

(×) 25. 不同焊料尽管其材料组成不一样,但熔点是相同的。

(√) 26. 元器件引线成形时,其标称值的方向应处在查看方便的位置。

(×) 27. 剪线和在剪切导线时,可以有负误差。

(√) 28. 波峰焊接机焊接电路板后能自动检测焊接质量。

(√) 29. 高速贴片机适合贴装矩形或各种芯片载体。

(×) 30. 吸锡器可连续使用不必要清除焊锡。

(×) 31. 焊点拉尖在高频电路中会产生尖端放电。

(×) 32. 在波峰焊焊接中,解决桥连短路的唯一方法是对印制板预涂助焊剂。

(√) 33. 印制板上元器件的安插有水平式和卧式两种方式。

(√) 34. 排线时,屏蔽导线应尽量放在下面,然后按先短后长的顺序排完所有导线。

(×) 35. 手工浸焊中的锡锅熔化焊料的温度应调在焊料熔点183℃左右。

(×) 36. 正弦量必备的三个要素是振幅值、角频率和波长。

(×) 37. 放大器的各级地线只能分开接地,以免各级之间地电流相互干扰。

(√) 38. 当工作频率高到一定程度时,一小段导线就可作为电感、电容或开路线、短路线等。

(√) 39. 集成运算放大器实质上是一个多级直接耦合放大器。

(×) 40. 环路滤波器其实就是高通滤波器。

(√) 41. 熔点大于183℃的焊接即是硬焊接。

(√) 42. 元器件引线成形时,引线弯折处距离引线根部尺寸应大于2 mm,以防止引线折断或被拉出。

(√) 43. 为防止导线周围的电场或磁场干扰电路正常工作而在导线外加上金属屏蔽层,这就构成了屏蔽导线。

(√) 44. 剥头有刃截法和热截法两种方法,在大批量生产中热截法应用较广。

(×) 45. 戴维南定理是求解复杂电路中某条支路电流的唯一方法。

(×) 46. 任何一个二端网络总可以用一个等效的电源来代替。

(√) 47. 振荡电路中必须要有正反馈。

(×) 48. 判别是电压或电流反馈的方法是采用瞬时极性判别方法。

(√) 49. 时序逻辑电路除包含各种门电路外还要有存储功能的电路元件。

(√) 50. 为了消除铁磁材料的剩磁,可以在原线圈中通以适当的反向电流。

三、填空题

1. 万用表是一种用来测量<u>直流电流</u>、<u>直流电压</u>、<u>交流电压</u>、<u>电阻</u>的仪表。

2. 通常焊接时间不大于<u>5 s</u>,在剪除元器件引脚时,以露出线路板<u>0.5~1 mm</u>为宜。

3. 手工焊接电路板的基本步骤有准备、加热焊点、送焊锡丝、移去焊锡丝、移去电烙铁。

4. 目前,我国电子产品的生产流水线常用手工插件手工焊接、手工插件自动焊接和部分自动插件自动焊接等几种形式。

5. 电路板拆焊的步骤一般为:选用合适的电烙铁、加热拆焊点、吸去焊料和拆下元器件。

6. 波峰焊 SMT 工艺流程为,安装印制电路板、锡膏印刷、贴片、固化、熔焊、清洗和检测。

7. 绝缘多股导线的加工步骤主要可分为 5 步:剪线、剥头、捻头 、浸锡和清洁。

8. 电子元件的插装应遵循先小后大、先轻后重、先低后高、先内后外、上道工序不影响下道工序的原则进行插装。

9. RJ71－2－10K－I 为精密金属膜电阻器，额定功率为2 W,标称阻值为10 kΩ,偏差为±1%。

10. 影响人体触电危险程度的因素有:电流的大小、电流的性质、电流通过人体的途径、电流作用的时间和人体电阻等。

11. 手工浸焊的操作通常有以下几步,锡锅加热、涂助焊剂、浸锡和冷却。

12. 一个电阻器的色环分别为红、红、棕、银,则这个电阻器的阻值为220 Ω、误差为±10%。

13. 新烙铁不能拿来就用,必须先给电烙铁头上锡。

14. 在使用模拟式万用表之前先进行机械调零旋钮调零,在使用电阻挡时,每次换挡后,要进行欧姆调零旋钮调零。

15. 为了保护无空挡的万用表,当使用完毕后应将万用表转换开关旋到最高交流电压挡。

16. 螺母、平垫圈和弹簧垫圈要根据不同情况合理使用,不允许任意增加或减少,三者装配的正确顺序应为平垫圈、弹簧垫圈、螺母或螺钉。

17. 螺钉、螺栓紧固,螺纹尾端外露长度一般不得小于1.5 扣。

18. 无锡焊接中压接分为冷压接和热压接两种。这是借助于挤压力和金属移位使引脚或导线与接线柱实现连接的。

19. 无线电装配中采用得较多的两种无锡焊接是压接和绕接。它的特点是不需要焊料与焊剂即可获得可靠的连接。

20. 无线电产品中的部件一般是由两个或两个以上的成品、半成品经装配而成的具有一定功能的组件。

21. 测量误差按性质一般可分为系统误差、随机误差、粗大误差三种。

22. 生产线上排除故障工作一般有三项,即预测检修、半成品检修和成品检修。

23. 特别适用于检查由于装配错误造成的整机故障的方法是直观检查法。

24. 技术文件是无线电整机产品生产过程的基本依据,分为设计文件和工艺文件。

25. 数字集成电路的逻辑功能测试可分为静态测试和动态测试两个步骤。

26. 所谓支路电流法就是以支路电流为未知量,依据基尔霍夫定律列出方程式,然后解联立方程得到各支路电流的数值。

27. 依据支路电流法解得的电流为负值时,说明电流实际方向与参考方向相反。

28. 滤波器根据其通带可以分为低通滤波器、高通滤波器、带通滤波器和带阻滤波器。

29. 根据调制信号控制载波的不同,调制可分为振幅调制、频率调制和相位调制。

30. 再流焊加热的方法有热板加热、红外加热、汽相加热、激光加热等。

31. 任何一个反馈放大器都可以看成由基本放大器和反馈网络两部分组成。

32. 电子产品常用线材有安装导线、屏蔽线、同轴电缆、扁平电缆等。

33. 无线电设备中,导线的布置应尽量避免线间相互干扰和寄生耦合,连接导线宜短,不宜长,这样分布参数比较小。

34. 在装联中器件散热的好坏与安装工艺有关,一般对安装有散热要求的器件在操作时应尽量增大接触面积,提高传热效果,设法提高接触面的光洁度。

35. 计算机的 CPU 是由控制器和运算器两大部分组成。

36. 稳压电源是将交流电转换为平滑稳定的直流电的能量变换器。一般由电源变压器、整流电路、滤波电路和稳压电路 4 个部分组成。

37. 三极管放大电路有共发射极放大电路、共集电极放大电路、共基极放大电路三种组态。

38. 基本的逻辑门电路有与门、或门、非门。

39. 数字逻辑电路大致可分为组合逻辑电路和时序逻辑电路两大类。

40. 正弦量的三要素是频率(或周期、角频率)、最大值(或有效值)、相位。

四、简答题

1. 什么是解焊?它的适用范围有哪些?

答:解焊一般使用在焊点的返修工作中,其适用范围常有:印制电路板上的器件拆卸,机箱中的焊点返修,高低频电缆焊点的返修等。

2. 拆焊时应注意哪几点?

答:(1) 不损坏拆除的元器件、导线。

(2) 拆焊时不可损坏焊接点和印制导线。

(3) 在拆焊过程中不要拆、动、移其他元件,如需要,要做好复原工作。

3. 叙述手工焊接的基本步骤。

答:(1) 准备。(2) 加热焊点。(3) 加焊料。(4) 移开焊料。(5) 移开电烙铁。

4. 叙述表面组装工艺流程。

答:安装印制电路板→点胶(或涂膏)→贴装 SMT 元器件→烘干→焊接→清洗→检测。

5. 简述影响波峰焊焊接质量的因素。

答:(1) 元器件的可焊性。

(2) 波峰高度及波峰平稳性。

(3) 焊接温度。

(4) 传递速度与角度。

6. 如何正确识读电路图?

答:(1) 建立整机方框图的概念。

(2) 理清信号流程。

(3) 理清供电系统。

(4) 区分熟悉、生疏、特殊电路。

(5) 将解体的单元电路进行仔细阅读,搞清楚直流、交流通路和各个元器件的作用以及各元件参数变化对整个电路有何不良影响。

7. 如果印制板焊后不进行清洗,在今后使用中会有哪些危害?

答:助焊剂在焊接过程中并不能充分发挥,总留有残渣,会影响被焊件的电气性能和三防性能。尤其是使用活性较强的助焊剂时,其残渣危害更大。焊接后的助焊剂残渣往往还会吸附灰尘和潮气,使电路板的绝缘性能下降,所以焊接后一般都要对焊接点进行清洗。

8. 为了减小趋肤效应的影响,应采取哪些措施?

答:为了减小趋肤效应的影响,在中波段常用多股线(编织线);在短波和超短波段,常把导线表面镀银,减小导线表面电阻。为了充分利用金属材料,大功率发射机的大线圈有时将导线做成空心管形,这样做既节省材料,也便于冷却。

9. 数字万用表与模拟万用表相比较有哪些优点?

答:数字万用表与模拟万用表相比较,具有准确度高、测量种类多、输入阻抗高、显示直观、可靠性高、过载能力强、测量速度快、抗干扰能力强、耗电少和小型轻便等优点。

10. 工艺文件的格式是什么?

答:工艺文件的格式如下:

(1) 工艺文件封面:工艺文件封面在工艺文件装订成册时使用。简单的机器可按整机装订成册,复杂的机器可按分机单元装订成册。

(2) 工艺文件目录:工艺文件目录是工艺文件装订顺序的依据。

(3) 装配材料汇总表:装配材料汇总表是根据设计文件的分机或单元等的材料明细表填写整件、部件、零件及本机需要的各种材料及辅助材料,供小组预料及查找材料用。

(4) 工艺说明及简图:工艺文件及简图可作为调试说明及调试简图、检验说明、工艺流水方块图、特殊要求工艺图等。

11. 三极管放大电路有哪三种组态?三种组态各有什么特点?

答:三极管放大电路有共发射极放大电路、共集电极放大电路、共基极放大电路三种组态。

(1) 共发射极放大电路的特点是:具有一定的电压放大作用和电流放大作用,输入、输出电阻适中,输出电压与输入电压反相。

(2) 共集电极放大电路的特点是:无电压放大作用,输出电压与输入电压同相位,但具有电流放大作用和功率放大作用,输入电阻较大,输出电阻较小。

(3) 共基极放大电路的特点是:具有一定的电压放大作用,无电流放大作用,输入电阻小,输出电阻大,输出电压与输入电压反相。

12. 通常希望放大器的输入电阻及输出电阻是高一些还是低一些?为什么?

答:在放大电路中,通常希望放大电路的输入电阻高,因为这样对信号源的影响小。从放大电路的输出端看进去,放大电路可等效成一个有一定内阻的信号源,信号源内阻为输出电阻,通常希望其值越小越好,因为这样可以提高放大器的负载能力。

13. 什么是放大电路的反馈?如何判别电路中有无反馈存在?

答:放大路中的反馈是将放大电路的输出量的一部分或全部经过一定的元件或网络回送到放大电路的输入端,这一回送信号和外加输入信号共同参与对放大器的控制作用。判别的方法可根据电路中有无反馈通路来确定,即看它的输出与输入回路之间有没有联系的元件。

14. 什么是负反馈？负反馈对放大器的性能有哪些影响？

答：在电路中，如反馈信号加入后使放大器的净输入信号减小，使放大器的放大倍数降低，这种反馈称为负反馈。负反馈对放大电路的影响如下：

(1) 负反馈使放大器的放大倍数下降了。

(2) 负反馈使放大电路的稳定性提高了。

(3) 负反馈使放大器的通频带得到展宽。

(4) 负反馈能改善放大器波形的非线性失真。

(5) 负反馈对放大器的输入、输出电阻具有一定的影响。

15. 基本的逻辑门电路有哪些？请概括其逻辑功能。

答：基本的逻辑门电路有与门、或门、非门电路。

与门的逻辑功能概括为："有 0 出 0，全 1 出 1"。

或门的逻辑功能概括为："有 1 出 1，全 0 出 0"。

非门的逻辑功能概括为："有 1 出 0，有 0 出 1"。

16. 组合逻辑电路的基本分析方法是什么？

答：组合逻辑电路的基本分析方法是：

(1) 写表达式：由输入到输出直接推导出输出表达式。

(2) 化简：用公式或图形化简表达式。

(3) 逻辑功能与分析：可按化简后的表达式列出其逻辑真值表。

17. 时序逻辑电路与组合逻辑电路有什么不同？

答：组合逻辑电路在任何时刻的输出仅仅取决于当时的输入信号，与这一时刻输入信号作用前的电路状态无关。

时序逻辑电路任一时刻的输出信号不仅取决于当时的信号，而且还取决于原来的状态，即与以前的输入信号有关，具有记忆功能。

18. 在进行故障处理时应注意哪些事项？

答：在进行故障处理时，应注意以下几个方面的问题：

(1) 焊接时不要带电操作。

(2) 不可随意用细铜线或大容量的熔断丝代替小容量的熔断丝，以免进一步扩大故障的范围。

(3) 注意安全用电，防止触电事故。

(4) 测量集成电路各引脚应防止极间短路，否则可能会损坏集成电路。

(5) 更换晶体管、集成电路或电解电容时，应注意引脚不能接错。

(6) 不要随意拨动高频部分的导线走向，不能随意调节可调元件。

19. 什么是系统误差？系统误差产生的原因及消除的方法是什么？

答：在同一条件下多次测量同一量时，误差大小和符号均保持不变，或条件改变时，其误差按某一确定的规律而变化的误差称为系统误差。测量时使用的测量仪表、量具和附件等不准确，测量方法不完善，依据的结论不严密，外界环境因素和操作者自身原因等均可引起系统误差。消除的方法是找出系统误差产生的具体原因而一一加以消除。

五、综合题

1. 用 A、B 两个电压表测量实际值为 200 V 的电压时，A 表指示值为 202 V，B 表指示值为 201 V。试分别求出它们的绝对误差、相对误差、示值误差。

解：绝对误差：$\Delta A=202-200=2(\text{V})$

$\Delta B=201-200=1(\text{V})$

相对误差：$r_A=(2/200)\times100\%=1\%$

$r_B=(1/200)\times100\%=0.5\%$

示值误差：$r_{XA}=(2/202)\times100\%=0.99\%$

$r_{XB}=(1/201)\times100\%=0.498\%$

2. 利用有效数字运算的基本原则，运算 0.012 1×25.645×1.057 82。

解：取 3 位有效数字，即 0.012 1×25.6×1.06=0.328

3. 某万用表为 2.5 级，用 10 mA 挡测量一电流，读数为 5 mA，试问相对误差是多少？

解：$r_M=\pm2.5\%$，$\Delta A=\pm2.5\%\times10=\pm0.25(\text{mA})$

$r_X=\pm2.5\%\times(10/5)=\pm5\%$

4. 电路如图 F2－1 所示，已知 $U_1=18\ \text{V}$，$U_2=27\ \text{V}$，$R_1=6\ \Omega$，$R_2=3\ \Omega$，$R_3=2\ \Omega$，求：I_1，I_2，I_3，U_{ab}。

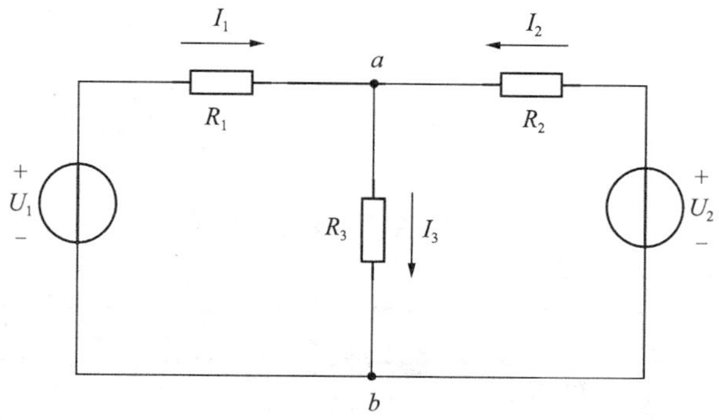

图 F2－1　电路图

$$\text{解：}U_{ab}=\frac{\dfrac{U_1}{R_1}+\dfrac{U_2}{R_2}}{\dfrac{1}{R_1}+\dfrac{1}{R_2}+\dfrac{1}{R_3}}=\frac{\dfrac{18}{6}+\dfrac{27}{3}}{\dfrac{1}{6}+\dfrac{1}{3}+\dfrac{1}{2}}=12(\text{V})$$

$$I_1=\frac{U_1-U_{ab}}{R_1}=\frac{18-12}{6}=1(\text{A})$$

$$I_2=\frac{U_2-U_{ab}}{R_2}=\frac{27-12}{3}=5(\text{A})$$

$$I_3=\frac{U_{ab}}{R_3}=\frac{12}{2}=6(\text{A})$$

附录 3　无线电装接工操作考试样题

——电子行业职业技能鉴定统一试卷

无线电装接工(高级)操作考试试卷(1)

一、单元电路的电原理图、装配图

单元电路的电原理图、装配图如图 F3-1、图 F3-2 所示。

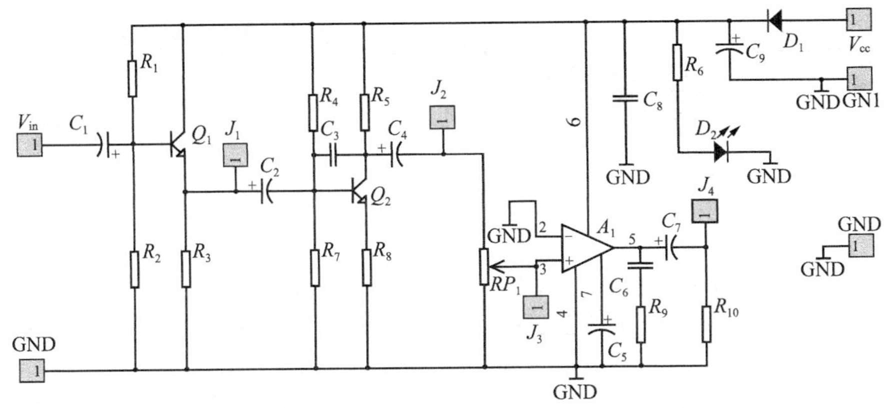

图 F3-1　单元电路电原理图

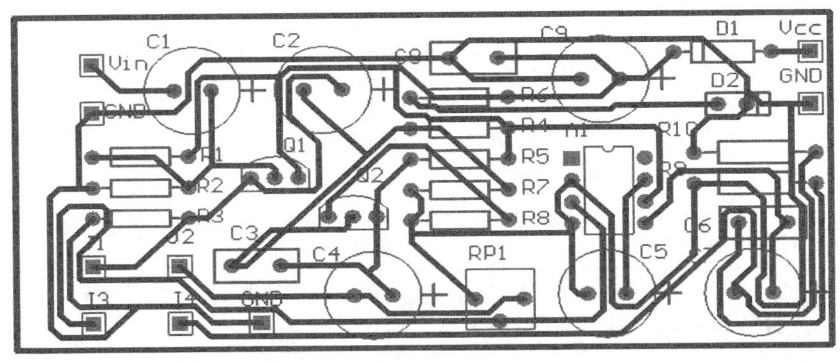

图 F3-2　单元电路装配图

二、元器件的选择、测试

根据表 F3-1 元器件清单表,从元器件袋中选择合适的元器件。

清点元器件的数量,目测元器件有无缺陷,亦可用万用表对元器件进行测量,正常的在表格的"清点结果" 栏填上"√"(不填写试卷"清点结果"的不得分)。目测印制电路板有无缺陷。

表 F3－1　元器件清单

序号	名称	型号规格	数量	配件图号	清点结果
1	金属膜电阻器	RJ－0.25－39 kΩ±1%	1	R1	
2	金属膜电阻器	RJ－0.25－33 kΩ±1%	1	R2	
3	金属膜电阻器	RJ－0.25－2.7 kΩ±1%	2	R3、R7	
4	金属膜电阻器	RJ－0.25－8.2 kΩ±1%	2	R4、R6	
5	金属膜电阻器	RJ－0.25－3.9 kΩ±1%	1	R5	
6	金属膜电阻器	RJ－0.25－1.5 kΩ±1%	1	R8	
7	金属膜电阻器	RJ－0.5－10 Ω±1%	1	R9	
8	金属膜电阻器	RJ－0.5－8.2 Ω±1%	1	R10	
9					
10	电位器	3362－203(20 k)	1	RP1	
11					
12	电解电容	CD11－25 V－220 μF	4	C1、C2、C4、C7	
13	瓷质电容	CC1－63 V－10 pF	1	C3	
14	电解电容	CD11－25 V－10 μF	1	C5	
15	独石电容	CT4－40 V－0.047 μF	1	C6	
16	电解电容	CD11－25 V－470 μF	1	C8	
17	独石电容	CT4－40 V－0.01 μF	1	C9	
18					
19	二极管	1N4007	1	D1	
20	发光二极管	3 mm(红)	1	D2	
21	三极管	S9013	2	Q1、Q2	
22					
23	集成电路	JRC386D	1	A1	—
24					
25	单排针	2.54－直	9	J1－J4、V_{in}、GND1－3、V_{cc}	—
26	接插件	IC8	1	A1	—
27					
28	印制电路板	配套	1		

三、焊接装配

根据电原理图和装配图进行焊接装配，焊接和安装要符合典型工艺要求。要求不漏装、错装，不损坏元器件，无虚焊、漏焊和搭锡，元器件排列整齐并符合工艺要求。

注意：必须将集成电路插座 IC8 焊接在电路板上，再将集成电路插在插座上。

四、测试（电源电压调整为：9.5±0.1 V）

试题 1　静态测试（10 分，每项 2 分）

1. 三极管 Q1 各极的电位：U_B = ________ V，U_E = ________ V，U_C = ________ V。
2. 二极管 D2 的阳极电位________ V。
3. 集成电路 A1 第 7 脚的电位________ V。

试题 2　输入端加入正弦信号测试（10 分，每项 5 分）

在输入端 V_{in} 处，输入一个峰-峰值为 100 mV、1 kHz 的正弦信号，并调节电位器 RP1 逆时针至最左，用示波器观测 J4 点信号的峰-峰值电压，测出 J4 点信号的峰-峰值电压为________ mV，J4 点相对于 V_{in} 点的电压增益为________。

无线电装接工（高级）操作考试试卷（2）

一、原理图及装配图

单元电路的原理图如图 F3－3 所示，装配图如图 F3－4 所示。

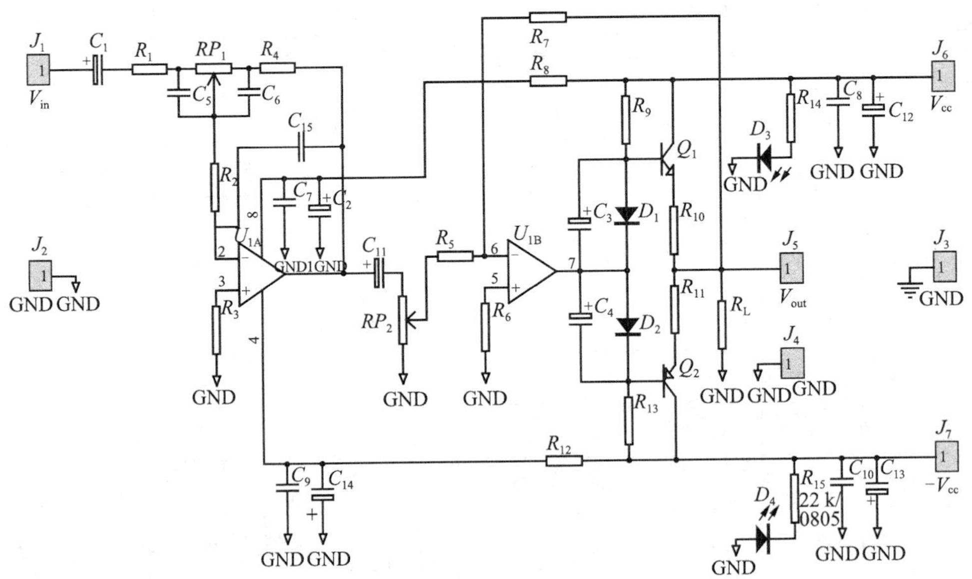

图 F3－3　单元电路电原理图

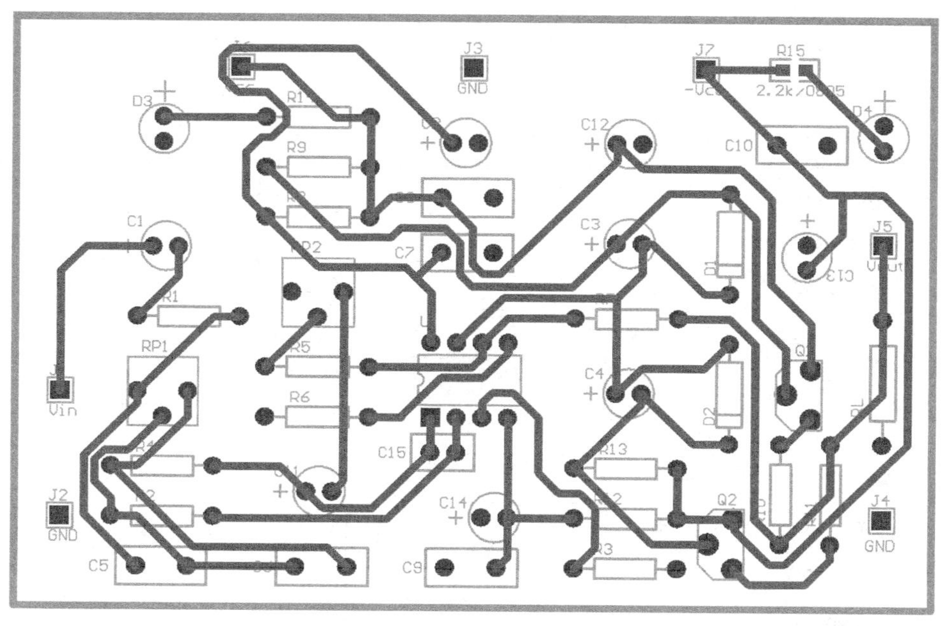

图 F3 - 4　单元电路装配图

二、元器件的选择、测试(15 分)

根据表 F3 - 2 的元器件清单,从元器件袋中选择合适的元器件。清点元器件的数量,目测元器件有无缺陷,亦可用万用表对元器件进行测量,正常的在表格的“清点结果”栏填上“√”(不填写试卷“清点结果”的不得分)。目测印制电路板有无缺陷。检测结果填入表 F3 - 3。

表 F3 - 2　元器件清单(10 分)

序号	名称	型号规格	数量	配件图号	清点结果
1	金属膜电阻器	RJ - 0.25 W - 47 kΩ±1%	4	R1、R2、R4、R7	
2	金属膜电阻器	RJ - 0.25 W - 200 kΩ±1%	1	R3	
3	金属膜电阻器	RJ - 0.25 W - 10 kΩ±1%	2	R5、R6	
4	金属膜电阻器	RJ - 0.25 W - 47 Ω±1%	2	R8、R12	
5	金属膜电阻器	RJ - 0.25 W - 8.2 kΩ±1%	2	R9、R13	
6	金属膜电阻器	RJ - 0.25 W - 1 Ω±1%	2	R10、R11	
7	金属膜电阻器	RJ - 0.25 W - 2.7 kΩ±1%	1	R14	
8	贴片电阻	0805 - 2.2 kΩ±1%	1	R15	
9	金属膜电阻器	RJ - 0.5 W - 8.2 Ω±1%	1	RL	
10					
11	电位器	3362 - 1 - 504(500 k)	1	RP1	
12	电位器	3362 - 1 - 202(2 k)	1	RP2	
13					

续表 F3-2

序号	名称	型号规格	数量	配件图号	清点结果
14	电解电容	CD11-25 V-100 μF	4	C1、C3、C4、C11	
15	电解电容	CD11-25 V-10 μF	2	C2、C14	
16	独石电容	CT4-40 V-0.01 μF	4	C5、C6、C7、C9	
17	独石电容	CT4-40 V-0.1 μF	2	C8、C10	
18	电解电容	CD11-25 V-220 μF	2	C12、C13	
19	瓷质电容	CC1-63 V-20 pF	2	C15、C*(调试电容)	
20					
21	二极管	1N4148	2	D1、D2	
22	发光二极管	3 mm(红)	1	D3	
23	发光二极管	3 mm(绿)	1	D4	
24	三极管	8050	1	Q1	
25	三极管	8550	1	Q2	
26	集成电路	LF353	1	U1	
27					
28	单排针	2.54 mm-直	1	J1-J7	
29	接插件	IC8	1	U1	
30					
31	印制电路板	配套	1		
32					

表 F3-3　元器件识别、检测(5 分)

序号	名称	识别及检测内容	得分
1	电阻器 R2	标称值：　　　　测量值：	
2	电容器 C3	标称值：　　　　介质：	
3	二极管 D2	正向电阻：　　　　(注明表型、量程)	
4	电容器 C8	两端电阻：　　　　(注明表型、量程)	
5	发光二极管 D3	正向导通电压：	

三、焊接装配(45 分)

根据电原理图和装配图进行焊接装配。要求不漏装、错装，不损坏元器件，无虚焊、漏焊和搭锡，元器件排列整齐并符合工艺要求(**印制板上的 R15 为 0805 的贴片电阻**)。

注意：必须将集成电路插座 IC8 焊接在电路板上，再将集成电路插在插座上。

四、通电前检测(10 分)

装接完毕,检查无误后,将稳压电源的输出电压调整为:±6.5 V(±0.1 V)。加电前向监考老师举手示意,经监考老师检查同意后,方可对电路单元进行通电测试,如有故障应进行排除。

五、测试(20 分,每项 2 分)

首先要求将双路直流电源的输出电压调整为:±6.5 V(±0.1 V),接入电路后测量如下值(若电路产生自激现象,可在 R7 两端并上 C* 消除自激):

(1) 三极管 Q1 各极的电位:U_B = ________ V,U_E = ________ V,U_C = ________ V。

(2) 二极管 D1 的阳极电位________ V,D2 的阴极电位________ V。

(3) 集成电路 U1 的第 8 脚电位是________ V。

(4) 测量 R8 的两端电压为________ V,电路 R8 的作用是________。(降压/限流/滤波)

(5) 测量 R15 的两端电压为________ V,由此可计算出流经 D4 的电流为________ mA。

六、安全文明操作要求(10 分)

1. 严禁带电操作(不包括通电测试),保证人身安全。
2. 工具摆放有序,不乱扔元器件、引脚、测试线。
3. 使用仪器,应选用合适的量程,防止损坏。
4. 放置电烙铁等工具时要规范,避免损坏仪器设备和操作台。

无线电装接工(高级)操作考试试卷(3)

单元电路电原理图、装配图:单元电路的电原理图、装配图如图 F3-5、F3-6 所示。

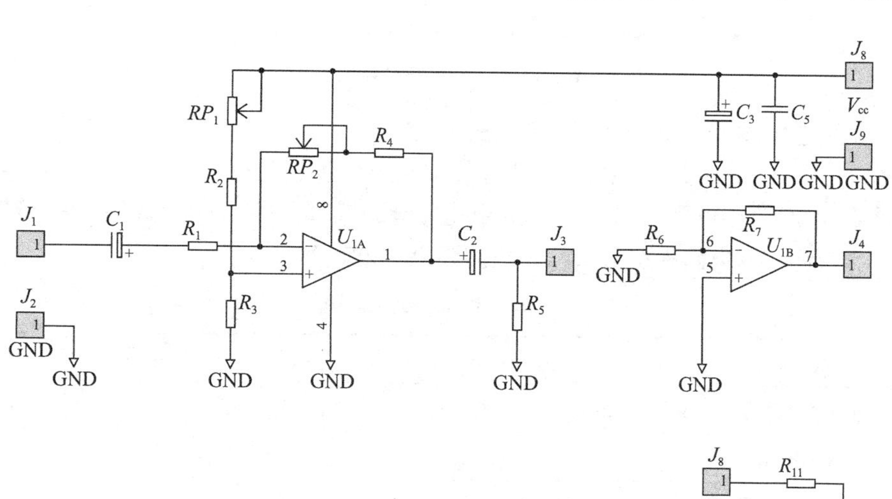

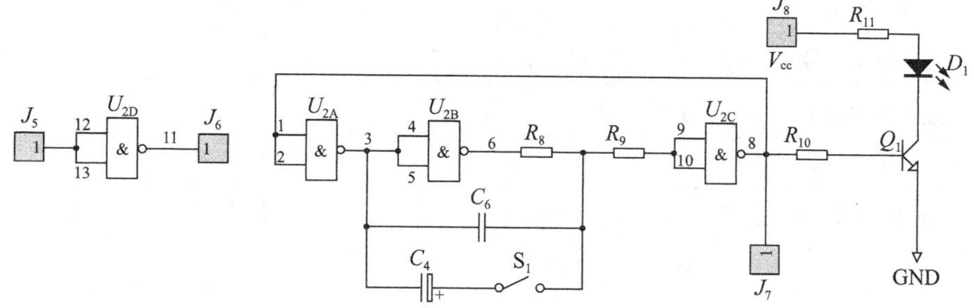

图 F3-5　单元电路电原理图

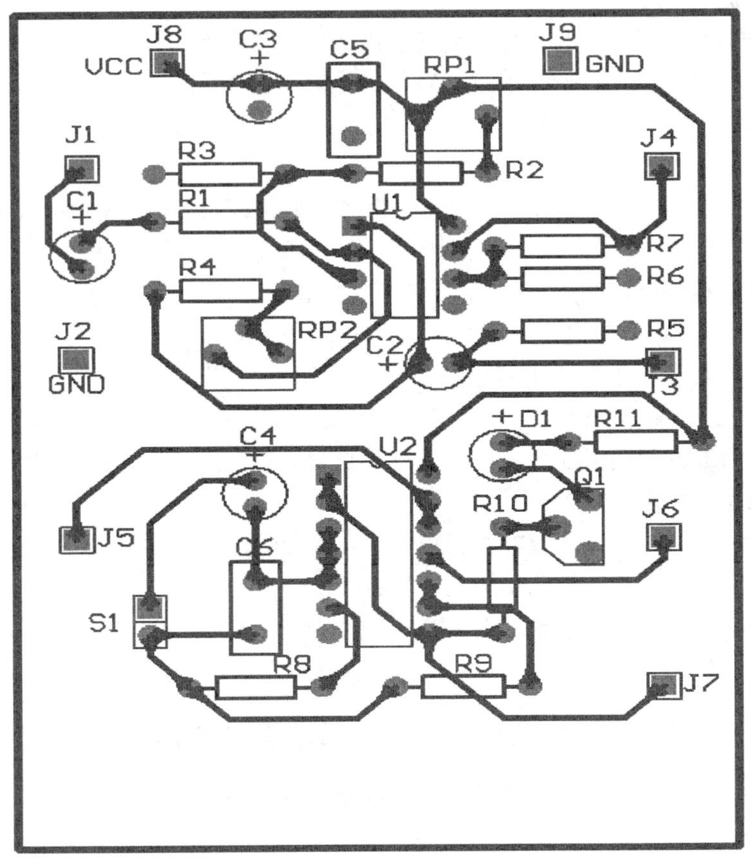

图 F3-6　单元电路装配图

一、元器件的选择、检测(20 分,每条目 2 分)

根据表 F3-4 的元器件清单,从元器件袋中选择合适的元器件。清点元器件的数量,目测元器件有无缺陷,亦可用万用表对元器件进行检测,数量不缺的在表格的"清点结果"栏填上"√"。目测印制电路板有无缺陷。检测结果填入表 F3-5。

表 F3-4　元器件清单

序号	名称	型号规格	数量	配件图号	清点结果
1	金属膜电阻器	RJ-0.25 W-5.1 kΩ±1%	3	R1、R2、R6	
2	金属膜电阻器	RJ-0.25 W-10 kΩ±1%	3	R3、R4、R10	
3	金属膜电阻器	RJ-0.25 W-620 Ω±1%	1	R5	
4	金属膜电阻器	RJ-0.25 W-47 kΩ±1%	2	R7、R8	
5	金属膜电阻器	RJ-0.25 W-100 kΩ±1%	1	R9	
6	金属膜电阻器	RJ-0.25 W-1 kΩ±1%	1	R11	
7					
8	电位器	3362-1-103(10 k)	1	RP1	

续表 F3-4

序号	名称	型号规格	数量	配件图号	清点结果
9	电位器	3362-1-203(20 k)	1	RP2	
10					
11	电解电容	CD11-25 V-100 μF	3	C1、C2、C3	
12	电解电容	CD11-25 V-1 μF	1	C4	
13	独石电容	CT4-40 V-0.1 μF	2	C5、C6	
14					
15	发光二极管	3 mm(红)	1	D1	
16	三极管	9013	1	Q1	
17	集成电路	LF353	1	U1	
18	集成电路	74HC00	1	U2	
19					
20	单排针	2.54 mm-直	1	J1-J9、S1	
21	短路帽	2.54 mm	1		
22	接插件	IC8	1	U1	
23	接插件	IC14	1	U2	
24					
25	印制电路板	配套	1		
26					

表 F3-5 元器件、印制板识别、检测(20 分,每条目 2 分)

序号	名称	识别及检测内容	扣分
1	电阻器 R2	标称值: 测量值:	
2	电容器 C4	标称值: 介质:	
3	电位器 RP1	两固定端电阻值:	
4	电容器 C5	标称值: 介质:	
5	电容器 C5	两端电阻: 注明表型、量程:	
6	三极管 Q1	b、e 之间电阻: 注明表型、量程:	
7	电阻器 R5 的色环	色环:	
8	D1 的导通电压	电压值: (用数字表二极管档)	
9	D1 的正向电阻	电阻值: 注明表型、量程:	
10	印制板 J8 与 J9 间电阻	电阻值:	

二、焊接装配(60 分)

根据电原理图和装配图进行焊接装配。要求不漏装、错装,不损坏元器件,无虚焊、漏焊和搭锡,元器件排列整齐并符合工艺要求。考核要求见表 F3-6。

注意:必须将集成电路插座 IC8、IC14 焊接在电路板上,再将集成电路插在插座上。

表 F3-6 电路板安装工艺要求

<table>
<tr><th>考核项目</th><th colspan="2">配分</th><th>考核要求</th><th>序号</th><th>扣分</th></tr>
<tr><td rowspan="5">电路板安装工艺</td><td rowspan="5">60</td><td>15</td><td>焊点的焊料过多、过少,虚焊、漏焊、搭锡、空洞、气泡、毛刺,每处扣 1 分。
元器件引脚剪脚后留头应为 1 mm 左右,否则每处扣 1 分(最多扣 15 分)</td><td>8</td><td>1×</td></tr>
<tr><td>10</td><td>铜箔翘起,焊盘脱落,每处扣 2 分(最多扣 10 分)</td><td>9</td><td>2×</td></tr>
<tr><td>15</td><td>元器件距电路板高度合适,电阻、接插件、电解电容紧贴电路板,片式电容、发光管、三极管底部距电路板 3~5 mm,否则每处扣 1 分(最多扣 15 分)</td><td>10</td><td>1×</td></tr>
<tr><td>15</td><td>元件安装不整齐、歪斜、不平直,每处扣 1 分(最多扣 15 分)</td><td>11</td><td>1×</td></tr>
<tr><td>5</td><td>整体布局美观:元件面、焊接面应清洁美观,否则酌情扣分(最多扣 5 分)</td><td>12</td><td></td></tr>
</table>

三、焊接装配质量检验(10 分,每条目 2 分)

将焊接装配质量检验结果填入表 F3-7。

表 F3-7 检验结果

序号	检测内容	检验结果	扣分
1	电阻器 R4 的色环	色环:	
2	电容器 C6 的标称值	标称值:	
3	三极管 Q1 的型号	型号:	
4	J8 对地(J9)电阻	电阻值:	
5	U1 的第 5 脚的对地电阻	电阻值:	

四、安全文明操作要求(10 分,现场考评员评分)

1. 严禁带电操作(不包括通电测试),保证人身安全。
2. 工具摆放有序,不乱扔元器件、引脚、测试线。
3. 使用仪表,应选用合适的量程,防止损坏。
4. 放置电烙铁等工具时要规范,避免损坏仪器设备和操作台。

无线电装接工(高级)操作考试试卷(4)

一、单元电路电原理图、装配图

单元电路的电原理图、装配图如图 F3-7、F3-8 所示。

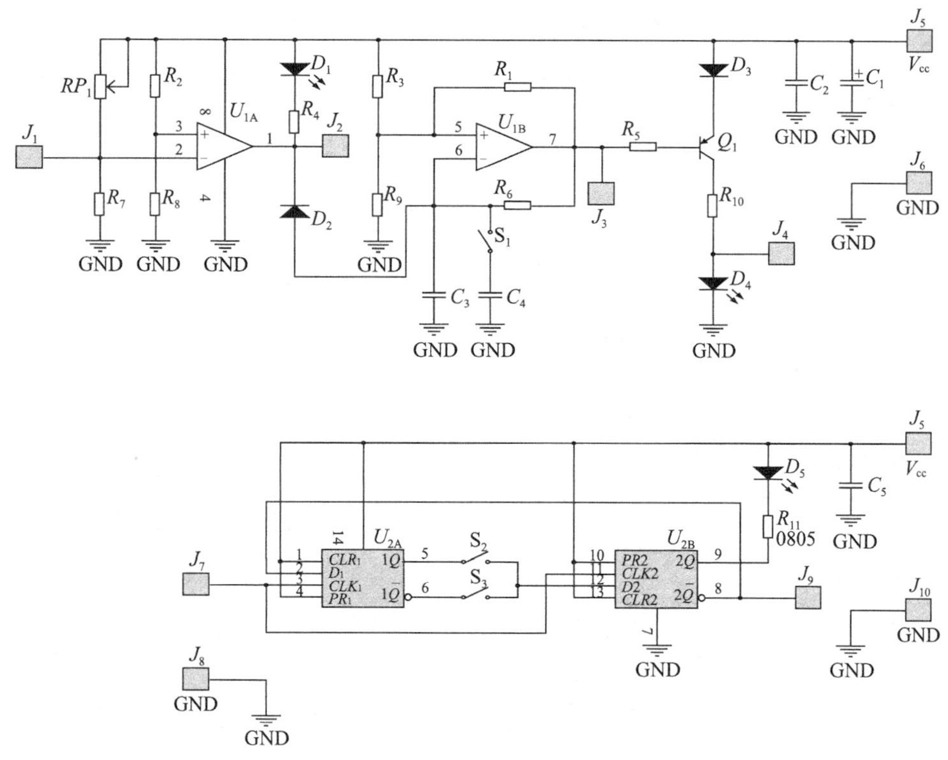

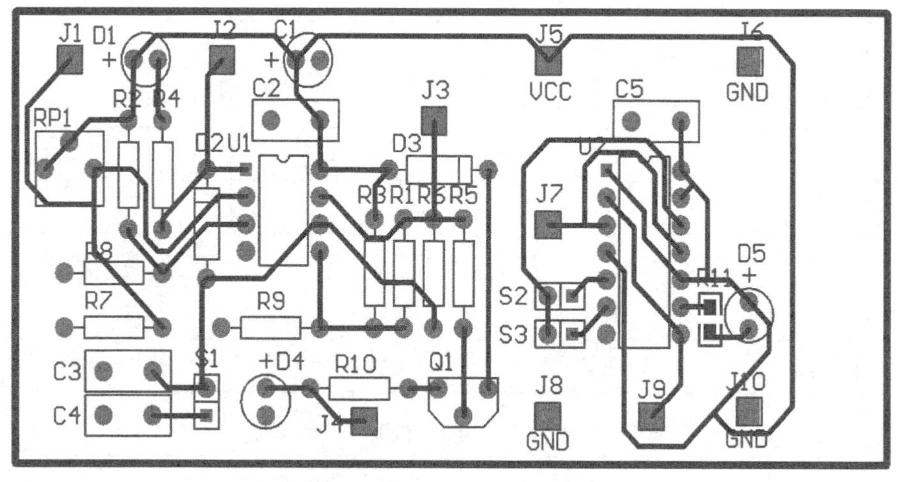

图 F3－7　单元电路电原理图

图 F3－8　单元电路装配图

二、元器件的选择、检测(20 分,每条目 2 分)

根据表 F3－8 的元器件清单,从元器件袋中选择合适的元器件。清点元器件的数量,目测元器件有无缺陷,亦可用万用表对元器件进行检测,数量不缺的在表格的“清点结果”栏填上“√”。目测印制电路板有无缺陷。检测结果填入表 F3－9。

表 F3－8 元器件清单

序号	名称	型号规格	数量	配件图号
1	金属膜电阻器	RJ－0.25 W－5.1 kΩ±1%	1	R1
2	金属膜电阻器	RJ－0.25 W－22 kΩ±1%	2	R2、R8
3	金属膜电阻器	RJ－0.25 W－10 kΩ±1%	4	R3、R5、R7、R9
4	金属膜电阻器	RJ－0.25 W－1 kΩ±1%	2	R4、R10
5	金属膜电阻器	RJ－0.25 W－51 kΩ±1%	1	R6
6	金属膜电阻器	0805－1 kΩ±1%	1	R11
7	电位器	3362－1－203(20 k)	1	RP1
8	电解电容	CD11－25 V－100 μF	1	C1
9	独石电容	CT4－63 V－0.1 μF	2	C2、C5
10	独石电容	CT4－63 V－0.47 μF	1	C3
11	独石电容	CT4－63 V－1 μF	1	C4
12	发光二极管	3 mm(绿)	1	D1
13	发光二极管	3 mm(红)	2	D4、D5
14	二极管	1N4148	2	D2、D3
15	三极管	9012	1	Q1
16	集成电路	LF353	1	U1
17	集成电路	74HC74	1	U2
18	单排针	2.54 mm－直	1	J1－J10、S1－S3
19	短路帽	2.54 mm	1	
20	接插件	IC8	1	U1
21	接插件	IC14	1	U2
22	印制电路板	配套	1	

表 F3－9 元器件、印制板识别、检测(20 分，每条目 2 分)

序号	名 称	识别及检测内容	得分
1	电阻器 R1	标称值： 测量值：	
2	电容器 C4	标称值： 介质：	
3	电位器 RP1	两固定端电阻值：	
4	电容器 C1	标称值： 介质：	

续表 F3 - 9

序号	名　　称	识别及检测内容	得分
5	电容器 C5	两端电阻：　　　　　注明表型、量程：	
6	三极管 Q1	管型(NPN/PNP)：	
7	电阻器 R5 的色环	色环：	
8	D1 的导通电压	电压值(用数字表二极管档测)：	
9	D1 的反向电阻	电阻值：　　　　　注明表型、量程：	
10	印制板 J8 与 J10 间电阻	电阻值：	

三、焊接装配(60 分)

根据电原理图和装配图进行焊接装配。要求不漏装、错装，不损坏元器件，无虚焊、漏焊和搭锡，元器件排列整齐并符合工艺要求。考核要求见表 F3 - 10。

注意：必须将集成电路插座 IC8、IC14 焊接在电路板上，再将集成电路插在插座上。

表 F3 - 10　考核要求

考核项目	配分		考核要求	扣分
电路板安装工艺	60	15	焊点的焊料过多、过少，虚焊、漏焊、搭锡、空洞、气泡、毛刺，每处扣 1 分 元器件引脚剪脚后留头应为 1 mm 左右，否则每处扣 1 分(最多扣 15 分)	1×
		10	铜箔翘起，焊盘脱落，每处扣 2 分(最多扣 10 分)	2×
		15	元器件距电路板高度合适，电阻、接插件、电解电容紧贴电路板，片式电容、发光管、三极管底部距电路板 3～5 mm，否则每处扣 1 分(最多扣 15 分)	1×
		15	元件安装不整齐、歪斜、不平直，每处扣 1 分(最多扣 15 分)	1×
		5	整体布局美观：元件面、焊接面应清洁美观，否则酌情扣分(最多扣 5 分)	

四、焊接装配质量检验(10 分，每条目 2 分)

检验结果填入表 F3 - 11。

表 F3 - 11　检验结果

序号	检测内容	检验结果	扣分
1	电阻器 R4 的色环	色环：	
2	电容器 C5 的标称值	标称值：	
3	三极管 Q1 的型号	型号：	
4	J9 对地(J8)电阻	电阻值：	
5	U1 的第 5 脚的对地电阻	电阻值：	

五、安全文明操作要求(10 分)(现场考评员打分)

1. 严禁带电操作(不包括通电测试),保证人身安全。
2. 工具摆放有序,不乱扔元器件、引脚、测试线。
3. 使用仪表,应选用合适的量程,防止损坏。
4. 放置电烙铁等工具时要规范,避免损坏仪器设备和操作台。

无线电装接工(高级)操作考试试卷(5)

一、单元电路电原理图、装配图

单元电路的电原理图、装配图如图 F3-9、F3-10 所示。

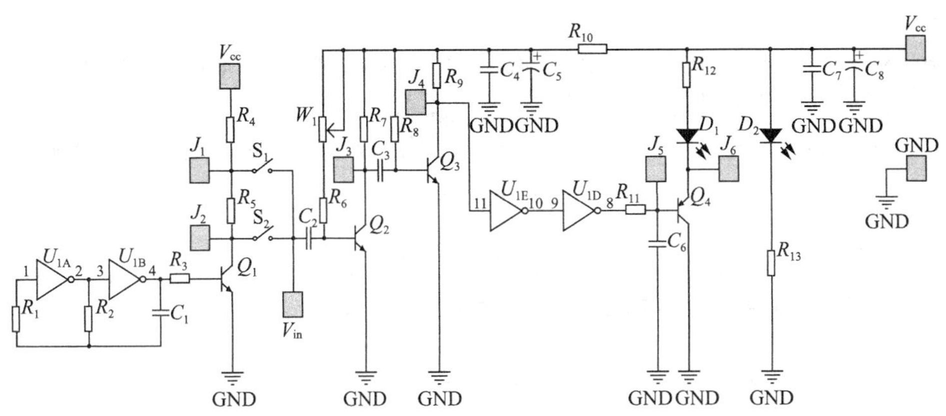

图 F3-9　单元电路电原理图

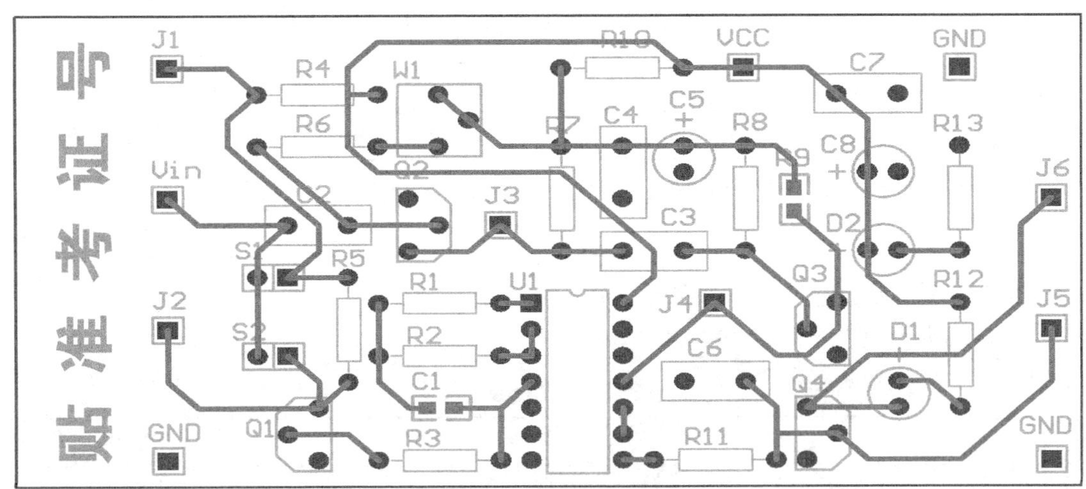

图 F3-10　单元电路装配图

二、元器件的选择、检测(20 分)

根据表 F3-12 的元器件清单表,从元器件袋中选择合适的元器件。清点元器件的数量,目测元器件有无缺陷,亦可用万用表对元器件进行检测。目测印制电路板有无缺陷。检测结果填入表 F3-13。

表 F3－12　元器件清单

序号	名称	型号规格	数量	配件图号
1	金属膜电阻器	RJ－0.25 W－10 kΩ±1%	1	R1
2	金属膜电阻器	RJ－0.25 W－5.1 kΩ±1%	4	R2、R3、R7、R11
3	贴片电阻	0805－5.1 kΩ±5%	1	R9
4	金属膜电阻器	RJ－0.25 W－100 Ω±1%	1	R4
5	金属膜电阻器	RJ－0.25 W－51 Ω±1%	2	R5、R10
6	金属膜电阻器	RJ－0.25 W－510 kΩ±1%	2	R6、R8
7	金属膜电阻器	RJ－0.25 W－1 kΩ±1%	2	R12、R13
8				
9	电位器	3362－1－205(2 M)	1	RP1
10				
11	贴片电容	0805－102	1	C1
12	独石电容	CT4－40 V－1 000 pF	2	C2、C3
13	独石电容	CT4－40 V－0.1 μF	2	C4、C7
14	瓷质电容	CC1－40 V－15 pF	1	C6
15	电解电容	CD11－25 V－100 μF	1	C5、C8
16				
17	发光二极管	3 mm(红)	1	D1
19	发光二极管	3 mm(绿)	1	D2
20	三极管	9014	3	Q1、Q2、Q3
21	三极管	9012	1	Q4
23	集成电路	CD4069	1	U1
22	单排针	2.54 mm-直	1	J1－J6、S1、S2、Vcc、Vin、GND
23	短路帽	2.54 mm	1	
24	接插件	IC14	1	U1
25				
26				
27	印制电路板	配套	1	

表 F3－13　元器件、印制板识别、检测(每条目 2 分)

序号	名称	识别及检测内容	扣分
1	电阻器 R1	标称值:　　　　测量值:	2×
2	电容器 C4	标称值:　　　　介质:	2×
3	电位器 RP1	两固定端电阻值:	2×
4	电容器 C1	标称值:　　　　介质:	2×
5	电容器 C5	两端电阻:　　　　注明表型、量程:	2×
6	三极管 Q1	管型(NPN/PNP):	2×
7	电阻器 R5 的色环	色环:	2×
8	D1 的导通电压	电压值(用数字表二极管档测):	2×
9	D1 的反向电阻	电阻值:　　　　注明表型、量程:	2×
10	印制板 J1 与 J2 间电阻	电阻值:	2×

三、焊接装配(60 分)

根据电原理图和装配图进行焊接装配。要求不漏装、错装,不损坏元器件,无虚焊、漏焊和搭锡,元器件排列整齐并符合工艺要求。考核要求见表 F3－14。

注意:必须将集成电路插座 IC14 焊接在电路板上,再将集成电路插在插座上。

表 F3－14　考核要求

考核项目	配分		考 核 要 求	扣分
电路板安装工艺	60	15	焊点的焊料过多、过少,虚焊、漏焊、搭锡、空洞、气泡、毛刺,每处扣 1 分 元器件引脚剪脚后留头应为 1 mm 左右,否则每处扣 1 分(最多扣 15 分)	1×
		10	铜箔翘起,焊盘脱落,每处扣 2 分(最多扣 10 分)	2×
		15	元器件距电路板高度合适,电阻、接插件、电解电容紧贴电路板,片式电容、发光管、三极管底部距电路板 3～5 mm,否则每处扣 1 分(最多扣 15 分)	1×
		15	元件安装不整齐、歪斜、不平直,每处扣 1 分(最多扣 15 分)	1×
		5	整体布局美观:元件面、焊接面应清洁美观,否则酌情扣分(最多扣 5 分)	—

四、焊接装配质量检验(10 分,每条目 2 分)

检验结果填入表 F3－15。

表 F3－15　检验结果

序号	检测内容	检验结果	扣分
1	电阻器 R1 的色环	色环:	2×
2	电容器 C1 的标称值	标称值:	2×
3	三极管 Q4 的型号	型号:	2×
4	J1 对电源 VCC 的电阻	电阻值:	2×
5	印制板 J1 与 J2 间电阻	电阻值:	2×

五、安全文明操作要求(10分)(现场考评员打分)

1. 严禁带电操作(不包括通电测试),保证人身安全。
2. 工具摆放有序,不乱扔元器件、引脚、测试线。
3. 使用仪表,应选用合适的量程,防止损坏。
4. 放置电烙铁等工具时要规范,避免损坏仪器设备和操作台。

参考文献

1 陈其纯,王玫.电子整机装配实习.北京:高等教育出版社,2002.

2 赵杰.电子元器件与工艺.南京:东南大学出版社,2004.

3 冯佳.电子产品装配与调试.北京:中国人民大学出版社,2012.

4 吴明波.电子产品装配与调试.长沙:中南大学出版社,2014.

5 王成安,马宏骞.电子产品整机装配实训.北京:人民邮电出版社,2010.

6 王成安.电子产品生产工艺与生产管理.北京:人民邮电出版社,2010.

7 张洋,陈喜艳.电子产品装配与调试.北京:机械工业出版社,2012.

8 张小林.职业技能鉴定指南——电子设备装接工分册.北京:科学技术文献出版社,2002.

9 张小林.职业技能鉴定指南——无线电调试工分册.北京:科学技术文献出版社,2002.

10 蔡国清.TA两片式集成电路彩色电视机原理与维修.北京:人民邮电出版社,1991.

11 肖鹏旭.电子技术实训教程.南京:东南大学出版社,2003.

12 孙惠康.电子工艺实训教程.北京:机械工业出版社,2001.

13 王廷才.电子技术实训.北京:机械工业出版社,2002.

14 张惠敏.电子技术实训.北京:化学工业出版社,2002.

15 周泽义.电子技术实验.武汉:武汉理工大学出版社,2001.